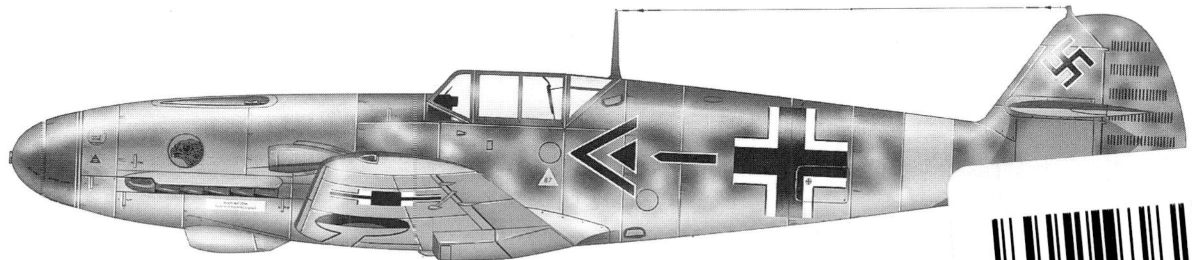

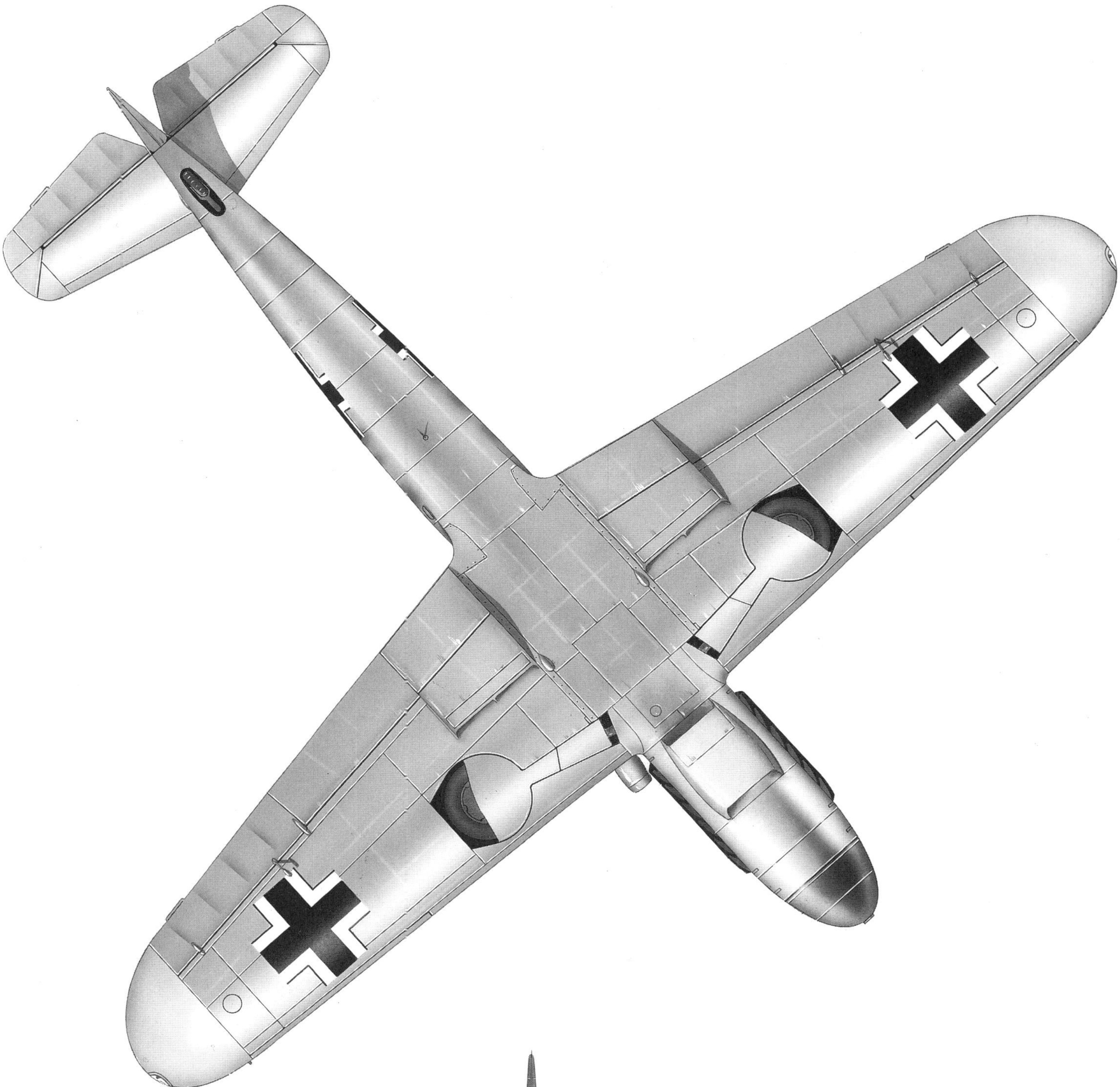

Klassische Jagdflugzeuge

KLASSISCHE JAGDFLUGZEUGE

HEEL

Impressum:

HEEL Verlag GmbH
Gut Pottscheidt
53639 Königswinter
Telefon 0 22 23 / 92 30 - 0
Telefax 0 22 23 / 92 30 26

Das vorliegende Buch ist eine Zusammenfassung der Titel Focke-Wulf Fw 190 (©1997), Messerschmitt Bf 109 (©1997), Mustang P-51 (©1996) und Spitfire (©1998) aus der Reihe Edition Flugzeugtechnik, die ebenfalls im HEEL Verlag erschienen ist.

Die amerikanischen Originalausgaben der Titel Messerschmitt Bf 109, Mustang P-51 und Spitfire sind erschienen bei:
Howell Press, Inc.
1147 River Road
Charlottesville, VA 22901, USA

Verantwortlich für den Inhalt:
Ron Dick (ME Bf 109), Paul Simsa (Fw 190), Dan Patterson (ME Bf 109, P51, Spitfire), Paul Perkins (P-51)

Bild vorhergehende Seite: Friedlich vereint am Himmel über Nevada: Die Supermarine Spitfire LF.Vb des Battle of Britain Memorial Flight und die Bf 109 (Hispano HA-1112) des Cavanaugh Flight Museum, Texas, „gratulieren" der US Air Force anläßlich der 50-Jahres-Feier in Nellis. Fotos: Patrick Hoeveler

Zeichnungen vorne, Inhaltsverzeichnis, hinten und auf der Buchrückseite von H. Redemann

Druck: Koelblin-Fortuna-Druck, Baden-Baden

Printed and bound in Germany

ISBN: 3-89365-847-5

Inhalt

Nur noch drei der berühmten „Langnasen-Focke-Wulf" gibt es auf der Welt. Diese Fw 190D-13 steht im Champlin Fighter Museum in Mesa, Arizona. Sie ist zwar in flugfähigem Zustand, wird sich aber leider nie mehr in die Luft erheben.

Fotos: Patrick Hoeveler

Focke-Wulf Fw 190

Nur für den Dienstgebrauch

Bedienung der Fw 19o mit BMW 8o1 im Fluge.

Vorbereitungen zum Abflug:

1.) Sitzhöhe richtig einstellen.

2.) Seitensteuerpedale anpassen (Drehgriffe rechts u. links vor dem Gerätebrett).

3.) Freigängigkeit aller Ruder prüfen.

4.) Höhenmesser auf "qfe" einstellen.

5.) Höhentrimmung auf "O" einstellen.

6.) Kiemenklappe in Stellung "Auf".

7.) Es müssen eingeschaltet sein:
Alle Selbstschalter (ausser Umformer FuG 16) in der hinteren, rechten Gerätebank.
Sammler, Zünd- u. Anlassanlage. Aussenbordschalter, Generator in der vorderen rechten Gerätebank. Beim Anlassen mit Aussenbordstrom bleibt der Sammler ausgeschaltet.

8.) Es muss eingedrückt sein: Rollwerk "Aus" (grüner Knopf)

9.) Brandhahn "Auf", beide Behälterpumpen einschalten, als Kraftstoffdruck muss o,3-o,4 atü liegen.

1o.) Behälterinhalt überprüfen. Anschliessend Vorratsanzeige auf hinteren Behälter.

11.) Motor anlassen (vgl. "Bedienung am Boden").

Rollen zum Start:

1.) Mindestens Schmierstofftemperatur 3o° C.

2.) Spornverriegelung beachten (Steuerknüppel nie in Stellung "ziehen" halten)

3.) Bremsen so wenig als möglich benutzen. Flugzeug muss zur Reifenschonung auch kurzzeitig mit Motordrehzahl unter 12oo U/min gerollt werden.

4.) Luftschraubenverstellung bleibt auf "Automatik".

Start:

1.) Bei Temperaturen unter 0°C und feuchter Luft Staurohrheizung einschalten.

2.) Landeklappen in Startstellung fahren (Mech.Anzeige auf d.Fläche).

3.) Luftschraubenverstellung auf "Automatik"
(Bei Ausfall der Automatik mit Luftschraubenstellung 12.oo starten. Vorsicht, dass Motor nicht überdreht!).

4.) Kiemenklappen entsprechend Temperatur aufstellen u.Zw. bei

Bodentemperatur	Kurbelstellung
unter 5°C	"0"
bis +15°C	"2"
über+15°C	"3".

5.) Vor der Aufstellung zum Start ist erst ein Stück geradeaus zu rollen, damit das Spornrad gerade geführt wird.

6.) Gashebel zügig auf Startstellung drücken.
(Zur Schonung des Motors ist in den ersten 12 Flugstunden höchstens p-1, 35 ata und n = 245o U/min zu wählen).

Auszug der L. Dv. T. 2190 „Bedienungsvorschrift - Fl" für die Fw 190.

DIE FOCKE-WULF FW 190

Zu den Grundforderungen des Dritten Reiches gehörte die militärische Gleichberechtigung. Der Versailler Vertrag hatte enge Begrenzungen festgelegt, unter anderem das Verbot von Luftstreitkräften. Durch Austritt aus dem Völkerbund und der Abrüstungskonferenz entzog sich Deutschland am 14. Oktober 1933 den Verpflichtungen, der Aufbau der Wehrmacht war schon vorbereitet.

Hitler hatte leichtes Spiel, als er mit Propaganda und Gewalt die Republik in seine Diktatur verwandelte. Im Versailler Vertrag lag die Anerkennung der Schuld Deutschlands am Ersten Weltkrieg. Vielen Deutschen galt es als patriotische Pflicht, sich gegen das Urteil der Sieger aufzulehnen.

Auf vielfältige, oft illegale und gegenüber der Republik niederträchtige Weise war es gelungen, den Anschluß an den Stand der Wehrtechnik nicht völlig zu verlieren, wenn überhaupt. Ein Schlaglicht hat der Flugzeugbauer Ernst Heinkel in seinen Erinnerungen überliefert: „Als 1934 ein Oberleutnant und ein Leutnant der noch getarnten Luftwaffe bei mir in Warnemünde erschienen, um die ersten Jagdeinsitzer abzuholen, prunkten sie in den Uniformen des Luftsportverbandes, das heißt praktisch schon in den Uniformen der neuen deutschen Luftwaffe.“ Die beiden wunderten sich, daß Heinkels Chefpilot noch keine Uniform hatte. „Wir können aber schon fliegen“, antwortete der Major a.D., der später zum Generalmajor aufstieg; die traumhaften Karrieren waren betörend.

Alte Kameraden konnten sich einen Jagdeinsitzer nur als wendigen Doppeldecker vorstellen, 300 km/h sollten genügen. Doch das zivile Schnellverkehrsflugzeug He 70 „Heinkel-Blitz“ setzte 1932 einen revolutionären Maßstab für militärische Neuentwicklungen. Der einmotorige Tiefdecker, ein aerodynamisches Optimum mit einziehbarem Fahrwerk, flog 1933 einen sensationellen Weltrekord: 347,477 km/h mit 500 kg Nutzlast über 1000 Kilometer. Die Serienausführung He 70 G erreichte 410 km/h. Herausforderung für den Auftrag der Lufthansa war die Lockheed Orion von 1931.

Das Reichsluftfahrtministerium (RLM) schrieb 1934 den Wettbewerb für ein modernes Jagdflugzeug aus. Mit 900 PS (660 kW) mußte es 450 km/h erreichen, bewaffnet mit drei oder vier Maschinengewehren. Vier Muster konkurrierten. Arado und Focke-Wulf schieden aus (Ar 80 und Fw 159). Die Messerschmitt Bf 109 schlug Heinkels He 112, wobei produktionstechnische Aspekte den Ausschlag gaben. Sie waren umstritten, doch die Bf 109 (Bf = Bayerische Flugzeugwerke) ist als Me 109 legendär geworden.

Sie wurde 1937 im spanischen Bürgerkrieg mit der Legion Condor eingesetzt. So lagen schon Fronterfahrungen vor, als das RLM im Sommer 1938 den Entwicklungsauftrag für einen neuen Jagdeinsitzer erteilte. Vor fast einem Jahr hatten die Überlegungen begonnen. Die Inspektion der Jagdflieger sah in der Messerschmitt Bf 109 den idealen Einheitstyp, doch die Erfahrung anderer Luftmächte sprach für die Schaffung einer herausfordenden Rivalität.

Prädestiniert für den Auftrag war Focke-Wulf in Bremen, nicht nur wegen freier Entwicklungskapazität. Seit einem halben Jahr flog der zweimotorige Jäger Focke-Wulf Falke. Er bewies einmal mehr die hervorragenden Fähigkeiten des Teams unter Kurt Tank, kam allerdings nicht über

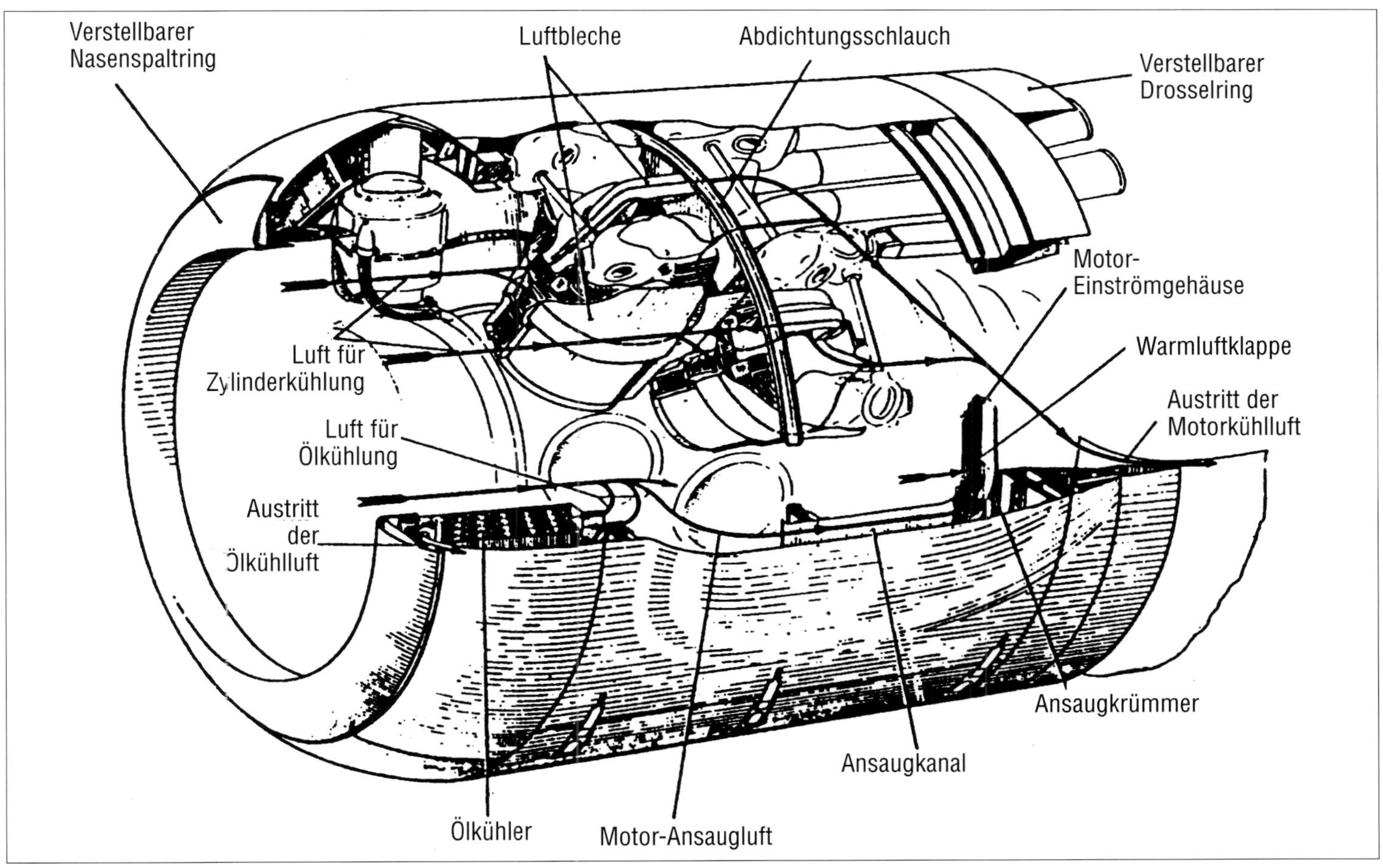

drei Prototypen hinaus, denn das Projekt Fw 190 erhielt absolute Priorität. Schon im Sommer 1938 lagen die Konstruktionspläne vor, am 1. Juni 1939 startete der Prototyp Fw 190 V 1 zum Erstflug.

Im spontanen Urteil der Piloten übertraf die Focke-Wulf Fw 190 die Flugeigenschaften der Messerschmitt Bf 109, doch das Triebwerk enttäuschte. Die Entscheidung für den luftgekühlten 14-Zylinder-Doppelsternmotor BMW 139 hatte sich ungeachtet aerodynamischer Bedenken aus der hohen Startleistung ergeben; mit 1550 PS (1140 kW) war sie den V Motoren DB 601 und Jumo 211 überlegen. Das Kühlungsproblem für die hinteren Zylinder des Doppelsterns bereitete jedoch schwere Sorgen. Schon beim Warmlaufen und Bremsen vor dem Start wurde das Triebwerk enorm heiß, ausstrahlend ins Cockpit. Die Piloten mußten 55 Grad erdulden, dazu Abgas in der nicht durchlüfteten Kabine. Bei Eiseskälte draußen flogen sie in Shorts und Polohemd. Auch Zuverlässigkeit und Leistung des Triebwerks ließen zu wünschen übrig. Immerhin widerlegte die Fw 190 V 1 das aerodynamische Vorurteil gegen den Sternmotor: sie bot 595 km/h Höchst- und 450 km/h Marschgeschwindigkeit.

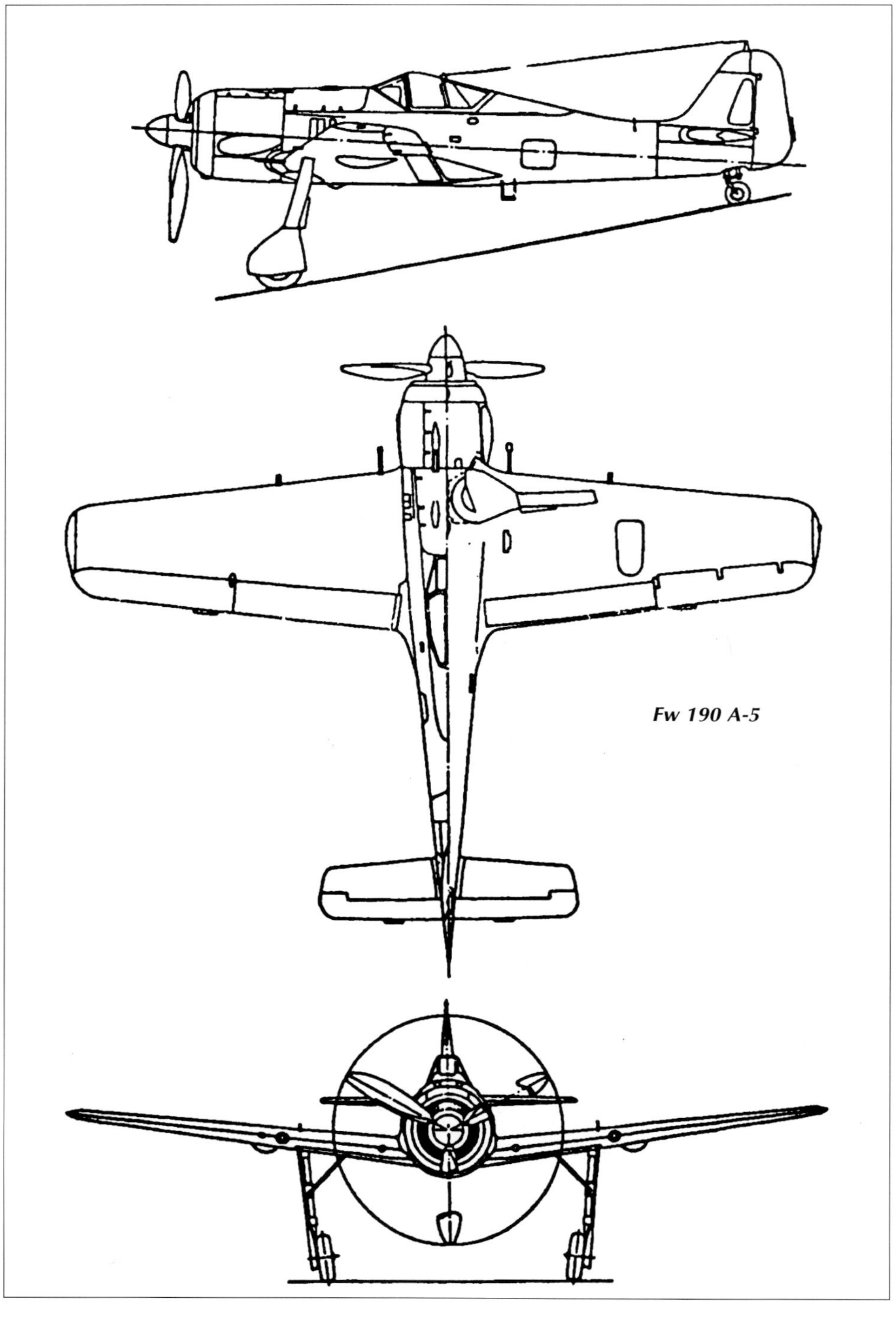

Fw 190 A-5

Die große Propellerhaube mit zentralem Kühllufteintritt, primär als Kaschierung des Sternmotors geschaffen, bot aerodynamisch nur einen minimalen Vorteil; sie wurde im Winter 1939/40 durch die herkömmliche Ausführung der Nabe und der Triebwerksverkleidung ersetzt. Ein großes Lüfterrad verbesserte die Kühlung auf Kosten der Leistung, die Kabine erhielt eine Entlüftung. Anfang 1940 flog die Fw 190 V 2, bei der Waffenerprobung (vier MG) stürzte sie mit gebrochener Kurbelwelle ab.

BMW hatte 1928 die Europa-Lizenz für die luftgekühlten Neunzylinder-Sternmotoren Hornet und Wasp der amerikanischen Firma Pratt & Whitney übernommen und erfolgreich ausgenutzt. Die Problematik des Doppelstern-Projektes war unterschätzt worden, doch ein neuer Ansatz ergab sich 1938 aus der Entwicklungsgemeinschaft mit der Bramo (Brandenburgische Motorenwerke). Am 30. September wurde beschlossen, alle laufenden Entwicklungen zu liquidieren, so auch den BMW 139.

Mitte 1939 wurde die Bramo mit BMW vereinigt, der Bereich München des Konzerns übernahm die Entwicklung eines neuen 14-Zylinder-Doppelsternmotors BMW 801 auf Basis der bisherigen Erfahrungen.

Der erste Versuchsmotor lief schon im April 1939, die ersten Serienmotoren wurden Mitte 1940 geliefert, doch wirklich serienreif wurde erst der BMW 801 A ab Mitte 1942, immer noch mit Mängeln. Zur Lieferverzögerung trug bei, daß das RLM einbaufertige Motorenanlagen und sogar komplette Triebwerke einschließlich Einbaugerüst und Abgasanlage verlangte; Engpässe bei Zulieferern durchkreuzten die erhoffte Rationalisierung. BMW 801-Motorenanlagen wurden ab Mai 1942, komplette Triebwerke bis auf die Luftschraube erst ab Mitte 1944 geliefert. Von 22 Versuchen und Varianten gingen elf Ausführungen in Serie, größtenteils für die Fw 190 neben der zweimotorigen Do 127 und der viermotorigen Ju 290.

Die Kühlung des BMW-Doppelsterns war in der Theorie perfekt. Das Lüfterrad erzeugte Überdruck in einem Stauraum, von dem aus die Lade- und Kühlluft zum Motor und zum Ölkühler gelangte. Verstellbare Drosselringe regelten die Zylinder- und Öltemperatur, insgesamt stellten manuelle und automatische Funktionen

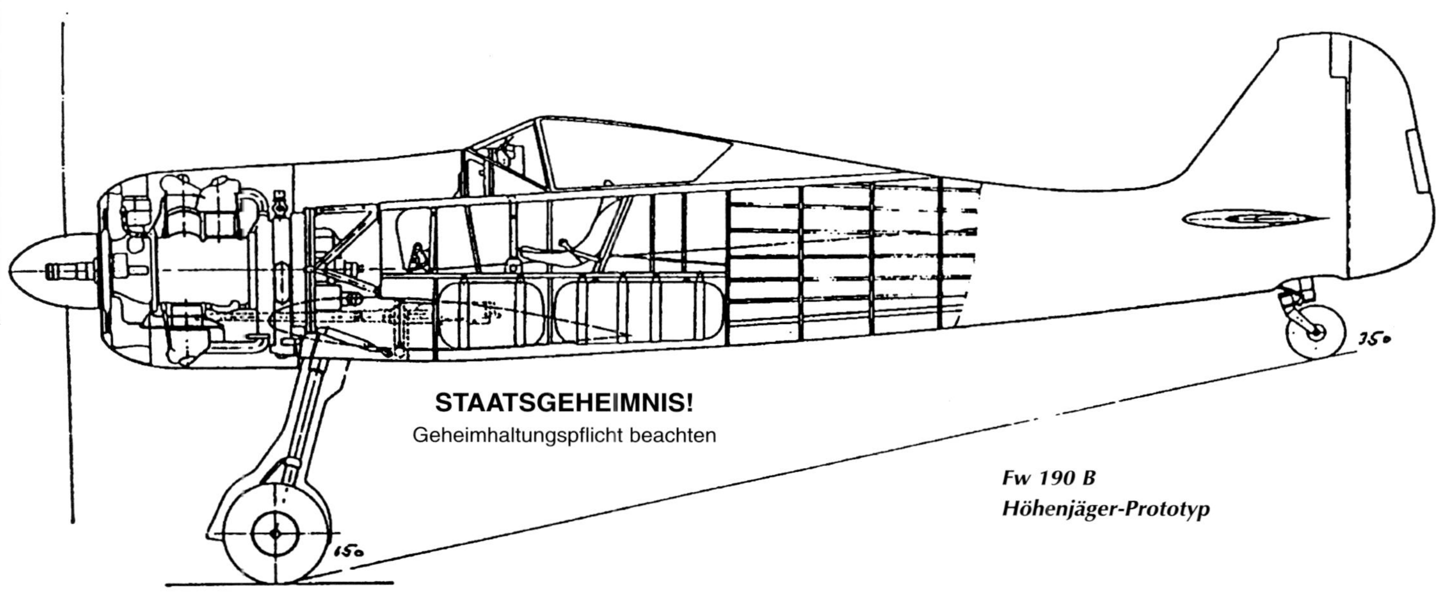

Fw 190 B
Höhenjäger-Prototyp

den Piloten vor eine schwierige Aufgabe. Der Entwicklungsdirektor stellte die naheliegende Frage und gab die Antwort: „Was macht der Pilot? Einen Fehler", zumal an mehrmotorige Maschinen gedacht werden mußte. Die geniale Lösung war ein Kommandogerät. Mit einem zentralen Leistungswählhebel regelte der Pilot alle Funktionen (Ladedruck, Drehzahl, Gemisch, Zündung u.a.).

Der BMW 801 bot 1600 PS (1175 kW) Startleistung, er war schwerer und etwas länger als der 139. Das Einfügen in die Fw 190 gab Gelegenheit, das Cockpit auf mehr Abstand vom Triebwerk zu rücken. Ohnehin mußte die Schwerpunktänderung ausgeglichen werden, zugleich erledigte sich die übermäßige Erhitzung der Kabine. Die Prototypen V 3 und V4 für BMW 139 entfielen, das Versuchsmuster V 5 wurde für den BMW 801 A dimensioniert und in zwei Versionen mit verschiedenen Tragflächenmaßen gebaut – die V 5k (klein) etwa wie bisher, die V 5g (groß) mit mehr Flügelfläche und Spannweite, was die Geschwindigkeit um knapp 10 km/h auf 630 km/h verminderte, für die Vielseitigkeit aber positiv bewertet wurde.

Die Fw 190 V 6 diente als Ausrüstungsmuster, die V 7 der Waffenerprobung mit vier MG, mit der V 8 begann im Winter 1940/41 die Nullserie Fw 190 A-0. Sie umfaßte 18 Maschinen. Die ersten sieben hatten k-Tragflächen. die Erprobungen führten zur Serie Fw 190 A-1, deren Produktion Ende 1940 im Stammwerk Bremen und in Hamburg begann; später wurde ein Netzwerk von Teillieferanten aufgebaut.

Bei Focke-Wulf mußte ein Typ einen Vogelnamen haben; die Fw 190 hieß Würger, womit der Singvogel gemeint war, der als guter Flieger, Insekten- und Kleintierjäger bekannt ist und seine Opfer auf Dornen spießt. Der unheimliche Name fand keine Sympathie.

Der BMW 801 war zur Vision BMW 801 C gediehen, die Kühlung bewährte sich noch immer nicht, gelinde gesagt: Es kam vor, daß beim Warmlaufen die aufgeheizte Munition explodierte.

Insgesamt war der Motor so störanfällig, daß im Technischen Amt des RLM erwogen wurde, die Fw 190 als Fehlschlag abzubuchen. Aber der pompöse Reichsmarschall Hermann Göring hatte Anfang 1940 beim Anblick der Fw 190 V 2 drauflos getönt: „Ihr müßt sie wie warme Semmeln rausbringen!". BMW war fortwährend bester Hoffnung und das Flugzeug trotz allem überzeugend, allerdings eine Nervenprobe, wenn sich Teile der Motorverkleidung bei hoher Geschwindigkeit verabschiedeten und die Cockpithaube sich ab 400 km/h nicht abwerfen ließ; Problemlösung war das Absprengen („Abschießen") mit 2-cm-Kartuschen.

Es sprach sich herum, daß Innereien des Motors im Bemühen um geringe Außenmaße zu knapp dimensioniert waren; die Detailverbesserungen erforderten Zeit. Das galt auch für die Serie A-1, die ab Ende 1940 flog, beanstandet wurde zudem die geringe Bewaffnung mit vier MG. Zwei MG kamen dazu, doch recht bissig war auch die Serie Fw 190 A-2 nicht. Wieder wurden zwei MG hinzugefügt, doch Feuergeschwindigkeit und Zuverlässigkeit der Kanonen waren unzulänglich.

Das Flugzeug wurde unauffällig perfektioniert, die Flügelspannweite wuchs auf 10,51 statt 10,38 Meter. Trotz aller Sorgen machte der neue Jäger einen starken Eindruck, als er ab Mai 1941 im Westen eingesetzt wurde, ab Sommer im Jagdgeschwader 26 unter Adolf Galland. Aus der verstärkten Bewaffnung ergaben sich zehn Prozent Mehrgewicht, dennoch bot die Fw 190 A-2 hervorragende Eigenschaften und Flugleistungen. Im Horizontalflug erreichte sie 625 km/h in 5500 Metern Höhe.

Im Herbst 1941 kam die Fw 190 A-3 an die Front. Beim Jagdgeschwader 26 in Le Bourget waren über fünfzig Änderungen am Motor mit Werftmitteln erarbeitet worden. Focke-Wulf hatte prompt reagiert, in Gestalt der A-3 wurde die Fw 190 wirklich frontreif. BMW lieferte nach den 801-Versionen C-1 und C-2 den 801 D, gedrosselt als 801 Dg mit mindestens unveränderten Flugleistungen. Für den 801 D werden 1870 PS (1302 kW) angegeben, für den Dg sind 1730 PS (1270 kW) anzunehmen.

Für die Briten war die Fw 190 A-3 eine böse Überraschung. Die Messerschmitt Bf 109 F hatte gegen die Supermarine Spitfire Mark V einen schweren Stand, jetzt wendete sich das Blatt. Die Verlustquote Spitfire kontra Fw 190 erreichte das fatale

Verhältnis 2:1. Als sich im Juni 1942 ein Fw 190-Pilot verfranzte – er hielt den Bristol-Kanal für den Ärmelkanal –, landete er ahnungslos mit dem letzten Tropfen Sprit auf einem britischen Platz. Das Flugzeug wurde genau studiert. Es beeinflußte die Entwicklung der Hawker Tempest II zur Fury. Sie kam für den Krieg zu spät, zur Beschleunigung war sogar eine Kopie der Fw 190 in der Debatte.

Mitte 1942 erschien die Serie Fw 190 A-4. Sie erhielt den BMW 801 D-2. Die MW-50-Einspritzung (Methanol-Wasser) ergab eine Notleistung von 2200 PS (1618 kW). Die Serie A-5 ab Frühjahr 1943 war endgültig die Basis für zahllose Varianten und Ausrüstungen. Zugunsten einer besseren Aufhängung wurde der Motor um 15,25 Zentimeter vorgerückt. Die Bedeutung der Fw 190 für die deutsche Luftkriegsführung wuchs. Bis Ende 1941 waren 210 Maschinen geliefert worden, 1942 wurden es fast 2000. Das Produktionsverhältnis zur Messerschmitt Bf 109 (Me 109) lag bei 50:50. Der Fw 190 kam die Streuung ihrer Produktionsstätten zugute; der Nachschub hing mehr und mehr vom Bombenkrieg ab.

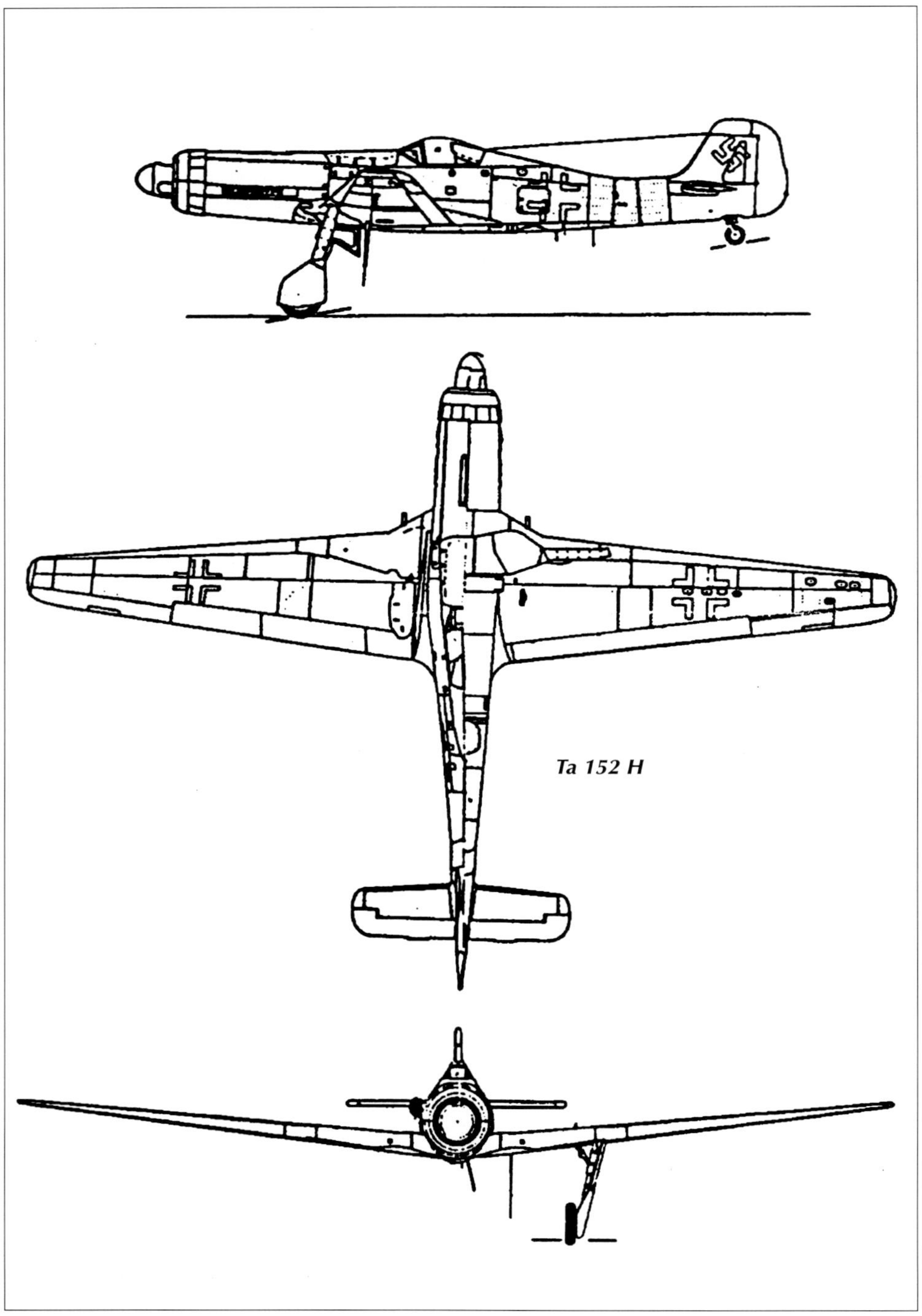

Mit den technischen Problemen schlug sich das Bodenpersonal herum, oft verhalf nur noch findige Improvisation zum Weiterfliegen. Eine makabre Kuriosität war die Lieferung von 100 Maschinen, die 1942 von A-1 auf A-3 umgerüstet wurden, an die Türkei. Die Briten sammelten Teile von abgeschossenen Fw 190 und verkauften sie an die Türken.

Angaben zur Gesamtzahl der Fw 190 ohne die V-Muster differieren minimal um 20.000. Etwa zwei Drittel waren Jäger, die anderen Jagdbomber, Langstreckenjabos (JaboRei) mit vergrößerter Reichweite, Schlachtflugzeuge, Schlechtwetterjäger, Nachtjäger. Sie trug eine Bombenlast bis 1750 Kilogramm, einen Torpedo oder eine Rakete; für alles ließ sich die Fw 190 verwenden; mehr oder weniger sinnvoll, aber anpassungsfähig wie kein anderer Jagdeinsitzer, bei dessen Entwicklung an derartige Einsätze nicht zu denken war. Viele Versionen waren nur Projekte und Versuche, Listen von Serienausführungen und Rüstsätzen dürfen nicht über jeweils geringe Stückzahlen hinwegtäuschen, aber zum Beispiel hat es der schwere Jäger A-8 noch 1944 auf 1334 Stück gebracht.

Die Fw 190 A-6 war eine auf Gewichtsverminderung überarbeitete Serie, sie konnte als Schlachtflugzeug stärker gepanzert und bewaffnet werden. Die A-7 war primär als stark bewaffneter Zerstörer gegen Bomberverbände angelegt, die A-8 mit starker Panzerung, unter anderem für „Sturmstaffeln". Die Serie A-9 startete im Oktober 1944 schon in den Untergang, ein Langstreckenjäger (Geleitflugzeug) A-10 wurde nur noch erprobt. Der BMW 801 J erreichte inzwischen 2000 PS (1470 kW), die neueste serienreife Triebwerksanlage mit Sonderstoff-Zusatzeinspritzung und Kommandogerät kam nicht mehr in die Fertigung. 2200 PS (1620 kW) Notleistung waren zu erwarten.

Die Typgeschichte hat noch andere Kapitel. 1942 bis 1943 wurde als Jäger für extreme Höhen die Fw 190 B projektiert. Erster Schritt war die Fw 190 V-13 mit Druckkabine für den Piloten. Die Gipfelhöhe des BMW 801 C-Doppelsternmotors sollte mit Sauerstoff-Zusatzeinspritzung sich selbst übertreffen. Drei Versuchsmuster erhielten den Daimler-Benz DB 603 (V12 hängend, Flüssigkeitskühlung). Nach der ersten Maschine mit Kompressor und Dreiblatt-Propeller erhielten die weiteren einen Vierblatt-Propeller und den großen Turbo-Kompressor von Focke-Wulf unter den Rumpf, daher der Spottname „Känguruh“. Sechs weitere Prototypen ohne Druckkabine konnten die Probleme nicht überwinden, das Projekt wurde aufgegeben.

Weiter führte die Entwicklung Fw 190 D, zunächst mit dem Daimler-Benz 603 D-Zwölfzylinder, dann mit dem Junkers Jumo 213, ebenfalls einem hängenden V 12.

Die Muster V 17 und V 18 auf Basis der Fw 190 A-0 flogen 1941 bis 1942. Sechs Prototypen V-20 bis V-25 führten zur Vorserie D-0 und zur Serie D-1, die ein vergrößertes Höhenruder erhielt.

Der Jumo erforderte eine unverkennbare Langnase. Namhaft eingesetzt wurde erst die Version D-9 im Winter 1943/44. Die Zusatzeinspritzung MW 50 (Methanol/Wasser) erhöhte die Startleistung des Jumo 213 A von 1776 auf 2240 PS (1306 auf 1648 kW), der 113 Liter-MW-Tank hinter dem Piloten reichte für etwa 40 Minuten. 685 km/h in 6600 Metern Höhe wurden registriert. Die D-11 für den Tiefangriff gedieh zur perfektionierten D-12. Eine 30-mm-Kanone feuerte durch die Propellernabe, der Jumo 213 F mit Zweistufenlader war gepanzert, für den Start standen 2060 PS (1515 kW) zur Verfügung. Ungeachtet ihrer Bestimmung für den Erdkampf war die D-12 auch als Jäger schlagkräftig; sie erreichte 725 km/h in 11.300 Metern Höhe.

Es gab Varianten für den Einsatz auf Langstrecken, als Bomber und Nachtjäger. Die Fw 190 D-13 erhielt den Jumo 213 EB, die Nabenkanone entfiel. Die Version D-14 und 15 mit Daimler-Benz 603-Versionen gehörten zur Vorbereitung des Nachfolgetyps Ta 152.

Noch mehr: Die Versionen F und G. Die Fw 190 F war eine spezielle Erdkampfversion mit Panzerung und verstärktem Fahrwerk, die Fw 190 G der Sturzkampfbomber; im einzelnen gab es Varianten für die verschiedensten Einsätze mit Bomben und Raketen aller Art, auch als Torpedoflugzeug F-8/R 15. Dabei blieb die Fw 190 stets doch im Prinzip ein Jäger und mit dem Sternmotor-Look unverkennbar, auch wenn er einen V12 verbarg.

Die Sturzkampfversion löste an der Ostfront die legendäre Ju 87 ab, die gegen die wachsende Zahl sowjetischer Jäger auf

Projektierte Torpedoflugzeugversionen

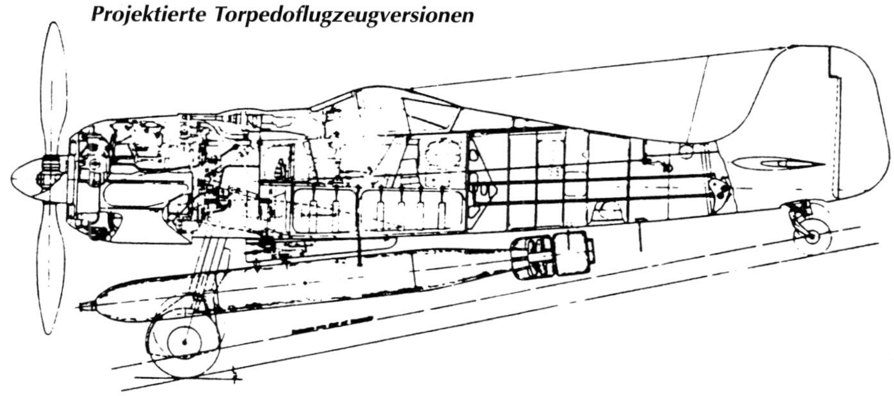

Torpedoflugzeug Fw 190 F 16 / R 14 mit Träger (Schloß 504)

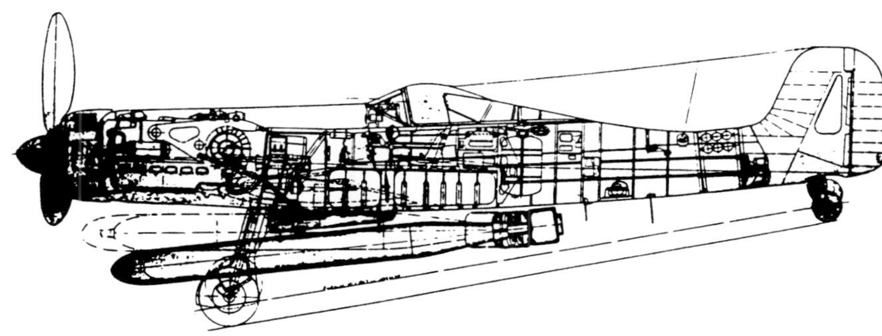

Torpedoflugzeug Ta 152 C-1 / R 14

Waffeneinbau Fw 190 A-8 / A9

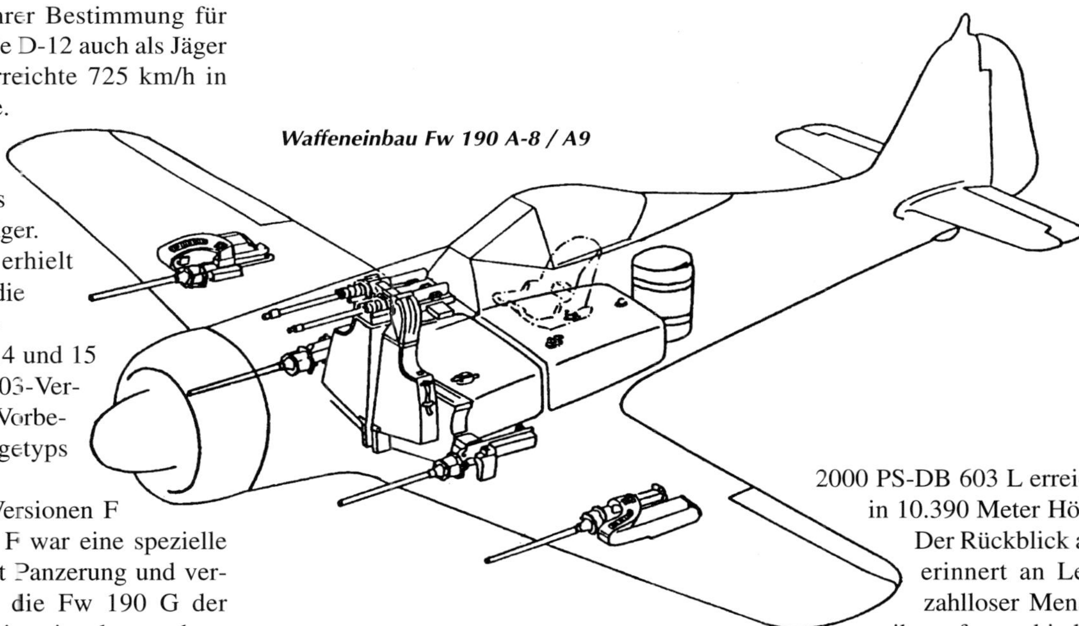

Jagdschutz angewiesen war; die Fw 190 konnte sich selbst schützen. Für die Umschulung der Ju 87-Piloten diente der zweisitzige Jagdtrainer Fw 190 S auf Basis A-5 und A-8. Der Lehrer mußte dem Schüler trauen, denn er sah so viel wie nichts.

Eingesetzt wurde kurz vor Schluß noch die Neuschöpfung Ta 152 vom gleichen Konstrukteur, Kurt Tank, daher das Kürzel Ta. Der schlanke Jagdbomber mit dem 2000 PS-DB 603 L erreichte 747 km/h in 10.390 Meter Höhe.

Der Rückblick auf die Fw 190 erinnert an Leben und Tod zahlloser Menschen, die mit ihr auf verschiedenste Art verbunden waren. Ingenieure, Arbeiter, Piloten, Mechaniker – eine Armee in Zivil und Uniformen. Mußte es sein? Zumindest nicht so: Ein klar konzipiertes Flugzeug hektisch mit allen denkbaren Aufgaben zu befrachten, war ein Mißstand zu Lasten der Soldaten und nur ein Fall von vielen.

Ein böser Witz trifft leider zu: Als wir das Ziel aus den Augen verloren, verdoppelten wir unsere Anstrengungen.

Links: *Auf einem Feldflugplatz vor dem Start. Vordergrund: Bremsklötze braucht man jetzt nicht mehr.*

AM 1. SEPTEMBER 1939

brach der Zweite Weltkrieg aus, nur 25 Jahre nach dem Zusammenbruch des Kaiserreichs. Der Krieg 1914-18 war unvergessen, die Kämpfer von damals wurden Gründer der Luftwaffe des Dritten Reichs.

1919 hatte der Vertrag von Versailles den Deutschen das Fliegen und den Flugzeugbau verboten. Bald war es ein offenes Geheimnis, daß deutsche Konstruktionen im Ausland entwickelt wurden. 1928 durfte die deutsche Zivilluftfahrt wieder starten, doch weiter galt der Artikel 198 des Friedensvertrags: „Deutschland darf Luftstreitkräfte weder zu Lande noch zu Wasser als Teil seines Heereswesens unterhalten".

Grundlage solcher Beschränkungen war die Behauptung, Deutschland habe einen verbrecherischen Angriffskrieg geführt, während nach deutscher Auffassung eine Zwangslage entstanden war. Unter den Soldaten, die in den Maßnahmen der Sieger eine Kränkung ihrer Ehre sahen, waren es nicht zuletzt die Jagdflieger, die als Einzelkämpfer ein reines Gewissen verkörperten. Erinnerungsbücher brachten jungen Lesern die Ruhmestaten und Opfer der Helden nah. Hitler hatte leichtes Spiel, als er 1935 das Gesetz für den Aufbau der Wehrmacht verkündete und die Fliegerträume erfüllte. Die Sicherung des Friedens durch Gleichberechtigung in einer bewaffneten Welt war eine Begründung, die gern geglaubt wurde.

An der Seite der Flieger standen Konstrukteure, die im Militärflugzeug die höchste Herausforderung ihres Könnens sahen, nicht zuletzt im internationalen Wettbewerb der Jagdflugzeuge. Und schließlich winkten Profite für die Industrie, die sich von der Weltwirtschaftskrise erholen mußte. Weitblick war nicht gefragt im Frühling des Dritten Reichs.

HERMANN GÖRING

war Berufsoffizier, 1918 als fünfundzwanzigjähriger Oberleutnant letzter Kommandeur des Jagdgeschwaders Richthofen, Träger des Ordens Pour le Mérite mit 22 Abschüssen. Er wurde als Hauptmann entlassen, in seiner Abschiedsrede an die Offiziere des aufgelösten Geschwaders rief er zu einem neuen Kampf auf, einem „Kampf um die innere Gestaltung der deutschen Seele".

Das brachte ihn an Hitlers Seite, 1922 wurde er Führer der SA, 1923 beim Marsch auf die Feldherrnhalle schwer verletzt. Er floh ins Ausland, seine Gewöhnung an Morphium während der langwierigen Heilung mußte 1925 psychiatrisch behandelt werden. Der drahtige Berufspilot verwandelte sich in einen dicken Mann mit seelischen Defekten, sein anderes Ich war der Fliegerkamerad und leutselige Volksfreund. In die aktive Politik trat er als Reichstagsabgeordneter ein. Als hochdekorierter Kriegsheld warb er für die NSDAP, im Dritten Reich sammelte er Machtpositionen und ein enormes Vermögen. Am 28. April 1933 wurde er Reichsluftfahrtminister und am 1. Mai 1935 Oberbefehlshaber der Luftwaffe, deren Aufbau er unter dem Deckmantel des Deutschen Luftsportverbandes betrieben hatte.

Göring verteilte Ämter nur allzu gern an Kriegskameraden. Der frühere Oberleutnant Ernst Udet wurde Oberst, 1936 Chef des Technischen Amtes im Reichsluftfahrtministerium, 1938 Generalluftzeugmeister. Sein Gebiet war die Typenpolitik. Gern urteilte er als Pilot mit Blick auf die Kampftaktik, nicht sein Fall waren methodische Amtsleitung und strategische Überlegungen. Mit der Wahl der Messerschmitt Bf 109 (Me 109) zum Standardjäger tat er einen guten Griff, war aber seinem Amt und Görings Launen im wachsenden Unheil nicht gewachsen. Am 17. November 1941 beging er Selbstmord.

Als Staatssekretär im Reichsluftfahrtministerium und Generalinspekteur der Luftwaffe brachte es Erhard Milch zum Generalfeldmarschall. Der frühere Flieger und erfahrene Manager aus der Verkehrsluftfahrt war unersetzlich als industriepolitischer Planer und Koordinator.

ADOLF GALLAND

war schon junger Kunstflugschüler, als im Frühjahr 1933 die geheime Vorbereitung der Luftwaffe begann, Göring warb die Lehrgangsteilnehmer an. Galland wurde in Italien ausgebildet und kämpfte im spanischen Bürgerkrieg hoch dekoriert als Jagd- und Schlachtflieger.

Im Zweiten Weltkrieg war er das As der Jagdfliegerei neben Werner Mölders, der am 22. November 1941 einem Unfall zum Opfer fiel. Galland wurde mit 30 Jahren sein Nachfolger als „General der Flieger" und überlebte den Krieg. Sein Buch „Die Ersten und die Letzten" ist berühmt, eine Chronik der Tatsachen und Gefühle. Als Vertreter der Front war Galland nicht erst nach dem Krieg rückhaltlos kritisch gegenüber den Schwächen und Fehlern der Führung. Er hielt Hitler und Göring die Wahrheiten vor, die sie nicht sehen wollten, wurde im Januar 1945 amtsenthoben und als Chef des ersten Düsenjäger-Jagdverbandes wieder berufen, doch die wenigen Me 262 waren nur noch eine letzte Demonstration des Durchhaltens um jeden Preis.

Moralische Fragen zum Sinn des Geschehens, die sich im Rückblick stellen, waren für solche Soldaten kein Thema. Um so schwerer wiegt ein Vermächtnis des Generals Eduard Wagner, der als Generalquartiermeister für die Versorgung bei Vorbereitung und Durchführung der Feldzüge des Zweiten Weltkriegs verantwortlich war. In elfjähriger russischer Gefangenschaft hat er sich ungezählte Male die Worte wiederholt, mit der Hermann Göring das Todesurteil über 220.000 deutsche Soldaten fällte: Hitler war nahezu überzeugt worden, die 6. Armee wegen der Versorgungslage aus Stalingrad zurückzuziehen, zumal er den Russen damit die baumlose, menschenleere, von furchtbaren Schneestürmen durchtobte Donsteppe zuschob. „Da stand Göring auf, schlug mit seiner fetten Pratze auf den Tisch und sagte: 'Mein Führer, ich garantiere für die Versorgung von Stalingrad mit meiner Luftwaffe!' Darauf Hitler: 'Dann bleibt's dabei!'."

ZEIT UND GELD

waren knapp für die vielen Projekte des Dritten Reichs. Alles sollte schnell verwirklicht werden, auf die Kosten ließ Hitler sich nicht ansprechen. Vieles erzeugte Begeisterung, vieles lief nicht wie erwartet. Der Autobahnbau beschäftigte nur zwei Prozent der Arbeitslosen, Vollbeschäftigung wurde erst im Krieg erreicht. Der Vierjahresplan von 1936 unter Leitung von Hermann Göring sollte die Schwierigkeiten bewältigen, die dem Volk nicht verborgen blieben, vor allem den Mangel an Rohmaterial durch die angestrebte Selbstversorgung des Reichs. Ziele des Vierjahresplans waren nicht zuletzt die Erzeugung von Kraftstoff und künstlichem Kauschuk. Die Rüstung rückte ab 1936 schon in den Vordergrund.

Am 7. Januar 1939 warnte das Direktorium der Reichsbank vor dem Staatsbankrott durch die hemmungslosen Ausgaben, doch Hitler war bereits 1938 durch den Zugriff auf Österreich und die Tschechoslowakei auf dem Weg zum Krieg, der 1939 dennoch überraschte.

„Wir müssen gewaltig rüsten, damit man uns fürchtet und wir ohne Krieg unser Ziel erreichen", hatte Hermann Göring 1935

Der Propeller dreht sich. Das „Schneckenmuster" auf der Propellernase rotiert.

Motorwartung im Winter. Unter dem Zelt ist es nicht ganz so kalt.

Links: Doppelsterne in Reih' und Glied, BMW 801-Motoren, ohne Luftschrauben.

geäußert. „Kommt es aber zum Krieg, so muß es ein Blitzkrieg sein, denn wenn er länger dauert als drei Monate, so ist er für uns verloren. Das muß die Luftwaffe verhindern." Daß England in einen Krieg gegen Frankreich und Polen eingreifen würde, erschien als unwahrscheinlich.

Die Luftwaffenplanung wurde demgemäß 1937 auf schnelle Kurzstreckenbomber angelegt, die von Japan angeregte Fernbomber-Version der Focke-Wulf Fw 200 Condor 1939 auf die Ausführung als Seeaufklärer und -bomber (Fw 200 C) umfunktioniert. Den Vorstellungen der alten Jagdflieger in der Luftwaffenführung entsprach der Schnellbomber Ju 88, dessen Produktion allerdings sehr zäh anlief, nachdem Hermann Göring 1938 den Junkers-Chef Koppenberg pathetisch angespornt hatte: „Und nun geben Sie den Start frei und schaffen Sie mir in kürzester Zeit eine gewaltige Bomberflotte der Ju 88".

Als effektvolle Waffe hatte sich im spanischen Bürgerkrieg der Sturzkampfbomber Ju 87 erwiesen, er war ebenso brauchbar für Tiefangriffe. Überzeugend als Transporter und Kurzstreckenbomber flog in Spanien auch die Heinkel He 111, die im Zweiten Weltkrieg veraltete, aber mangels genügender Nachfolger weitergebaut werden mußte. Der einzige schwere Bomber He 177 reifte nicht aus, die Doppeltriebwerke DB 606 blieben unzuverlässig und feuergefährlich.

DIE MESSERSCHMITT BF 109 (ME 109)

ging aus der glücklichen Konstruktion der viersitzigen Bf 108 Taifun hervor, die Professor Willi Messerschmitt 1934 für den Europa-Rundflug geschaffen hatte. Die Bezeichnung Bf bezieht sich auf die Bayerischen Flugzeugwerke, ab 1938 Messerschmitt AG. Mit dem Erstflug im September 1935 begann eine Karriere, die über den Einsatz in Spanien und den Geschwindigkeits-Weltrekord von 1937 (611 km/h) zur Bf 109E als Standardjäger der Luftwaffe führte.

Der populäre Begriff Me 109 war mit den Blitzsiegen verbunden, die Fw 190 mit der Reichsverteidigung. 1943 wurden die Gegner in Leistung und Zahl deutlich überlegen. Stärkere Motoren, längere Flugdauer, wirkungsvollere Bewaffnung, bessere Steigfähigkeit, mehr Geschwindigkeit und Kampfhöhe waren die Kriterien, die Adolf Galland aufzählte, aber die Me 109 war an ihrer Grenze angelangt: „Zahlreiche Ände-

Motor+Propeller, daran hängt das ganze Flugzeug. An der Basis der Luftschraubenblätter erkennt man den Verstellmechanismus; hinter dem Nasenspaltring ist der ringförmige Ölkühler angebracht.

***Links:** Zwischen zwei Einsätzen; Benzin, Öl, Munition, alles wird nachgefüllt. Auch wenn der TO noch so brüllt: Beeilung gefälligst, ihr Weihnachtsmänner.*

rungen an Motor, Waffen oder Ausrüstung, die neue Baureihen mit sich brachten, paßten nicht an die alte Grundkonstruktion des Flugzeugs. Sie erschienen als 'Beulen', die das einst so schlanke und aerodynamisch elegante Äußere der Me 109 verunstalteten und ihre Leistung und Eigenschaften beeinträchtigten".

Um so mehr wurde jede gelieferte Focke-Wulf Fw 190 begrüßt. Die Konstruktion von Kurt Tank war stark gegen die Spitfires, aber den Mustangs erst als Langnase mit dem Junkers-Zwölfzylinder gewachsen. Als kurz vor Schluß die Fw 190-Weiterentwicklung TA 152 kam, war schon der Düsenjäger Me 262 die letzte Hoffnung.

DIE FLUGZEUG-PRODUZENTEN

hatten schon 1934 mit Görings Genehmigung untereinander vereinbart, daß die Beschäftigten nur mit einem Freigabeschein den Arbeitgeber wechseln durften.

Schön waren Parolen: „Ehret den Arbeiter, dann ehrt ihr das deutsche Volk!“ Aber als bei BMW Ende 1935 die Aufträge ausblieben, wurden 1700 Arbeiter entlassen und erfuhren beim Arbeitsamt, „daß sie nicht aus dem Arbeitsverhältnis bei BMW ausgeschieden seien, sondern nur einige Zeit aussetzen mußten“. Sie erhielten die Arbeitslosenunterstützung, waren aber in der Statistik nicht arbeitslos. BMW nutzte ihre Zwangslage aus: Bei der Neueinstellung mußten sie auf 8 bis 14 Prozent des früheren Lohns verzichten.

Die Verschlechterung des Materials durch den Rohstoffmangel mußten die Arbeiter ausbaden. „Der beste Facharbeiter kommt nicht völlig ohne Ablieferung von Strafware aus“, wird berichtet, der erhöhte Werkzeugverbrauch durch die Materialmängel wurde ihnen ebenfalls angelastet. Fast zehn Prozent des Akkordlohns konnten auf diese Weise verlorengehen, und eine geheime Werkspolizei sorgte für fristlose Entlassung bei unvorsichtigen Äußerungen. "Für BMW nicht geeignet" als Vermerk im Arbeitsbuch belastete die Suche nach einem neuen Arbeitsplatz.

Andererseits gab es zahlreiche soziale Angebote und Beihilfen, die Freizeitorganisation „Kraft durch Freude“ war aktiv, und es gab auch Anlaß zu dem Stolz, bei einer bedeutenden Firma beschäftigt zu sein. Schlimm wurde es im Krieg, als Zwangsarbeiter und Häftlinge unter höllischen Verhältnissen ausgebeutet wurden.

EIN PILOT BERICHTET

DER PILOT

Geboren Juli 1924
Flugmodellbau
Segelflug, C-Prüfung
1942 Grundausbildung Luftwaffe
Geflogen vor der Fw 190 auf He 72, Bü 131/133/181, Kl 35, Go 145, Ar 66/96 Fw 56, W 34, Avia Vercelli L 3, Me 109, Ju 87.
Fw 190 ab Juni 1944.
Verwundet abgeschossen 18. April 1945.

Juni 1944: Wie ich es gelernt hatte, wurden die Stiefelabsätze zusammen geknallt, und dann baute ich mich vor einem älteren Offizier auf, der den „Laden“ hier leiten sollte.
Der schaute mich so komisch an, fast bekümmert. Langsam erhob er sich hinter seinem ausladenden Schreibtisch, und reichte mir die Hand.
„Willkommen in unserer Staffel!“

Jetzt endlich sollte ich mit der ersehnten Maschine, der Focke-Wulf 190 fliegen dürfen.
Der neue „Chef“ schaute mich nochmal argwöhnisch von der Seite, und von oben bis unten an, als ob er im Stillen dachte:
„Da steht wieder einer von den jungen Burschen vor mir, denen alles egal ist, wenn sie nur einen Donnervogel unter dem Arsch haben und den fliegen können.“
Der Flugplatz mit allem, was so dazu gehörte, lag auf einen Anhöhe, nicht allzuweit von einer Stadt, aber mitten in grünen Feldern. Da war zunächst ein mehrstöckiges Gebäude zu sehen, die Kommandantur. Ganz in deren Nähe hatte man ein paar Hallen aufgebaut, mit himmelhohen Schiebetoren. Auf dem unermeßlich weiten, topfebenen Platz war sogar eine Start- und Landebahn zu sehen. Ein dünner Strich aus Beton.
Rings um den Platz parkten Flugzeuge. Allerdings hatte man sie in Erdwälle gezerrt, weit von dem Hallen entfernt. Das war eine Schutzmaßnahme; denn zu dieser Zeit kamen immer wieder einmal die feuerspuckenden Lightnings der Amerikaner. So war's auch heute wieder!
Schon bellten die Flakstaffeln am Platzrand.
Fliegen? Erst mal das Gegenteil: Wir lernten, was Unteroffiziere und Feldwebel der Staffel als alte Flugzeugführer von den „unreifen Knaben“ hielten, die schon bald mit Silbertressen herumlaufen und herumkommandieren würden.
Die geringste, nachlässig erscheinende Haltung beim Antreten genügte schon für Bekanntschaft mit der Erde.
Wir wurden nach der alten preußischen Art geschliffen. –
„Bis ihnen der Arsch aufgeht!“ –
„Hinlegen, Sprung-auf-marsch-marsch, hinlegen!“
Und die Schnauze in die Drecklache.
„Runter mit der Nase!

Den Herren Fahnenjunkern würde man schon zeigen, daß sie nichts Besonderes waren; trotz ihrer langen Haare (von wegen „Streichholzlänge“!), trotz ihrer Abzeichen, trotz ihrer verbeulten Mützen, trotz ihrer Piloten-Arroganz.
Die Subalternen wußten schon, wie man einen Jungen demütigen konnte, wenn er vor der Front des angetretenen Zuges geschliffen wurde. Und alle mußten zusehen.
Da mochten manche im Glied sich kaum das schadenfrohe Grinsen verkneifen, während andere vor Scham, und vielleicht vor Mitgefühl, am liebsten im Boden versunken wären.
„Hinlegen, Sprung auf marsch-marsch, hinlegen!“

Ich hatte aber schon früher gelernt, Körper und Geist zu beherrschen. Auch wenn die Nase immer wieder in einer Lehmpfütze landete. Wie hieß es noch in einem der vielen Gedichte, die wir auf der Penne lernen mußten:
„...die Gedanken sind frei“!
„Na wartet nur!“ dachte ich damals. Die Schleifer sollten später einmal selbst zu spüren bekommen, was schleifen hieß. Aber auch dieser militärische Unsinn ging vorüber!
Endlich durfte ich wirklich in einer Fw-190 sitzen!
Aber zunächst nur am Boden; denn Doppelsitzer zur Schulung gab es nicht in dieser Staffel.
Dieses Flugzeug aber war halt nur auf einen Piloten zugeschnitten.
Alles, was man gelernt hatte, mußte deshalb gleich in die Praxis umgesetzt werden. So hieß es zunächst, Handbücher wälzen und Theorie pauken, lernen wie früher in der Schule.
Erst als alle Handgriffe im Flugzeug wie im Schlaf beherrscht wurden, erst dann durften wir Piloten in die Kiste auf dem

Noch 2 km bis zum Abstellplatz. Lieber schlecht mitgerollt, als gut gelaufen.

„Bock" klettern.
Dort hing das Flugzeug, mit ausgefahrenem Fahrwerk, auf Stahlträgern fest verschraubt, die man zuvor fest im Beton vor einer Halle verankert hatte.
Alle Funktionen konnten durchgespielt werden, ohne die Maschine auch nur einen einzigen Millimeter zu bewegen:
Von dem Anlassen des Motors, dem Einziehen, und Ausfahren des Fahrwerkes angefangen, bis zur Bedienung der Klappen zum Start, Steig- und Sturzflug und schließlich die Landung.
Vorne dran an dem Flugzeug hing ein wahres Kraftpaket.
Der BMW 801, ein Doppelsternmotor, vierzehn Zylinder und mit sage und schreibe mehr als 1.800 Pferdestärken bei „Volldampf" am Boden.
Das war kein schlanker Motor mehr, mit vielen Zylindern hintereinander, wie bei der Me 109.
Nein, das war ein bulliges, rundes Mordstrumm, hinter dem man sich richtig verstecken konnte, genauso wie hinter der unwahrscheinlich dicken Frontscheibe. Die bestand aus mehreren Schichten, man nannte sie „Panzerglas".

Vor der Nase, unübersehbar, war das „Revi", das Reflexvisier montiert. Ganz oben, noch über der Instrumentenbrettkante, ragte dazu eine Kunststoffscheibe hoch, in die ein Fadenkreuz eingespiegelt wurde. Das sollte das Zielen mit der Längsachse des Flugzeuges ganz ungemein erleichtern.

Erschreckend auf den ersten Blick war die Vielzahl der Instrumente, viel mehr mußte im Auge behalten werden als in dem alten Stuka oder gar in den noch einfacheren Schulmaschinen, die ich in der Pilotenausbildung geflogen hatte.

Alles beherrschend war der große Wendezeiger in der Mitte. Mit dem war der Geradeausflug der Maschine zu kontrollieren, auch wenn man mal in den Wolken herumkurvte, und nichts mehr außer den Instrumenten sah.
Nicht umsonst hatte ich den Blindflugzwischenschein in Neukuhren erworben. Schließlich wurde die Fw 190 auch zur freien Nachtjagd, zur „wilden Sau" eingesetzt, und dabei konnte man ihn gebrauchen. Da war es schon beruhigend, sich auf die Instrumente verlassen zu können, wenn draussen alles finster, und nichts zu sehen war.

In diesem Gerät bewahrte die Kugel der „Libelle" das Flugzeug vor dem gefährlichen, seitlichen Schieben, falls man dafür nicht schon ein natürliches Gefühl im Hintern hatte. Natürlich klappte das nur dann einwandfrei, wenn die Kugel schön in der Mitte des links und rechts aufgebogenen Röhrchens blieb. Übrigens, jetzt am Boden blieb sie sowieso immer dort, wo sie sein sollte.

Daneben waren der Fahrtmesser, die Anzeige für den Ladedruck des Motors, der Kompaß und das Variometer plaziert („steigt" und „sinkt" stand da drauf). Auf den Druckanzeiger für die Treibstoffzufuhr und das Öl, und eine ganze Reihe andere Instrumente mußte ich mit dem ausgestreckten Finger zeigen.
Irrtum ausgeschlossen!

Darunter hatte man auch die kleineren Anzeige-Geräte montiert, die jetzt stumm

den Blick des Piloten fixierten.
So beispielsweise die Sauerstoffanzeige, falls man einmal so hoch flog, daß die Maske vor Mund und Nase und natürlich das notwendige O² gebraucht wurde. Jeder Atemzug wurde auf dem Instrument angezeigt. Das sah dann aus, als ob sich zwei Lippen öffen und schließen würden.

Links und rechts waren in regelrechten „Fensterbänken" aus Blech noch weitere Schalter, Zeiger, Sicherungen untergebracht, auch die Anschlüsse für die Kopfhaube mit ihren Hörern und dem Kehlkopfmikrophon. Davor die Drehknöpfe für das Funkgerät, das FG 16 U, ein Radio, das auf der Ultrakurzwelle empfing, und sendete.

Nur einen Hebel, rechts neben dem Rad, mit dem man das Kabinendach zukurbelte, den durfte man erst dann herunterdrücken, wenn wirklich „Not an Mann" war, als ultima ratio sozusagen. Rot lackiert war er, damit man ihn ja nicht übersah, den Hebel zum Absprengen der Haube.

Nach vielen sogenannten „Start- und Landeversuchen auf dem Bock" schlug an einem schönen Morgen die Stunde der Wahrheit.
Platzrunden waren angesagt.
Mit der Hilfe der Bordwarte schnallte ich mir den Fallschirm auf den Rücken (man hockte nicht mehr darauf) und ließ mich in die Sitzwanne gleiten. Dann grapschte ich mir die Anschnallgurte, die über den Schultern, die um den Bauch, und die zwischen den Beinen.
Der Fluglehrer, ein erfahrener Unteroffizier, hatte den neuen „Arbeitsplatz" schon meiner Körpergröße angepaßt.

Die Pedale des Seitenruders waren auf meine kurzen Beine eingestellt worden. Da waren keine Holzklötze mehr notwendig, wie damals bei der Me 109 e. Ausserdem stand der „Vogel" recht breitbeinig da. Das war ein stabiles Fahrwerk, wie geschaffen für holprige Feldflugplätze. Dort gab es sowieso nur Gras.

Die Gurte zurrten den Körper an das Flugzeug, so fest, daß ich nur noch die Beine, die Arme, und den Kopf bewegen konnte. So angeschnallt, fühlte ich mich als Teil der Kombination von Mensch und Maschine.
Der lange Kabelschwanz der Kopfhaube wurde in den Anschluß des Funkgerätes eingesteckt. Schließlich sollte man ja auch während des Fluges „an der Strippe" bleiben.

Da saß ich nun mit feuchten Händen, über den beiden Tanks mit ihren 525 Litern Treibstoff und dem Zusatzbehälter mit 115 Litern im Rücken.
Mein Herz hämmerte in einem rasenden Rhytmus.
Ich verspürte einen typischen Adrenalinstoß.
Schließlich war es der erste Alleinflug mit der Fw 190.
Die linke Hand griff nach dem Zündschalter und schob ihn nach unten auf „aus".
Nun kam das vereinbarte Handzeichen (das jeder draußen sehen sollte) an die Reihe, eine geballte Faust, als ob darin der Zündschlüssel verborgen sei.
Zwei Bordwarte hatten bereits den Batteriewagen angeschlossen.
Einer steckte gerade die schützende Stoff-

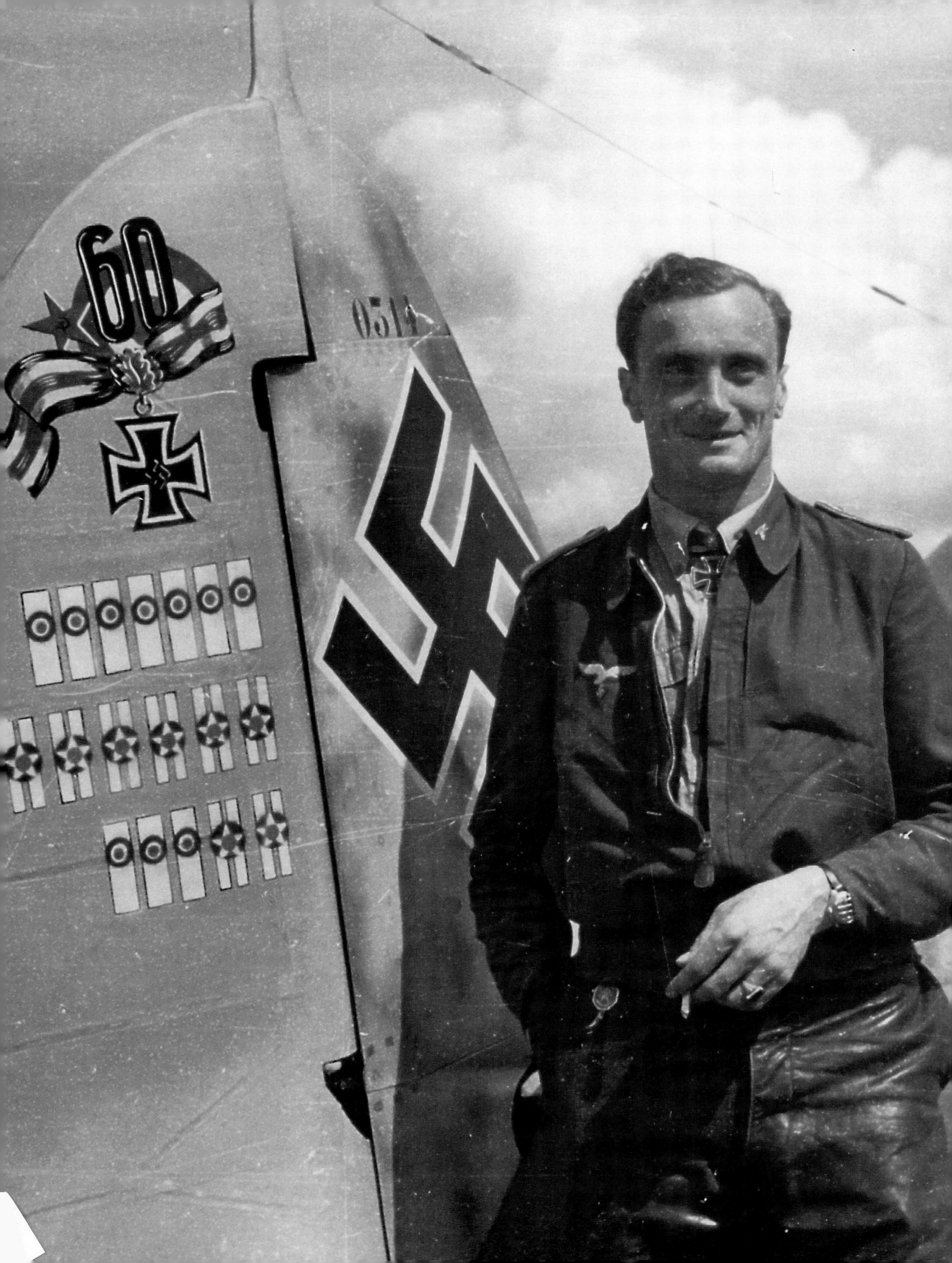
60
0514

Links: Entspannung nach dem Jagdeinsatz. Ein Ritterkreuzträger, Vorbild für den Nachwuchs.

hülle des Staurohres – ohne das es keine Geschwindkeitsanzeige gibt – in seine Hosentasche.
Die Schalter von Zünd- und Anlaßanlage, von Verstell-Propeller, und vom Generator wurden eingedrückt.
Die Treibstoffpumpen wurden in Gang gesetzt, und der Zufluß des Treibstoffes zum Motor über den bewußten Brandhahn (Stellung: „Auf") geöffnet.
Nun konnte mit dem Kurbelrad die Haube geschlossen werden.
Mit leisem Donnergrollen rollte sie nach vorn und wurde von innen verriegelt.
Jetzt drückte ich den Zündschlüssel nach oben und betätigte den dazu gehörenden Schalter so lange, bis der Anlasser genügend Kraft hatte, um die zwei mal sieben Kolben in den Zylindern zu bewegen.
Der massige BMW-Doppelstern hustete ein bißchen, spuckte und brüllte auf.
Schnell huschte der Blick auf die Öldruckanzeige.
Der unerläßliche Druck des Schmiermittels war da.
Alle Funktionen des Motors schienen normal.
Na,prima!
Die Außenanschlüsse und der Batteriewagen wurden schon entfernt.
Danach steigerte ich die Drehzahl auf 1200 Umdrehungen pro Minute. Die Füße waren immer noch fest auf die Pedalbremsen gepreßt, damit die Maschine sich ja nicht von selbst auf die Socken machte.

Die Zeit zum Warmlaufen des Motors mußte penibel eingehalten werden, die Propellerverstellung auf Automatik geschaltet. Ein Druck mit dem linken Daumen auf den Kippschalter an dem dicken „Gashebel" genügte dafür.
Jetzt kam die Prüfung der Motorleistung am Boden an die Reihe.
„Abbremsen" nannte man das.
Der Ladedruck beim Füllen der Zylinder mit dem Treibstoff-Luftgemisch, sowie der Einfluß unterschiedlicher Umdrehungszahlen des Propellers auf die Motorleistung waren zu kontrollieren. Nun wurde das „Gas" soweit zurück genommen, bis der Motor nur noch leise vor sich hin brabbelte.
Jetzt hieß es mit dem Knüppel rundherum zu rühren, die Pedale bis zum Anschlag nach vorn zu stoßen, erst links, dann rechts, um sich sich so von der Freigängigkeit aller Ruder zu überzeugen.
Der Zeiger des Höhenmessers wurde mit einem kleinen Handrädchen (am Instrument) auf „qfe" eingestellt. Das bedeutet in der Fliegersprache die Höhenanzeige, die dem aktuellen Luftdruck am Flugplatz entspricht. Der Abflug begann also bei 0 Meter.
Die Trimmung, mit der die Höhenruderflosse beeinflußt werden konnte, wurde auf „Neutral" gedreht, das Flugzeug war also weder kopf- noch schwanzlastig.
Danach öffnete ich die Kiemenklappen, damit die brühwarme Luft des Motorraums nach außen entweichen konnte; er würde beim Start besonders heiß werden.

Die ordnungsgemäße Verriegelung der ausgefahrenen Beine mit den Rädern war nicht nur an der optischen Anzeige in der Kabine zu erkennen, sondern auch an einem Metallstab, der aus den Tragfläche ragte.
Die mechanische Kontrolle der Stellung der Landeklappen, die jetzt von kleinen Elektro-Motoren in Startstellung gefahren werden mußten, war ebenso simpel gestaltet.
Diese Kombination von elektrischer Anzeige durch die Instrumente im Cockpit und mechanischer Überwachung war ideal. Da konnte ruhig mal ein Instrument ausfallen oder versagen. Heutzutage spricht man von der „Redundanz" der Anzeigen.

Die Luftschraube konnte zwar verstellt werden, vom Start über den Steigflug, den Sturzflug bis zur Segelstellung, die bei stehendem Motor den geringsten Luftwiderstand bot. Jetzt aber war die Automatik an der Reihe. Nur wenn die einmal nicht funktionierte, nur dann durfte man mittels Kippschalter auf dem „Gashebel" mit dem linken Daumen manuell die Steigung des Propellers auf „12 Uhr" der Anzeige, also für den Start oder den Landeanflug, einstellen.

Und nun ging's los.
Der Fluglehrer gab mir per Funk die Startfreigabe.
„Also dann, Hals- und Beinbruch!"
Tief Luft holen!
„Es wird schon schief gehen."
Zügig drückte ich den dicken Gashebel nach vorne.
Der „Knüppel" blieb in der Mittelstellung. Damit wurde auch das Spornrad fixiert und geradeaus gehalten. Gleichzeitig wurde eine Bodenberührung der drei riesigen Propellerblätter während des Starts vermieden.
Die rapide zunehmende Beschleunigung drückte mich, wie mit einer Riesenfaust, in die Sitzwanne.
Das war ein tolles Gefühl, das ich nie wieder vergessen, und missen werde.
Nach wenigen Sekunden waren bereits 150 km/h überschritten, Zeit zum Abheben der Fw 190 vom Boden.
Die Maschine zog stur geradeaus, vor allem wenn man das Drehmoment des Motors mit dem Seitenruder kompensierte.
Hier gab es einfach kein „Drücken" mehr, um das Flugzeug zum Abheben in die Horizontale zu bringen, wie das sonst bei Spornrad-Flugzeugen üblich war. Nein, die Fw 190 startete bereits in der Steigfluglage, genau so wie sie vorher am Boden gerollt war.

Kurz darauf, ich dachte es wären noch kaum ein paar Sekunden in der „Platzrunde" vergangen, mußte im „Endteil" schon die Fahrt auf etwa 300 km/h verringert, das Fahrwerk ausgefahren, und die Klappen auf Landestellung gesetzt werden.
Ein rascher Blick nach links und rechts zu den Tragflächen, überzeugte mich, daß das Fahrwerk auch in der richtigen Position, und verriegelt war. Dann kamen die Kiemenklappen an die Reihe.

Angeschwebt wurde mit 200 bis 220 km/h.
„Ach du grüne Neune, Mann-oh-Mann, und bei der hohen Fahrt soll mal einer runter kommen!", stöhnte ich ganz unbewußt bei der ersten Landung.
Der Bodenkontakt erfolgte mit einer Geschwindigkeit von 180 Kilometern in der Stunde.
Pitch-pitch machten die Räder, als sie den Beton berührten. Viel zu schnell, so schien, geradezu atemberaubend schnell zischte die Piste unter mir hinweg. Man konnte den Boden fast nicht mehr erkennen. Das Ende der Landebahn kam immer näher. Jetzt hieß es vorsichtig bremsen.
Ich hatte es geschafft, die relativ hohe Landegeschwindigkeit war nur eine Frage der Gewöhnung, und noch viele Platzrunden folgten: Start, Landung, Start, Landung.
So übte ich, bis alle Handgriffe unbewußt wie im Schlaf funktionierten, bis der Blick die richtigen Instrumente und Anzeigen im richtigen Moment traf.

Übermütig fing ich an, ein Kinderlied zu singen:
„...die Schwalbe ist ein muntres Tier und immer froh und heiter, sie fliegt stets um den Kirchturm 'rum, und um den Blitzableiter!"

Links: *Große Reparatur auf einem Feldflugplatz. Links vorn: Bolzenziehen aus dem Seitenleitwerk.*

Die Lernperiode mit den immer gleichen Platzrunden war bald abgehakt.
Jetzt aber sollte ich die Eigenschaften der „Kiste“ bei einem längeren „Höhenflug“ erst richtig kennenlernen.
So mit 280 bis 290 km/h, sagte der Fluglehrer, wäre es am besten um möglichst schnell viel Höhe zu gewinnen.
Auch seine Ermahnungen hatte ich noch in den Ohren, den Durst des Motors ja nicht zu vergessen.
Immerhin rauschten beim Start und im Steigflug fast 600 Liter in der Stunde durch die Leitungen. Nur wenn man äußerst sparsam geradeaus flog, begnügte sich der Motor mit 275 Liter pro Flugstunde. Wenn aber einmal eine rote Warnlampe vorne am Armaturenbrett aufleuchtete, dann war es höchste Zeit zum Landen. Dann war nur noch ein winziger Rest (!) von Treibstoff vorhanden, ganze 90 Liter. Die reichten dann gerade noch für 15 Minuten Flugzeit, bei stark gedrosselter Motorleistung,
Manchmal reichte selbst das nicht mehr; dann galt auch hier die alte Erfahrung: „oben geblieben ist noch keiner, ‘runter kommen sie alle, fragt sich nur wie!“
Oben wartete eine Überraschung. Zwischen 2.600 und 2.800 Metern Höhe schaltete sich der Bodenlader des Motors (für die zu ändernde Treibstoffzufuhr) automatisch auf den Höhenlader um, was den BMW 801 zu einem spürbaren Schütteln und einem etwas komischen Geräusch veranlaßte.
Aber mein Schrecken darüber war bei dem ersten, längeren Flug nur kurz.
In der Höhe konnte ich mich so richtig austoben, und alle Eigenschaften „meiner“ Fw 190, die guten wie die schlechten genau kennenlernen.
Nicht umsonst waren die Flugeigenschaften der Fw 190 legendär, und schließlich liebte ich den Kunstflug über alles.
Schon nach der Piloten-Ausbildung auf der Kriegsschule war ich der Wiener Kunstflugstaffel angeboten worden.

Der Durchmesser eines Loopings war ungeheuer, verglichen mit den engen Saltos meiner früheren Vögel, zum Beispiel mit der alten Bücker 133, dem bewährten Doppeldecker.
Erst den Knüppel langsam an den Bauch ziehen, im Rückenflug ganz zart drücken (um ja nicht zu „eiern“) und dann wieder in einem eleganten Kreisbogen hinab.
Und die gerissenen Rollen erst!
Es genügte, mit einem Ruck den Knüppel schräg an den Bauch zu ziehen, ohne mit

Unmittelbar vor dem Start. Das Bodenpersonal hat den Vogel wieder zusammengeflickt.

dem Seitenruder zu spielen.
Es schien so, als ob die Maschine dabei stöhnen würde. Aber sie schraubte sich dabei wie auf Schienen geführt innen an der Wand einer imaginären Riesenröhre entlang.
Zweimal, dreimal, abgehakt!
Nun trat ich mit aller Wucht mal in die linke Seitenruderpedale, mal in die rechte. Der Vogel ächzte zwar, aber schob in Sekundenschnelle mal links, mal rechts. Den Sinn dieser Übung sollte ich erst später begreifen.

Im Gleit- oder gar im Sturzflug konnte ich mich auf die Luftschraubenautomatik verlassen. Die stellte die Steigung der Propellerblätter entsprechend der Geschwindigkeit ein.
Ich brauchte also nicht zu befürchten, den Motor zu überdrehen, wenn er wie eine Windmühle von der wild drehenden Luftschraube angetrieben wurde.
„Also Abschwung und hinunter !"
Über die linke Tragfläche abkippen, dann im Rückenflug kurz den Knüppel an den Bauch, und nun raste das Flugzeug senkrecht dem Boden entgegen.
Der Zeiger des Fahrtmessers drehte sich wahnsinnig schnell nach rechts. Die höchste zulässige Geschwindigkeit war zwar durch einen weißen Balken auf dem Fahrtmesser markiert. Aber die überschritt ich locker, ohne irgendwelche Bedenken. So erreichte ich leicht die 1.000 km/h.
Nur das Abfangen erschien trotz der Trimmung auf „schwanzlastig" sauschwer.
Abgehakt !

Nun stieg ich wieder in Kreisen über dem Flugplatz höher und höher. Die Cumulus-Wolken, die im tiefen Blau des Himmels schwammen, lockten mit ihren tiefen Tälern, den Brücken aus Wasserdampf, unter denen man gefahrlos hindurch fliegen konnte. Ein Zuhoch oder ein Zuniedrig spielte dabei überhaupt keine Rolle. Zudem waren die himmelhohen Wolken-Türme weich wie Watte. Um die herum konnte man herrlich kreisen. Ganz eng, immer noch enger, ohne jemals eine gefährliche Kollision zu befürchten.
Wenn aber einmal so eine Wolke zu dick war, und ich ausgerechnet durch sie hindurch mußte, dann beruhigten die großen Instrumente, vor meiner Nase, bei diesem Flug ohne Sicht, einem veritablen Blindflug.
Aber das waren jetzt nur wenige Sekunden, ohne Sicht nach außen. Die „Waschküche" machte rasend schnell dem gleisenden Sonnenlicht Platz.
Jetzt schob die linke Hand den Gashebel auf „Volldampf"! „Ziehen!" Einige hundert Meter schoß die Maschine senkrecht noch oben, ein „Turn" folgte, dann wieder Fahrt aufholen und um die nächste Wolke im Messerflug herum, und wieder senkrecht hinab.
In einem unerhörten Glücksgefühl sang ich und jauchzte vor Freude.
Die Zeit verging echt „wie im Fluge".

Da krächzte aus dem Kopfhörer die Stimme des Fluglehrers:
„Komm' endlich 'runter! Wenn Dir der Sprit ausgeht, fällst Du unweigerlich auf den Pinsel, Du Trottel.
Ich habe keine Lust schon wieder zu einer Beerdigung zu gehen!"
Na, das war deutlich genug.
Im Gleitflug, später in Spiralen, kehrte ich auf den befohlenen Boden zurück.
Bald darauf hatte ich schon wieder einen neuen Marschbefehl in der Tasche. Das hieß also wieder Eisenbahnfahrt quer durch Deutschland.
Diesmal ging's in der Nähe von Magde-

burg, nach Perleberg.
Dort standen die Trainingsmaschinen Fw 190 F-9 ungeschützt vor der Halle. Blitzartige Überfälle der Amerikaner oder der Briten schien man dort nicht zu befürchten.
Aber dafür „blitzte“ etwas anderes.
Unter den Tragflächen der Flugzeuge waren so eine Art Gardinenschienen montiert, an denen man die neuen Waffen aufhängen konnte.
„Panzerblitz“ nannten die Ausbilder diese Feststoff-Raketen, sieben unter jedem Flügel.
Sie waren zwar nur etwas mehr als einen Meter lang, vielleicht etwas länger, aber ungemein bissig.
Der Treibstoff, genauer gesagt die Pulverladung, nahm wohl den größten Platz in den armdicken „Rohren“ ein, während vorn eine explosive Hohlkopf-Ladung mit Aufschlagzünder saß, wie bei den berüchtigten „Panzerfäusten“.
Schon jetzt war es jedem Piloten klar, daß diese elektrisch gezündeten Dinger gegen Panzer, oder gepanzerte Fahrzeuge, am Boden gerichtet werden sollten.
Auch hier zielte man mit dem ganzen Flugzeug, wobei wieder ein Reflex-Visier das Treffen erleichtern sollte.
Aber die Piloten mußten trotzdem so nahe wie möglich an das Objekt heranfliegen, um ins Schwarze zu treffen. Gleichzeitig mußte das angreifende Flugzeug, nach dem Abschuß der Raketen, möglichst weit weg vom Ziel sein.
Wenn die nämlich dort explodierten, flogen die Fetzen und konnten die Maschine selbst bedrohen.
Da half nur eines: Sofort nach dem Abschuß den Steuerknüppel schräg an den Bauch reißen und mit aller Macht in das entgegengesetzte Seitenruderpedal treten. Daraus resultierte so etwas wie ein Zwitter aus gerissener Rolle und Aufschwung. Jedenfalls brachte dieses Manöver einen enormen Höhengewinn.

Bauch nach oben zum Himmel, Blick zur Erde, und man war damit weit weg von der Explosion am Boden. Entweder kam der Angriff von oben im Sturzflug oder, für den potentiellen Gegner überraschend, aus einem besonders niedrigen Tiefflug heraus.

Und immer wieder dasselbe.
Wenn ich auf den dafür bestimmten Knopf, oben am Steuerknüppel, drückte, dann schossen sie mit einem Donnerschlag los, die Raketen, je nach der Vorwahl einzeln, paarweise oder alle auf einmal.
Das gab jedesmal einen fürchterlichen Krach, als würden sämtliche Wagentüren eines Eisenbahnzuges gleichzeitig zugeworfen. Ein blendender Lichtschein umgab das Flugzeug bei dem Raketenschießen, wie eine flammende Aureole.
Für Sekundenbruchteile sah man noch feuerrote Punkte, die brennenden Hinterteile der Raketen, die dem Ziel entgegenrasten.
Üben, Üben, Üben.
Schützenkönig war ich auch hier.
Fast nach jedem Übungs-Einsatz, wenn ich wieder einmal getroffen hatte, fegte ich übermütig im Tiefflug über den Platz, in Gegenrichtung zur vorgesehenen Landebahn.
An deren Ende wurde die Maschine hoch gezogen, die Fahrt weggenommen, und in einem „Immelmann-Turn“ das Fahrwerk heraus geschüttelt. Dann kamen schnell schnell die Landeklappen an die Reihe. Den Knüppel an den Bauch gerissen, und schon setzte die Maschine rumpelnd auf dem Grasplatz auf.
Das war zwar gegen alle Vorschriften,

Links: *Der Rumpf-Zusatzbehälter für den Sprit wird zur Montage herangeschoben; auch wenn der dafür benützte Karren steinzeitlich aussieht.*

aber ich war jung, war Pilot und stolz wieder genau getroffen zu haben und stolze Augenblicke vergißt man nie mehr im Leben.
„Wer ko der ko", murmelte ein Kamerad aus Bayern beim Zuschauen.
Die drei Wochen Umrüstung auf das neue Waffensystem, die „Panzerblitze", gingen rasend schnell vorbei.
Und schon wieder hatte ich einen Marschbefehl zu einer neuen Einheit, diesmal an dem nördlichen Frontabschnitt im Osten, in der Tasche.
Vorher aber, bevor es mit den neuen Waffen „richtig los ging", wurde noch ein kurzer Urlaub bewilligt.
Ein Heimaturlaub, der durch die pausenlosen Bombenangriffe der Tommies auf „meine" Stadt gründlich in die Hose ging.
Fast packte mich Erleichterung, als es wieder nach Osten ging.

DAS ENDE VOM LIED

Der Tag ging zur Neige, als ich nach langer Reise, mit vielen Umwegen den Front-Flugplatz erreichte. Immer wieder e hieß es umsteigen. Von einem Zug in den andern. Zu guter Letzt brachte mich ein Kübelwagen über holprige Wege zum Ziel.
Da stand ich nun, müde und vor allem etwas verlegen, am unbekannten Feldflugplatz.
Der Kleidersack lag auf dem Boden.
Die Stiefel waren blitzblank gewienert, der Waffenrock straff gezogen, ohne Falten wohlgemerkt, das ovale Flugzeugführer-Abzeichen prangte stolz auf der linken Brusttasche und die neue Mütze mit der silbernen Kordel korrekt auf dem Kopf, so wie es sich für einen Offizier nun einmal gehört. Die seitlich ausgebeulten „Breeches-Hosen" und die schmalen Hüften nebst den breiten Schultern verschafften meiner Silhouette etwas von der Gestalt einer Baßgeige, na-ja bei der Größe eher derjenigen von einem Cello.
Sauber, wie frisch aus der Schachtel gezogen, stand ich da. Nur wußte ich immer noch nicht, wohin gehen, an wen ich mich wenden sollte.

Als ich einen ölverschmierten Bordwart, der ohne Gruß eilig vorbei lief, nach dem Chef der neuen Einheit fragte, deutete er mit dem Daumen auf einen langen Menschen in einer schäbigen Kombi, mit einer verbeulten Mütze auf dem Schädel. Die aufgemalten Schwingen, auf dem linken Ärmel beseitigten Zweifel: Das also

Abbremsen im Versteck. Unter den Tragfächen sind 2 Zusatzbehälter für den Treibstoff zu erkennen; die zur Tarnung verwendeten, belaubten Äste sind zur Seite gezogen.

Oben: *Alle Mann zum Schieben. Einer lenkt mit dem Spornrad*

Unten: *LKW schleppt Flugzeug. Mit je einer Stahltrosse am oberen Fahrwerksbein geht es leichter als nur von Hand.*

Auch im Winter braucht ein Flugzeug Sprit. Mit Schlitten und Panje-Gespannen werden die Fässer zum Flugzeug geschleppt.

war mein neuer Geschwader-Kommodore.
Er unterhielt sich gerade mit einem Mechaniker und zeigte auf Einschußlöcher in den Tragflächen, die seine Maschine bei dem letzten Einsatz abbekommen hatte.
Nun trabte ich los, auf den neuen „Chef" zu, und „baute vor ihm ein Männchen" in strammer Haltung.

Nur wußte ich nicht so richtig, was man jetzt mit dem rechten Arm tun sollte. Seit dem 20. Juli 44 sollte man ihn zum „Deutschen Gruß" hochreißen, lieber war nicht nur mir die Hand am Mützenschirm, wie ich es früher gelernt hatte.
So drückte ich wenigstens Hände an die Hosennaht, die Brust noch einen Zentimeter weiter hinaus, um eine gute Figur zu machen:
Ich meldete mich, zur 13. Pz., Schlacht-Geschwader 151 versetzt, doch der Kommodore schien mich zunächst gar nicht zu beachten.
Er zeigte immer noch seinem Bordwart die Schäden, die seine Maschine bei dem letzten Einsatz davon getragen hatte. Viele Löcher waren in den Tragflächen. Die waren ihm bedeutend wichtiger.
Dann erst drehte er sich um, und schaute den „Neuen" lange von oben nach unten an.
„Nun mach'es 'mal nicht so förmlich, mein Junge!
Komm' mit ins Kasino. Erst kippen wir mal einen. Dann zeige ich Dir Deinen Staffel-Käpt'n und die anderen."
Da war ich aber sprachlos.
Dieser Kommodore schien kein „preußischer" Offizier zu sein.
Er war zu allererst Flieger, in zweiter Linie Pilot und drittens wieder Flieger. Dann, viel später erst, kam der Offizier an die Reihe, der Chef des Geschwaders, der Oberst, der Kommodore.
Das sogenannte Kasino war eigentlich nur eine flache Holzbaracke, so wie sie früher vom Arbeitsdienst bezogen wurde. Dunkelbraun gestrichene Holzwände. Das Dach mit schiefergrauer Pappe überzogen. Eine richtige Bruchbude! Die Türe, an der Schmalseite, ließ sich nur mit einem kräftigen Ruck öffen. Sie hing irgendwie schief und klemmte. Zum Schließen mußte man sie richtig zuhauen. Das gelang mir, während ich hinter dem Kommodore her marschierte, erst beim zweiten Versuch. Die Fenster der Bude gingen alle nach außen auf, das heißt wenn sie überhaupt noch aufgingen. Die Beschläge schienen schon lange verrostet zu sein. Selbst die Dachhaut war rissig geworden. Aber das war nur bei Regen störend. Schließlich gab es ja noch Eimer, die man einfach dorthin stellte, wo es am meisten tropfte. Aber, welch' ein Gegensatz! In der Mitte des Raums stand ein langer Tisch, mit weißem Damasttuch darauf. Fast wie in Friedenszeiten!
Da saßen sie nun alle, die Piloten, auf beiden Seiten des Tisches und standen auf, als der Kommodore, mit mir dahinter, in das „Kasino" eintrat.
Der Oberst aber wedelte nur mit der linken Hand (die rechte steckte immer noch in der Hosentasche):
„Weitermachen, weitermachen!"
Er zog sich einen freien Stuhl herbei und setzte sich rittlings darauf, neben den Ka-

pitän der 13. Panzer-Staffel, den Kopf stützte er müde auf die Lehne.
„Henner, das ist dein Neuer."
Er nannte meinen Namen, zeigte mit dem Daumen auf mich, der immer noch hinter ihm stand; bolzengerade, zumal ich wirklich nicht wußte, wie man sich hier, bei der neuen Einheit, zu benehmen hatte.
„Er kommt zu Dir in die Staffel. Nimm ihn unter Deine Fittiche. Der Junge sieht zwar noch etwas frisch gebacken aus, sozusagen noch naß hinter den Ohren, und hat bestimmt irgendwelchen militärischen Unsinn im Kopf, aber er soll angeblich fliegen können."

Henner, der Käpt'n, mit einem blonden Schnauzbart, der an der Schmalseite des langen Tisches saß, drehte sich um und packte den Neuankömmling an der Schulter.
„Laß' Dich mal anschauen, Junge. Ich glaube Du paßt zu uns. Nur sieh' zu, daß Du diese eingedrillte, steife Haltung so schnell wie möglich ablegst. Hier sind wir nur Flieger.
Und noch eines sag' ich Dir gleich zum Anfang: laß' Dir ja nicht einfallen, den Helden spielen zu wollen.
Das sind nur unsere Toten und dann...", hier machte Henner eine lange Pause und schien mit seinen Gedanken irgendwo, ganz weit weg zu sein: „...und dann sind Helden nur Helden, wenn so ein verdammter Krieg gewonnen wird. Wenn nicht, dann sind sie nur Idioten, die ihr Leben für nichts und wieder nichts auf das Spiel gesetzt haben!
So und nun mach' ich Dich mit Deinen neuen Kameraden bekannt. Hock' Dich einfach dazu."
Henner war zuvor lange Jahre in Amerika, das merkte man ihm auch heute noch an. So ein leichter Umgangston herrschte bei keiner der anderen Einheiten, die ich kannte.
Und von Orden und Ehrenzeichen hielt der neue Käpt'n auch nicht allzuviel. Seine Jacke, seine Kombi und sein Waffenrock blieben leer.
Nur, fliegen mußte man bei ihm können, und das hatte ich ja ausgiebig gelernt.
Neben dem Käpt'n saß ein älterer Pilot, der TO.
Jede Staffel hatte ihren „Technischen Offizier", der so eine Art von „Mädchen für alles" war. Vom Sprit und Ersatzteile besorgen, bis zum Funktionieren der Wartung der Maschinen. Alles mußte so ein TO beherrschen.
Graue Haare hatte der schon, na-ja bei dem Alter. Der sah ja aus wie fast dreissig.
Im Handumdrehen war ich in die Schar der jungen Piloten aufgenommen. Das war vielleicht ein Händeschütteln.
Die einen hatten sich schon ihre kurzen Arbeitsjacken gezwängt, die anderen steckten noch in ölverschmierten Kombis oder ihren Lederjacken. Nur an den Balken und Schwingen, die man auf die Ärmel gepinselt hatte, konnte man ihre Dienstgrade erkennen.
Sie kamen wahrscheinlich gerade vom Feindflug zurück, hatten schon gegessen, und nur noch die mit Wein gefüllten Gläser standen vor ihnen.
Aber ein Stuhl war leer geblieben. Der stand mir gegenüber. Teller und Besteck

Links: *Warmlaufen ist wichtig, hier auf eisig kaltem Feldflugplatz.*

Unten: *Beladen einer Fw 190 im Winter. Die Rumpfbombe wird mit dem Hubwagen gebracht.*

lagen unberührt. Bei allem jugendlichem Übermut der Flieger waren die neuen Kameraden seltsam still, fast niedergeschlagen, mit bleichen Gesichtern.
Einige starrten stumm auf den leeren Stuhl, andere vermieden es offensichtlich dorthin zu schauen.
Mein Nachbar klärte mich auf.
Gestern noch saß ein junger Pilot dort auf dem Stuhl, qietschvergnügt und immer voller Geschichten, die er so gerne zum besten gab. Einer von Ihnen.
„Auf unseren Georg!"
Alle Piloten erhoben sich, griffen zu ihrem Glas mit dem Rotwein, leerten es in einem Zug und schmetterten es hinter sich an die Holzwand des Kasinos.
Ein Splittern und Klirren und Berge von Glasscherben.
Jetzt erst fiel es mir auf, daß auch mein Platz schon frei war. Hatte man mich, den „Neuen", vielleicht schon erwartet, oder war ich auch nur ein Ersatzmann? War deshalb dieser Stuhl, gerade dieser Stuhl leer? Hatte hier zuvor ein anderer Pilot gesessen?
Als ich mein Essen beendet hatte, stand ich langsam auf. Totenstille herrschte in dem kleinen Raum.
Ich machte es meinen neuen Kameraden nach, salutierte mit dem gefüllten Glas:
„Auf Euern Georg!"
und leerte den samtweichen Rotwein in einem Zug.
Dann warf ich – wie ich es vorher gesehen hatte – das leere Glas über die Schulter, ohne zu schauen wohin.
Da zersprang hinter mir der große Spiegel an der Wand.
(Man erzählte sich, er stamme aus irgendeinem französischen Schloß.)

***Links:** Große Inspektion des Motors. Zwischen Propeller und (nicht sichtbarem) Ölkühler der Nasenspaltring.*

Sein Bersten und Klirren war in der Stille beängstigend laut.
Eine große Scherbe neigte sich langsam, zog sich knarrend aus dem Goldrahmen und polterte mit einem dumpfen Schlag zu Boden.

Jetzt war nur noch eine schwarze Bretterwand zu sehen, dort, wo sich noch gestern das fröhliche Gesicht von Georg gespiegelt hatte.
Und der war heute abgeschossen worden. Georg war nicht mehr zurückgekommen!
Stumm setzten sich alle wieder, nachdenklich und bedrückt.
Junge Gesichter mit tiefen Falten.
Wen würde es wohl bei dem nächsten Einsatz treffen?
Wenn der Krieg gewonnen würde, aber auch nur dann, also dann waren sie erfolgreich, jetzt aber auf ewig zum Fliegen und Töten verdammt. Und alles sah danach aus, als ob man jetzt trotz aller Opferbereitschaft auf den Untergang zusteuern würde; es ging ja aufs fünfte Kriegsjahr zu.
Zwar wurde ich mit offenen Armen in eine verschworene Gemeinschaft aufgenommen wurde, aber es wurde mir auch schmerzlich bewußt, daß ich Lückenbüßer für einen gefallenen Piloten war.
Nun versuchte ich mir die noch fremden Gesichter der neuen Kameraden einzuprägen. Sie waren jung, fast gleich alt wie ich selbst, so um die 18-19 Jahre alt, aber es war die Härte in ihren Augen, die mich bestürzte.
Gestern waren es noch unbekümmerte Buben, die sich einer sorgenlosen Kindheit und Jugend erfreuten, und unmittelbar darauf, nach dem ersten Feindflug, waren es Erwachsene geworden.
Kein Wunder, daß man grüblerischen Gedanken nachhing.
Da winkte mich der Käpt'n zu sich.
Neben seinem Stuhl stand so ein Lulatsch von Leutnant; beide Hände in den Hosentaschen.
„Das ist Harry Klemm, Dein Zimmerkamerad. Harry, das ist der Hans."
Ein seltsames Paar wurde da zusammengewürfelt.
Harry war lang und blond, ich selbst war klein und dunkel, ein richtiger „Schrumpf-Germane", wie ich mich selbst bezeichnete. Dennoch verstanden wir beide uns auf Anhieb.
Damit war auch dieser Teil der Vorstellung beendet und alle verkrümelten sich.
Am Platz draußen wurde mir ein Flugzeug und ein Bordwart zugeteilt.
„Das ist jetzt Deine Mühle, und das ist der Erich!"
Damit ließ Henner mich alleine mit dem Bordwart, der daneben stand.
Erich war ein älterer Mechaniker, der sich auf Flugzeug-Motoren spezialisiert hatte. Schließlich kannte er die Lizenzbau-Motoren, die vorne an der „Tante Ju" dran hingen. Ein Nachfolger, der BMW-801 Doppelsternmotor war, sein besonderer „Liebling".
Bei so einem Spezialisten war ich bestimmt gut aufgehoben.
Er, der Ältere, hatte es zwar „nur" zum Obergefreiten gebracht.
Aber was bedeuteten schon Rangunterschiede in der Fliegerei, wo Piloten und Bordwarte aufeinander angewiesen waren?

Ich fand einen väterlichen Freund, der sich an der „dienstlichen Unterstellung" nicht störte.
Der Junge mußte ja fliegen, brauchte eine 1-A-gewartete Maschine. Und heil zurück kommen sollte er auch. Darum war es das Mindeste was ein Bordwart tun konnte: das Flugzeug und vor allem den Motor ordentlich zu warten.
Wenn der Vogel wieder einmal am Platz stand, kontrollierte er penibel den Ölstand des Motors, schob schmale Lehren zwischen Ventile und Stößel, prüfte auch den Luftdruck der Reifen, rüttelte an allen zugänglichen Scharnieren und Bolzen, ob sie auch fest und ohne Spiel waren, kurz, er gab sein Bestes, um die Maschine in einem guten Zustand zu halten.
Nicht immer hatte der Bordwart genügend Zeit für seine Arbeit.
Schon am Tag darauf gab es Alarm für einen großen Einsatz für uns, die „Posaunen".

„Halt' Dich immer neben mir", befahl Henner seinem neuen Piloten.
„Vor allem, wenn ich alle Posaunen zu mir rufe, und es heimwärts geht! Es ist schon oft vorgekommen, daß sich Anfänger nach dem ersten Einsatz, dem Gekurbele in Bodennähe, verfranzt haben und nicht mehr zurück fanden.
Im übrigen, denk' daran: Pz. steht für „Panzerschlächter". Also müssen wir uns vor allem in der Parterre bewegen; denn dort unten fahren ja diese Blechkisten herum!" sprach's und verschloß die Haube seiner Maschine.

Nach Westen ging es zwar immer zurück zum Flugplatz, aber die Gefahr drohte nicht nur aus dem Osten.
Wenn nämlich der Platz nach dem Start von den Engländern oder den Amis zerbombt wurde, während die Posaunen in der Luft waren, dann ging unweigerlich die Suche nach einem unversehrten Ausweichplatz los, auf dem man gefahrlos landen konnte. Wehe, man hatte dafür keine Treibstoff-Reserven mehr.

Nach einem der ersten Einsätze wäre es mir fast ähnlich wie einem blutigen Anfänger gegangen.
Die Wolken hingen an diesem Tag besonders tief und bei der Bodenakrobatik hatte ich tatsächlich die Orientierung, und auch die anderen Flugzeuge der Posaunen aus den Augen verloren.
Der Kompaß vor mir kreiselte und schwankte.
Wo – zum Teufel – sollte ich jetzt nur hinfliegen.
„Mist, verdammter, wo sind denn nur die anderen?"
Eine unbekannte Beklemmung beschlich mich, fast so etwas wie ein ausgeprägtes „Muffensausen".
So sehr ich den Kopf auch drehte, und in alle Richtungen schaute, auf einmal war ich alleine in der Luft.
Gerade als die Posaunen zur Hilfe gerufen werden sollten, brauste eine Fw 190 westwärts an mir vorbei.
„Mensch, das ist ja eine von uns".
Steilkurve und nichts wie hinterher.

Der da vorne verwechselte mich aber mit einem gegnerischen Piloten, und versuchte mich mit allen Tricks abzuschütteln.
Jetzt konnte ich, der „Neue", zeigen, was ich bisher gelernt hatte. Immer in Schußposition geblieben, und hinter der anderen Fw190 her.
Auf einmal war der heimatliche Flugplatz unter mir.
Ein Seufzer der Erleichterung ging im Dröhnen des Motors unter. Jetzt aber: nichts wie runter.
Fahrt reduzieren, kontrollieren ob die Propellerverstellung auch wirklich auf Automatik geschaltet, und die Kiemenklappen zu waren, Fahrwerk raus, Klappen auf Landestellung und anschweben.
Geschafft!
Kurz darauf landete auch die von mir verfolgte Maschine. Als deren Haube sich langsam öffnete, und sich der Kommodore aus dem Sitz schälte, da rutschte mir das Herz tief in die Hose.
„Mensch, ausgerechnet den habe ich gejagt wie einen Hasen."

Zitternd vor Aufregung kletterte ich aus

Oben: *Wohin nur mit dem Ölkühler? Das Lüfterrad wurde einfach wieder auf die Motorachse geschoben.*

Unten: *6, 12, 24 und immer noch kein Ende. Wieviel „Schuß" gehen in das Magazin?*

meiner Maschine und machte ein paar unsichere Schritte auf dem Gras, schwankte dabei wie ein betrunkener Seemann.
Langsam kam der Chef auf mich zu.
Tausend Entschuldigungen fielen mir ein; denn jetzt war ich auf einen kapitalen „Anschiß" gefaßt.
Jetzt war es aus und vorbei mit dem Fliegen bei der 13. Pz.!
Der Angstschweiß stand mir auf der Stirn und ich überlegte schon, wie man die drohende Ablösung dem Käpt'n am besten erklären sollte.
Der Kommodore schaute mich aber nur lange an, legte mir dann seine Hand auf die Schulter und meinte dann:
„Fliegen kannst Du ja, aber bring mich das nächste mal nicht wieder so zum schwitzen".

Die Knie wackelten noch eine ganze Weile, bis mich die Freude, wieder „daheim" zu sein, überwältigte.
Der Käpt'n war auch schon da, ließ aber – ganz gegen seine sonst so heitere Art – den Kopf hängen.
„Unseren Karl, den TO, hat's erwischt! Aufschlagbrand!
Jetzt bist Du an der Reihe, als neuer TO."
Auch das noch, stöhnte ich innerlich.
Nicht nur, daß man mich – nolens-volens – zum „politischen Offizier" machte (jeder drückte sich davor, keiner wollte das werden), jetzt mußte ich auch noch für das technische Wohl der Staffel sorgen.
Und ich wußte nicht wie!

Links: *Ein BMW 801 auf dem Bock. Hier werden künftige Bordwarte ausgebildet.*

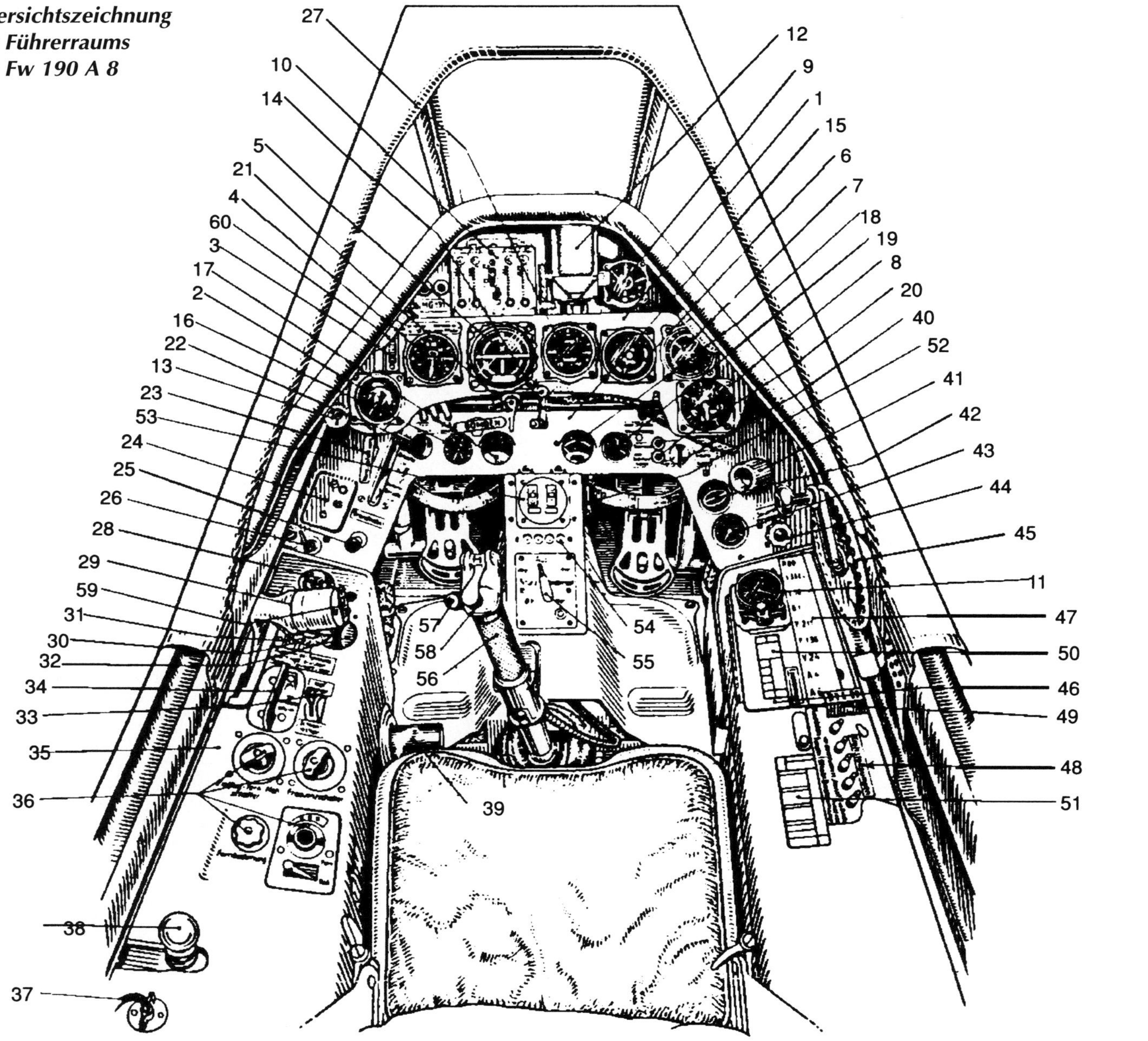

1 Hauptgerätebrett
2. Fein- und Grobhöhenmesser
3. Gitterschauzeichen für Staurohrheizung
4. Fahrtmesser
5. Wendehorizont
6. Führertochterkompass
7. Ladedruckmesser
8. Nahdrehzahlmesser
9. Anzeigegerät für Funknavigator
10. Schalt- Zähler- und Kontrollkasten
11. Borduhr
12. Reflexvisier
13. Drehknopf für Führerraumbelüftung
14. Handkurbel zur Betätigung der Lüfterklappen (Motorkühlluft-Regulierung)
15. Hilfsgerätebrett
16. Doppeldruckmesser (Kraft- und Schmierstoff)
17. Elt. Schmierstofftemperaturmesser
18. Elt. KraftstoffvorratsMesser
19. Mechanischer Luftschraubenstellungsanzeiger
20. Merkleuchten für Reststandswarnung
21. Absperrhahn für Scheibenspülung
22. Brandhahnhebel
23. Fahrwerksnotzug
24. Bediengerät für FuG 25a
25. Betätigungsknopf für Bürstenabhebung
26. Bedienungshebel für Absperrventil
27. Variometer
28. Verdunkler für Gerätebrettbeleuchtung
29. Gashebel
30. Zündschalter (von Gashebel verdeckt)
31. Schauzeichensatz für Fahrwerk- und Landeklappenüberwachung
32. Stellungsanzeiger für Höhenflossentrimmung
33. Schalter für Höhenflossentrimmung
34. Schalter für Fahrwerk- und Landeklappenbetätigung
35. Linke Gerätebank
36. Bediengeräte für FuG 16 ZY
37. Anschlußschnur für Fliegerkopfhaube
38. SUM-Anlaßpumpe AP 20
39. Handgriff zur Feststellung des Gashebels
40. Meßstellenumschalter für Kraftstoffvorratsmessung
41. Halterung für Leuchtpistole
42. 02-Wächter
43. Sauerstoffdruckmesser
44. Durchgangsventil mit Schnellablaß für Sauerstoffanlage
45. Antrieb für Schiebehaube
46. Leuchtpatronenkasten
47. Klappe über den Selbstschaltern
48. Selbstschalter für Kraftstoffbehälterpumpen
49. Anlaßschalte
50. Betriebsdatentafel
51. Deviationstafel
52. Betätigung für Kabinenbelüftung
53. Schaltkasten für 21-cm-Gerät
54. Anzeigegerät für Abwurfwaffe
55. Zünderschaltkasten ZSK
56. Knüppelgriff
57. Bombenauslöseknopf
58. Auslöseknopf für Außenflügelwaffen
59. Daumenschalter für Luftschraubenverstellung
60. Gerätebrettleuchten

Als wieder einmal irgend ein Versorgungsoffizier keinen Sprit herausrücken wollte, mußte ich den viel älteren Mann zwingen, wenigstens einige Kubikmeter Treibstoff für die Staffel freizugeben.
Aber diese Art der Verhandlungen gehörte noch zu den leichteren Übungen.
Schwieriger war es dann schon, wenn Ersatz für zerschossene Teile besorgt werden sollten die mit dem besten Willen nicht mehr repariert werden konnten. Die gab es damals noch; aber weit entfernt, dort wo irgend eine andere Einheit ihren Schrott hatte liegen lassen.

Das war dann meistens auf einem miesen Feldflugplatz, auf dem sonst niemend landen wollte. Man konnte mich, den neuen TO, allerdings nicht alleine losschicken. Irgend einer, der von der Sache mehr verstand, sollte mitfliegen.
Nun war aber die Fw 190 nur für eine Figur konstruiert worden, wie hieß es noch: Jagdeinsitzer.
Aus irgend einem Grund hatte jedes Flugzeug ein „Gepäckabteil", im Rumpf, hinter dem Pilotensitz. Als ob wir für die Zahnbürste so etwas gebraucht hätten.
Zusammengefaltet, wie ein chinesischer Schlangenmensch, konnte in dem Gepäckraum ein zweiter Mann mitfliegen; aber nur wenn er fatalistisch und schicksalsergeben genug war.
In so ein finsteres Loch wurde der Bordwart hineingehievt. Der „Alte" vertraute auf mich und auf die Maschine, die er selbst gewartet hatte.
„Es wird schon schief gehen!"
Auf Gedeih und Verderb war er so dem Flugzeugführer ausgeliefert. Ein Glück nur, daß ich mit meinem Bordwart so gut verstand.

Ein Glück auch, daß der Bordwart auf dem anderen Platz alle Teile fand, die er – und seine Kameraden – so dringend brauchten. So konnten wenigstens die meisten Maschinen wieder startklar gemacht werden.

Die nächsten Tage vergingen mit Sitzbereitschaft, Alarmstarts, Einsätzen und dem Warten auf Nachricht von zu Hause.
Das Zittern der Hände, die Verkrampfung des ganzen Körpers, die mich so oft in der ersten Wochen vor dem Start befielen, verging nur langsam.
Zur Ruhe, zur bewußten Wurschtigkeit, half auch das Funkgerät in der Mühle.

Normalerweise waren zwei Frequenzen geschaltet: für den Funkverkehr mit dem heimatlichen Flugplatz, und für die Verständigung der Maschinen untereinander.
Wenn dann, beim Anflug auf ein neues Ziel des Käpt'ns Stimme aus den Kopfhörern der Fliegerhauben dröhnte:
„Henner an alle Posaunen...",
dann waren die Piloten der 13. Pz. in ihren Flugzeugen mucksmäuschen still.
Jeder wußte nun, daß bald darauf „Posaunenklänge" besonderer Art ertönen würden.

Aber mein alter Bordwart hatte noch ganz andere Gedanken: warum sollte man dem Jungen bei seiner blutigen Arbeit nicht auch noch etwas Spaß machen, seine Gedanken in andere, friedlichere Bahnen lenken?
Deshalb hatte er das Funkgerät so manipuliert, daß je nach Schalterstellung Musik eines ausländischen Senders ertönte.
So kam es, daß ich gelegentlich Angriffe, nach den Klängen von der schönen blauen Donau oder „schräger" Klänge flog.

Das war wohl so eine Art von psychologischem Abwehrmechanismus gegen die ständige Bedrohung, der man sich ausgesetzt sah. Sicher, jeder Pilot mußte selbst fliegen, natürlich war der die Zielscheibe des tödlichen Abwehrfeuers der anderen Seite, aber die beruhigende Musik schob sich wie ein unsichtbarer Schild zwischen mich und die reale Gefahr. Besonders verrückt konnte ich herumkurven, wenn amerikanischer Swing zu hören war. Er konnte schon was, der Glenn Miller und außerdem war auch er ein Flieger. Vielleicht waren seine Melodien deshalb so hinreißend.

Der Krieg war zwar inzwischen zum täglichen, zu einem unpersönlichen „Geschäft" geworden; denn er fand ja nur noch aus der Distanz statt.
Den Gegner, den man vernichten sollte, sah man nicht, kannte ihn nicht. Es gab keinen Kampf mehr: Mann gegen Mann, bei dem man dem anderen in's Auge schauen mußte. Da war kein blitzender Spott mehr, aber auch kein Entsetzen mehr zu sehen. Daß auch der Gegner Eltern hatte, vielleicht eine Braut, oder gar Frau und Kinder, die um ihn weinten, wenn er nicht mehr zurückkehrte, daran durfte, nein daran sollte man im Krieg nicht denken.
Wir waren Teil einer Kriegsmaschinerie geworden. Alle eigenen Gedanken wurden ausgeschaltet, untergeordnet dem einzigen Ziel, das Land vor dem Untergang zu bewahren.

Kit Tischler war Österreicher, ein Wiener um ganz genau zu sein, und „Katschmarek". So nannte man den Piloten des Flugzeuges Nummer 2 im Verband fliegender Maschinen. Zwar waren auch hier in der Rotte nur zwei Flugzeuge, die gemeinsam fliegen sollten, aber ich war bereits die Nummer eins.

Der Zweite flog also ganz nahe, Augen und Reaktionen immer auf den Vorderen ausgerichtet. Dessen Kopf sah man ja durch die Flugzeughaube. Und schließlich sehen vier Augen mehr als zwei.
Und so grinsten wir uns gegenseitig zu, vielleicht um uns Mut zu machen.
Aber eines Tages sah ich, daß die Maschine meines „Katschmareks" ausgerechnet im Sturzflug getroffen wurde.
Kein Hilferuf kam aus dem Radio, aus den Kopfhörern.
Nichts, nur eine angsterfüllte Stille.
Dann hörte ich nur noch ein heftiges Stöhnen, und das Flugzeug neben mir verschwand in einer steilen Rechtskurve nach unten.
Nun war ich allein.
Es blieb keine Zeit, nach einem Aufschlagbrand Ausschau zu halten. Der Einsatz-Auftrag mußte erfüllt werde, und – vor allem – ich mußte weiter fliegen.
Wieder ein Vermißter mehr.
Als der junge Kit nach ein paar Tagen überraschend doch wieder bei der Staffel auftauchte, war sein Kopf vor lauter Binden kaum mehr zu erkennen. Ein Splitter hatte ihm das linke Auge ausgerissen.

Wenige Tage später mußte ich den nächsten Verlust eines der neuen Freunde mit ansehen.
Gemeinsam mit den anderen sollten wir eine Brücke zerbomben, um sie für die gegnerischen Panzer unpassierbar zu machen. Das war eine Spezialaufgabe, die für mich – mit der Stuka-Erfahrung – wie auf den Leib geschneidert schien.
Der Anflug war in großer Höhe angesetzt, so um die 7000 Meter. Dann kam der endlos lang erscheinende Sturzflug und das Anvisieren des Zieles.
6000, 5000, 1000 m, während der Zeiger des Höhenmeters sich rasend nach links drehte, schaute ich kurz nach rechts zu meinem neuen Begleiter.

Da sah ich plötzlich nur noch einen Kometen neben mir. Eine Flamme schoß in den Himmel. Das war sicher ein Flak-Volltreffer. Mit ihm war alles explodiert, in tausende kleiner Stückchen zerrissen worden, auch mein Kamerad. Ob der wohl noch etwas gespürt hatte, ob er den Schmerz noch fühlte, ob sich sein Herz noch zusammengekrampft hatte?
Tausend Gedanken schossen mir durch

den Kopf, bevor ich mich auf den Bombenwurf und das Abfangen seines Flugzeuges konzentrieren mußte.
Nichts, aber auch gar nichts war von dem zweiten Flugzeug übrig geblieben. Nur eine dunkle Rauchwolke, die sich langsam auflöste und nach Westen davontrieb.
Himmelfahrt.
Heute Abend würden im „Kasino" wieder Weingläser an der Wand zerschellen.

Immer mehr junge Piloten traf das Flieger-Schicksal der letzten Kriegsmonate, immer weniger versammelten sich zu den schweigenden Mahlzeiten, wenn draußen bereits finstere Nacht war.
Wer würde wohl der Nächste sein?
In der folgenden Nacht, und dann immer wieder, wurde ich im Traum von dunklen Vorahnungen gequält:
...ich mußte mich auf einem, nach allen Seiten abfallenden Hügel einbuddeln, der ringsum mit Stacheldraht eingezäunt war, um Gräben und Gräber herum, aus denen es kein Entrinnen gab. Aus dem Jäger war ein Gejagter geworden...

Alarmstart!
Das letzte Stück trockenen Brotes kauend rannte alles zu den Flugzeugen.
Alles? Das waren die wenigen, übriggebliebenen „alten Hasen", die schon über 21 Jahre alt waren, und dann wir jungen Piloten.
Die Hände zitterten wieder, als ich die Netz-Haube, mit den beiden Kopfhörern, überstülpte und die Druckknöpfe am Halsband mit den Kehlkopfmikrophonen schloß. Dann kam der Kabelstrang mit dem Stecker für das Funkgerät an die Reihe.
Mein Herz hämmerte heftiger als sonst.
Auch der Bordmechaniker sah mich so komisch von der Seite an, wie von Vorahnungen geplagt.
So schien es mir wenigstens.
Wieso eigentlich?

Der heutige Einsatzauftrag war nicht ungewöhnlich. Erst sollte wieder eine Brücke bombardiert werden, dann waren die Raketen an der Reihe. Die gegnerischen Panzer würde man sicher finden, vor allem wenn man sich in Bodennähe herumtreiben konnte.
Der Anflug war diesesmal wieder in großer Höhe angesetzt.
Wieder kippe ich über den linken Flügel ab. Halbe Rolle, Abschwung und hinunter! Die Geschwindigkeit nimmt zu und bald zittert der Zeiger des Fahrtmessers am Anschlag. Die Brücke wird immer größer. Zielen mit dem Revi. Jetzt aber nichts wie los, mit der Bombe.
Das Abfangen erscheint heute besonders mühsam, obwohl kaum mehr als 5000 Höhenmeter im Sturzflug zurückgelegt sind.
Beschwörend rede ich auf die Maschine ein.
„Mann, ist das heut' aber schwer. Nun komm schon! Komm, komm!"

Der kalte Schweiß steht mir auf der Stirn, als mein Flugzeug sich, trotz der auf voll schwanzlastig gekurbelten Trimmung nicht bewegen will.
Der Boden rast mir mit ungeheuerlicher Geschwindigkeit entgegen.
Jetzt aber die Füße aus den Pedalen und gegen das Armaturenbrett gestemmt. Nun den Knüppel in die Beuge des rechten Armes, das Handgelenk mit der Linken umklammern und mit aller Kraft und beiden Armen ziehen.
Ich zittere vor Anstrengung.
Endlich, endlich, das Flugzeug schießt wieder in die Höhe.
Der Schweiß steht mir auf der Stirne.
Die Infanterie, diese armen Schweine dort unten am Boden, feuern inzwischen eine Leuchtkugel nach der anderen in Richtung der heranmahlenden Panzer des Gegners.
Offensichtlich erwarten die Hilfe aus der Luft.

„Da sind sie ja!"
Schon sind sie entdeckt, die grünbraunen Ungetüme zwischen den Bäumen und Sträuchern. Begierig sie zu treffen, stoße ich wie ein Habicht hinab.
Ein wütendes Abwehrfeuer schlägt mir entgegen.
Die leuchtenden Spuren der Geschosse scheinen das Flugzeug wie in einen strahlenden Mantel einzuhüllen. Aber ich verschwende keinen Gedanken an die tödliche Gefahr, der ich entgegenrase. Die ignoriere ich einfach!
Eine tonnenförmige Rolle, dann ein Tritt links in das Seitenruder, einen Tritt rechts in das Pedal, und schon pfeifen die Schüsse an der Mühle vorbei.

Jetzt aber gilt es einen der Panzer anzupeilen, die Fw 190 stabilisieren, den Panzer im Revi fixieren und „Raketen ab".
Für Bruchteile einer Sekunde ist meine Maschine wieder in eine Flammenkugel gehüllt, als ob sie selbst explodieren würde. Die „Panzerblitz-Raketen" rasen ihrem Ziel entgegen. Wie so oft geübt, reiße ich den Knüppel an den Bauch, trete mit Wucht in das rechte Seitenruderpedal. In einer halben Rolle, fast im Rückenflug, versucht ich der Explosion der eigenen Raketen zu entkommen. Aus den Augenwinkeln sehe ich über die Schulter, wie die Geschützkuppel des Panzers in die Luft fliegt.
Auch erledigt! Amen!

Jetzt wieder eine Steilkurve, und von Neuem „in's Parterre". Nahe genug dran am Gegner bin ich ja, obwohl die vielen Leuchtspurgeschosse, der Luftabwehr der Anderen, das Flugzeug immer noch in einen magischen Trichter zu saugen scheinen. Die Hand krampft sich um den Steuerknüppel und nun schieße auch ich mit den schweren Maschinengewehren.

Raketen ab!
Von den Soldaten, die sich dort unten in ihrem Stahlsarg so sicher fühlten, war nichts mehr übrig geblieben.
Auch die hatten Mütter, die weinen würden.
Doch mir kommt es in diesem Augenblick eher wie ein Wettkampf vor, allerdings mit tödlichem Ausgang.
Wie bei den Gladiatoren im alten Rom.
Und noch ein Gedanke schießt mir blitzartig durch den Kopf. Vielleicht hätten die dort unten mit ihrer Flak mich selbst abgeschossen.
Nun den zweiten, dann den dritten Panzer.
Schluß!
Rien ne va plus: nichts geht mehr, alle Raketen sind verschossen. Die Magazine der Maschinengewehre sind auch fast leer.
Rasch noch ein Blick auf die Kraftstoffanzeige. Ach Du Scheiße! Der Sprit geht auch zur Neige.
Zurück also!

Aber nun bin ich plötzlich nicht mehr alleine in der Luft. Vier russische Jakowlew (Jak3) fegen hinter mir her und schießen aus allen Rohren.
Schon rappelt es in Tragflächen und Rumpf.
Ein paar Splitter der Sitzwanne bohren sich in den Rücken.
Eine Hochspannungsleitung wird in rasendem Flug unterquert. Tiefer geht es nicht mehr. Aber endlich kann ich diese Verfolger abschütteln.
Geschafft.
Aber der Angstschweiß tritt mir auf die Stirn, als ich nun bei einem Blick auf den Magnetkompaß bemerke, daß ich immer weiter nach Osten statt „heimwärts" fliege.
„Ach du Grüne Neune! Wo bin ich jetzt eigentlich?"
Entsetzt und ungläubig schaue ich auch

noch auf den Kreiselkompaß.
„Der spinnt wohl"
Aber die Richtungsanzeige des Runden war korrekt.
Hoch ziehen und kehrt-marsch also.

Dabei aber muß ich über einen großen Trupp gegnerischer Soldaten fliegen.
Statt Deckung zu suchen, werfen die sich zu Boden, drehen sich einfach auf den Rücken, bringen ihre MG's in Stellung und feuern, mit allem was ihnen zur Verfügung steht, nach oben.
Ein Vorhang aus Geschossen wird zugezogen.
Durch den muß ich hindurch.

Es dröhnt wie bei einem prasselnden Hagelschauer auf einem leeren Blechfaß. Das Flugzeug gibt fast einen Schmerzenschrei von sich. Fetzen werden aus den Tragflächen gerissen.
Auch das beruhigende Brummen des Motors ist stotternd geworden. Der Ölkühler scheint getroffen zu sein. In Sekundenschnelle ist die ganze Kabine voll schwarzem Qualm. Das Atmen wird immer mühsamer. Die Sicht in der Flugzeugkabine wird immer miserabler. Ich kann gerade noch den Kompaß entdecken, der Heimatkurs anzeigt, und kurve wie ein Verrückter, um dem wütenden Feuer zu entkommen.
Nun wird auch noch der Panzerschild hinter mir von dem unaufhörlichen Geschoßhagel getroffen.
Die linke Hand, mit der ich unbewußt über den Kopf streife, trieft von Blut, eine rote, klebrige Flüssigkeit, die mir inzwischen auch über die Augen läuft. Im rechten Bein stecken inzwischen viele Splitter aus der Sitzwanne und aus Teilen der Geschosse.

Kurz darauf: ein heftiger Schlag in den Rücken.
Ich verspüre keinen Schmerz, aber eine furchtbare Angst schließt sich wie eine kalte Faust um mein Herz.
Die Beine, das Becken, der ganze Unterleib werden eiskalt.
Die Instrumente beginnen sich immer schneller zu drehen, wie Schwäne und Schweinchen auf einem Karussell.
In einem letzten Aufbäumen drücke ich den Mikrophonknopf, oben auf dem Steuerknüppel:
„Posaunen! An alle Posaunen! Posaunen, so helft mir doch, mich hat's erwischt, ich sehe fast nichts mehr!" Ein verzweifelter Hilfeschrei, der ungehört verhallt. Keine Posaune, weit und breit. Ich scheine alleine in der Luft zu sein.

Das also war es, das kurze Leben.
Wie in einem Zeitraffer sausen Bilder an mir vorbei:
die Kindheit zu Hause, der Roßbollen auf dem Leinpfad, die Prügeleien auf der Straße, die Schuljahre, Jean-Marie, der junge Franzose, der beinahe mein Freund geworden wäre, das Sterben der Mutter, das Segelfliegen, das tiefe Blau eines Sees im Tessin...
Ich wehre mich verzweifelt. Ich will noch nicht sterben.
Trotz der Verwundung.
Auch nicht für „Führer, Volk und Vaterland".
Für wen denn? Für welchen, für was für einen Führer? Wer zählt sie schon, die Toten in diesen Tagen.
Dulce et decorum est...ja Pfeifendeckel!
Mein Blut sprudelt jetzt in dicken Strömen aus allen Wunden.
Die Augen habe ich entsetzt aufgerissen, obwohl ich vor lauter Blut und Ölqualm fast nichts mehr sehen kann. Der Schweiß auf der Stirne ist eiskalt geworden.

Zitternd bewegt sich der linke Daumen auf den Kippschalter auf dem Gashebel zu. Ein kurzer Druck zur „Segelstellung" des Propellers.
Mit letzter Kraft schließe ich den Brandhahn, haue rechts auf den roten Hebel, und sprenge damit die Haube ab.
Das ist ein Reflex, eine weiß-Gott-wie-oft in Gedanken geübte Bewegung, oder ist es doch nur der eintrainierte, verdammte Kadavergehorsam, der auch in der Not, die Handgriffe im Unterbewußtsein „befiehlt"?
Ich ringe nach Luft.
Die Brust hebt sich zu einem verzweifelten Atemzug.
Dann wird alles schwarz, und mein Kopf fällt haltlos nach vorne.

Die Lampe baumelt an einem zerbrechlich aussehenden Kabel, ohne Schirm, mit grellem Licht. Hin-und-her, hin-und-her, hin-und-her. Mit jedem Granateinschlag in der Nähe pendelt sie mehr. Unaufhörlich.
Ich komme langsam wieder zu Bewußtsein, und entdecke, zu meinem Erstaunen, doch noch am Leben zu sein.
Irgendwer muß mich aus der zerfetzten Maschine gezogen haben, muß mir die Kombi vom Leib gerissen haben.
Und jetzt?
Ein Leintuch, oder war es vielleicht schon mein Leichentuch, bedeckt den Körper.
Diesesmal zittere ich vor Kälte und Angst.
Die roten Flecken auf dem Tuch werden immer größer.
Da liegt nun der stolze Flieger auf einem Tisch; wie eine zertretene Kakerlake.
Daneben entdecke ich schemenhaft, wie durch einen dichten Schleier, eine Gestalt mit blutverschmierter Gummischürze, und einer Knochensäge in der Hand.
Ein weißes, übernächtigtes Gesicht beugt sich über mich.
Es scheint, als blicken zwei große Augen, die sich hinter einer dicken Brille verbergen, so gefühllos auf mich, wie auf einen aufgespießten, schmerzverkrümmten Käfer, den es bei lebendigem Leibe zu sezieren gilt.
Da bäume ich mich mit letzter Kraft auf: „Nein, nein, neinnn! Bitte, bitte nicht das Bein abschneiden!"
Erschöpft fällt mein Kopf wieder zurück auf den harten Tisch; denn eine „gnädige" Ohnmacht, ein bodenloser Abgrund des Bewußtseins, befreit mich von dem neuen panischen Schrecken.

Aber wie kam das alles ?
Die Fw 190 schlitterte, zerschossen wie sie war, auf ein glattes, weites Feld. Krumm nach hinten gebogen pflügten die Blätter des Propellers den weichen Boden. Die Maschine machte eine Bauchlandung, ganz alleine, ohne den bewußtlosen Piloten, der nur noch schlaff wie eine Puppe in den Gurten hing.
Kein Aufschlagbrand, keine Haube mehr! Panzergrenadiere, die zufällig in der Nähe waren, zogen den bewußtlosen, den blutenden Flieger aus der qualmenden Maschine.

Wie lange ich in den Kellerräumen eines früheren Lazaretts zubrachte, wußte ich nicht.
Kettengerassel und der furchtsame Blick des letzten übrig gebliebenen Arztes, zeigten mir aber, daß die Panzer des Gegners bereits, an dem Gebäude vorbei, weit nach Westen vorgestoßen waren.
Kurz zuvor waren einige davon noch mein Ziel.
Deren Nachbar-Besatzungen mußten miterleben, wie ein deutsches Flugzeug, mit einem verrückten Piloten an Bord, ihre Kameraden in die Luft gesprengt hatte.
Und der Verrückte war ich.
Ja nicht in die Hände dieser Panzermänner fallen!
Binden, Mull und Gips, ich fühle mich wie eine Mumie. Ob ich jemals wieder fliegen kann?
Und wann endlich geht dieser verdammte Krieg zu Ende ? ■

10

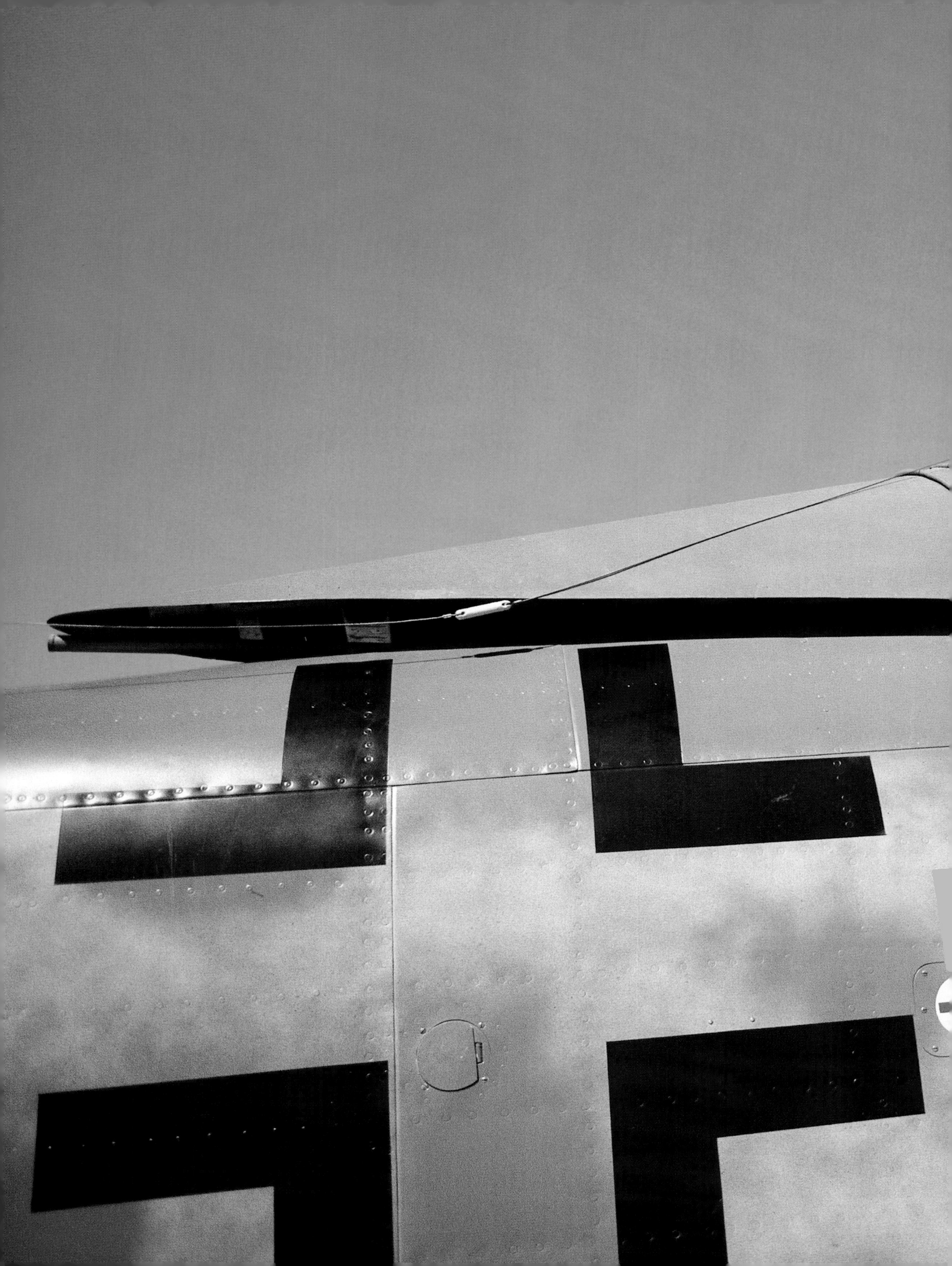

10
C3
100
292 Ltr
Sauerstoff

Links: *Vor dem Einsatz mit einer Rumpfbombe. Dorthin soll ich Fliegen! Auch eine Einsatzbesprechung.*

Unten: *Seitliche „Hutze" zur Frischluftversorgung. In den ersten Typen konnte es für den Piloten ganz schön warm werden.*

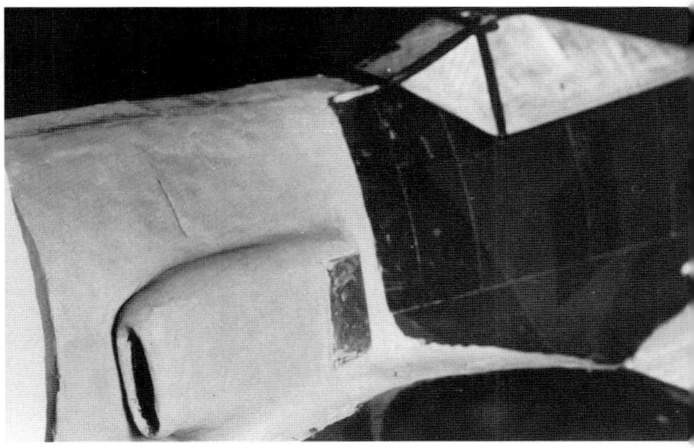

DIE ORGANISATION DER LUFTWAFFE

wurde 1939 endgültig festgelegt. Hermann Göring war Reichsminister der Luftfahrt und Oberbefehlshaber der Luftwaffe, mit dem Titel „Reichsmarschall" geschmückt und durch seine zahlreichen Ämter und Liebhabereien abgelenkt. Erhard Milch, seit 1940 Generalfeldmarschall, war als Staatssekretär der Luftfahrt und Generalinspekteur der Luftwaffe die Schlüsselfigur für Planungen und Maßnahmen, Vorgesetzter der Abteilungschefs, das heißt des Generalflugzeugmeisters und der Chefs des Generalstabs der Luftwaffe, des Ministeramts, des Ausbildungswesen, des Nachrichtenwesens, der Zentralabteilung, der Verwaltung (Luftwehr) und der Luftwaffenkommission.

Nach Udets Tod am 17. November 1941 übernahm Erhard Milch dessen Amt mit den Unterabteilungen Technisches Amt, Erprobungsstellen und Nachschubamt; ins Technische Amt durfte er schon vorher eingreifen. Damit endeten die subjektiven Beschlüsse wie zum Beispiel im Fall der He 118 gegenüber der schon veraltenden Ju 87: Udet war mit dem Heinkel-Prototyp drauflos gestartet, vergaß die Propellereinstellung und stürzte ab. Am Fallschirm kam er zu Boden und schimpfte über die „Scheißkiste". Für die Ju 87 hatte er die heulende Motorsirene erfunden, Jericho-Trompete genannt. Es blieb bei diesem markanten „Höllentaucher", der das Vergleichsfliegen der Sturzbomber gegen die He 118 gewonnen hatte, was Ernst Heinkel auf die Routine des Junkers-Versuchspiloten im steilen Sturzflug zurückführte. Heinkel urteilte als bitter enttäuschter Rivale, aber der Kunstflug-Virtuose Udet war tatsächlich kein methodischer Prüfer, nicht vorgebildet für die Verantwortung in seinem Amt.

Links: *Luftkampf über Englands Kreideküste. Eine Fw 190 jagt eine Spitfire.*

DIE LUFTSCHLACHT ÜBER ENGLAND

im Jahr 1940 geriet durch die Überlegenheit der Spitfire und die zu geringe Reichweite der Me 109 wie auch des Zerstörers Me 110 zum irreparablen Rückschlag. Hohe Verluste an der Ostfront glich Milch im Sommer 1941 mit knapper Not aus. „Die abgekämpften Verbände waren am Ende. Zu hunderten hatten sie Flugzeuge durch Bruch auf schlechten Flugplätzen, durch Mangel an Ersatzteilen verloren. Milch erkannte die darin liegende Reserve, flog selbst mit fliegenden Reparaturkolonnen an die Ostfront, reparierte alles und schaffte so in einer Gewaltmaßnahme", erinnert sich Ernst Heinkel. Es waren solche „heroischen Behelfe", die „später zur Norm wurden und oft den Blick für die aussichtslose Wirklichkeit trübten". Hermann Göring, der sich der „Eiserne" nennen ließ, bediente Hitler mit eitlem Gerede und war in Urlaub gefahren, als Milch im Führerhauptquartier endlich für Klarheit sorgen konnte.

Das war die Lage, als die Focke-Wulf Fw 190 in Serie ging. Sie konnte der Spitfire überlegen oder wenigstens gleichwertig sein, doch Ernst Heinkel sah im Gegensatz zu Udet das Problem der „langwierigen Umstellungen mit zeitweiligem Produktionsausfall und der Unmöglichkeit, die fressenden Verluste über England zu ersetzen". Die zweimotorige Messerschmitt Bf 110, bekannt als Me 110 wurde überschätzt. Ihre Formationen sollten Hermann Görings „Eisenseiten" sein, aber der Zerstörer mit drei Mann Beatzung mußte oft selbst von Jägern geschützt werden, weil er nicht schnell und wendig genug war und sich mit seinem knappen Kraftstoffvorrat ohnehin nicht auf Ablenkungen einlassen konnte.

Erhard Milch, vormals Fliegerhauptmann, hätte laut „Gesetz zum Schutz des deutschen Blutes und der deutschen Ehre" nicht Offizier sein dürfen. Sein Vater war Jude, die Mutter bescheinigte einen Fehltritt mit einem „Arier", Göring hatte sie überredet. Das Beispiel macht die Absurdität des Rassenwahns deutlich. Im Juni 1944 übernahm Albert Speers Rüstungsministerium die Luftrüstung, bis Januar 1945 war Milch noch Generalinspekteur der Luftwaffe. 1947 wurde er als Kriegsverbrecher zu lebenslanger Haft verurteilt, 1954 begnadigt. Er starb 1972.

ALS ALLES IN SCHERBEN FIEL

wurde alles versucht, was denkbar war. Flugzeuge wurden gegen Sinn und Zweck ihres Typs für die jüngsten Ideen der ratlosen Führung umgerüstet, Nachteile konnten nicht ausbleiben und kosteten viele Piloten das Leben.

„Die Jäger sind verantwortlich für die Bomberverluste über England“, urteilte Hermann Göring, der nicht mehr der Flieger unter Fliegern war, nur noch der morphiumsüchtige Würdenträger, der Rechtfertigungen für seine Fehler suchte. Der Befehl, ein Drittel der Jagdflugzeuge als Jagdbomber einzusetzen, erforderte eine Umrüstung auf Kosten der Flugleistungen. „Wir Jagdflieger sahen dieser Vergewaltigung unserer Maschinen erbittert zu“, erlebte Adolf Galland ähnliches wie zuvor bei der „Beule“ Bf 109.

Alles hatten die Flieger getan, um bei den immer besser werdenden Gegnern mitzuhalten, alles Entbehrliche war zugunsten der Geschwindigkeit hinausgeworfen worden, immer wieder wurden Zusatztanks zur Erhöhung der Eindringtiefe verlangt. Jetzt fielen die Jagdbomber für den Luftkampf aus, der überstürzte Einsatz machte keine Schulung möglich. Als geschlossener Verband waren die Jabos der massiven Abwehr ausgesetzt, notgedrungen wurden kleine Einheiten gebildet.

Daraus ergaben sich nur ungezielte Störangriffe, die Jabos waren durch ihren Mangel an Geschwindigkeit, Wendigkeit und Steigfähigkeit der Jagdabwehr ausgeliefert. Das Unterlegenheitsgefühl verdarb die laut Galland „ohnehin schon reichlich strapazierte Moral des deutschen Jagdfliegers“, und Göring benahm sich unmöglich, sprach von Unfähigkeit der Jagdwaffe und drohte, sie aufzulösen.

1943 verdichteten sich die Sorgen. Gegen die am Tag einfliegenden amerikanischen Bomberverbände mit starkem Jagdschutz standen nicht genug Flugzeuge zur Verfügung, weil zugleich die Abwehrkämpfe im Osten und in Italien tobten. Das konnte nur noch schlimmer kommen, es ging an die Substanz der deutschen Rüstungsindustrie.

Hitler war stur von dem Gedanken besessen, Fronten zu halten. Erzwungene Rückzüge mußten als planmäßige Räumungen bezeichnet werden, momentane Eindrücke lösten aufwendige Maßnahmen aus. Statt alle Kräfte auf die Beherrschung des Luftraums über den Kerngebieten zu konzentrieren, wurden Flugzeuge für taktische Einsätze spezialisiert. Obwohl es 1943 gelang, die Jägerproduktion stark zu erhöhen, ging ein wachsender Teil der Me 109 und vor allem der Fw 190 als Jagdbomber, Aufklärer und Schlachtflieger von den Angriffskräften gegen die amerikanischen Bomber ab, und die Nachtjagd konnte kein entscheidendes Kapitel mehr werden.

GALLAND ALS GENERAL DER JÄGER

nahm kein Blatt vor den Mund. Sein Bericht vom April 1944 ist ein Dokument, das den unaufhaltsamen Untergang charakterisiert: „Das Zahlenverhältnis, unter dem jetzt am Tag gekämpft wird, liegt etwa bei 1 : 7. Der Ausbildungsstand der Amerikaner ist außerordentlich hoch. Die Tagjagd hat in den letzten Monaten weit über 1000 Flugzeugführer verloren, darunter die besten Staffelkapitäne, Kommandeure und Geschwaderkommodores. Diese Lücken sind nicht zu schließen. Wir verlieren je Einflug etwa 50 Jäger. Es ist jetzt so weit, daß man sagen muß, es besteht die Gefahr des Zusammenbruchs unserer Waffe.“

Auf deutscher Seite gerieten junge Piloten nach zu kurzer Ausbildung in Situationen, denen sie nicht gewachsen sein konnten, während die Amerikaner doppelte Besatzungen bereitstellten, als der nicht endende Krieg zum psychologischen Problem wurde.

Links: *Zwei schwere MG's und ihr Schütze.*

Oben: *Munitionieren der Magazine. Die beiden schweren MG's feuern synchronisiert durch den Propellerkreis. Die Verkleidungsbleche sind entfernt.*

Unten: *Eine Rumpfbombe, ein dicker Brummer wird aufgehängt. Die Schlachtflieger-Version der Fw 190 konnte bis zu 1000 kg Bombenlast schleppen.*

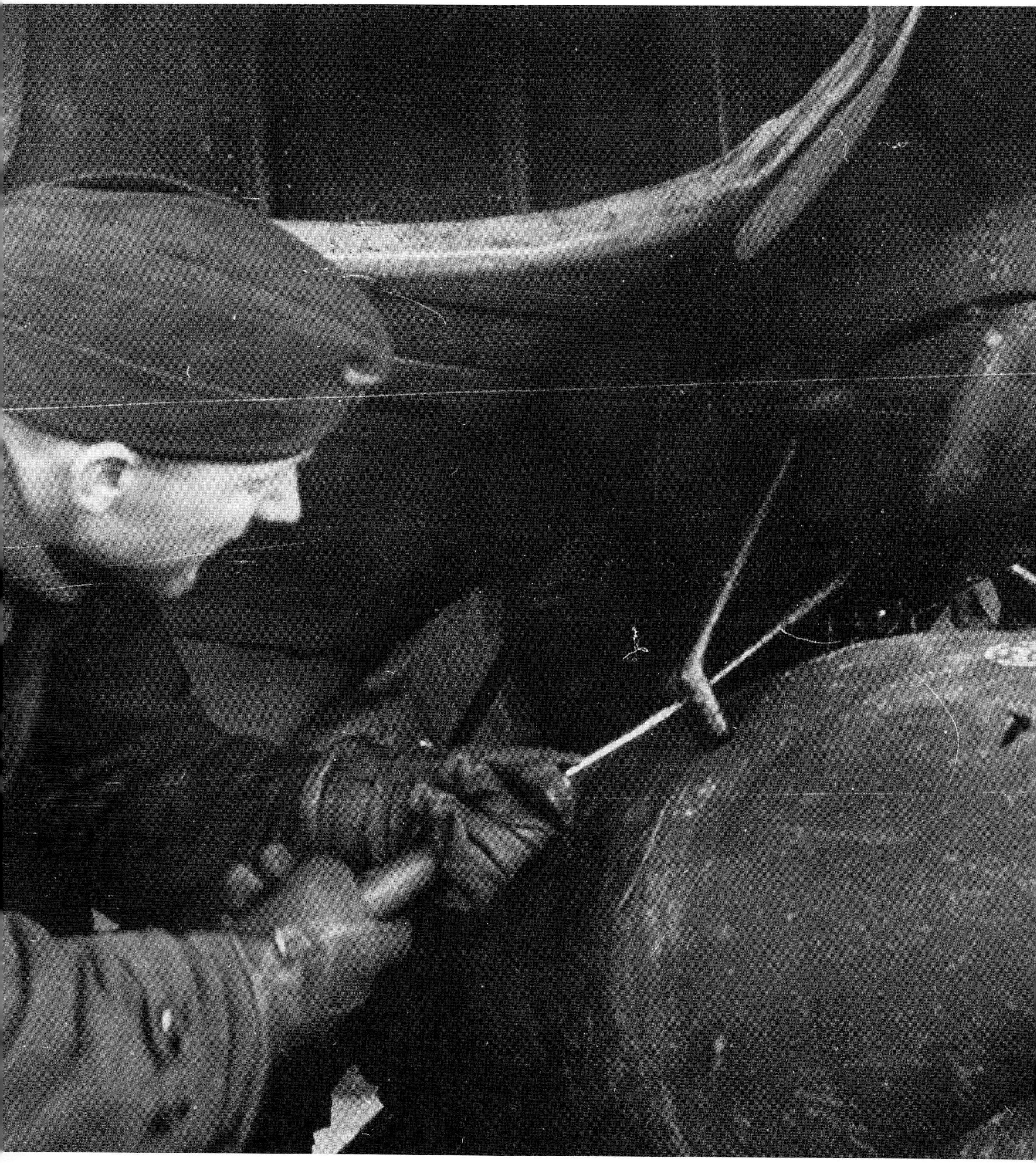

Rechts: *Das Abschußrohr für eine Rakete wird justiert. Unter der rechten Tragfläche wurde versuchsweise diese Waffe angebracht.*

Letzte deutsche Hoffnungen richteten sich auf Wunderwaffen. Eine hätte Hitler längst haben können, wenn sein Horizont ausgereicht hätte. Der Düsenjäger Me 262 flog seit Juli 1942 begeisternd im Versuch, Hitler begriff die Bedeutung nicht, Göring versagte. Erst im November 1943 durfte die Entwicklung weiterlaufen, aber als Schnellbomber. Im Mai 1944 begann die Fertigung als Jäger, weil dieser Bedarf selbstverständlich war, doch Hitler befahl wütend im Juli 1944 den Umbau zum Bomber, dann aber doch zum Abfangjäger mit absoluter Priorität der Produktion; etwa 200 von 400 Maschinen gelangten an die Front, der schon der Kraftstoff ausging. Die Niederlage erledigte den letzten Wahnsinnsplan, sogar sechzehnjährige Hitlerjungen ab Februar 1945 im hastig aus Ersatzwerkstoffen konstruierten Düsen-„Volksjäger" Heinkel He 162 Salamander einzusetzen.

DIE LEISTUNGEN DER TECHNIKER

sind nicht umjubelt worden, obwohl sie Voraussetzungen für jeden Flug waren, und verborgen blieb, daß manches Kriegsverdienstkreuz mit Schwertern unter mehr Gefahren erworben wurde als manches Eiserne Kreuz.

Der fest ausgebaute Flugplatz war für die Jäger und Aufklärer bestenfalls die Ausnahme, ebenso die damit verbundene technische Betreuung über die Wartung hinaus, die das Personal der Staffeln mit seinen Werkzeugen selbst ausführte. Betriebszüge unter einem Oberwerkmeister bestanden aus je 12 Flugzeugmechanikern, zwei Motorenschlossern, einem Feinmechaniker für die Bordinstrumente, sechs Bombenwarten, sechs Waffenwarten, zwei Funkwarten und einem Fallschirmwart. Dazu standen Werkstattzüge mit Facharbeitern zur Verfügung; je zwölf Flugmotorenschlosser, vier Flugzeugklempner, zwei Flugzeugmaler, ein Flugzeugsattler und zwei Flugzeugtischler. In der Regel waren je drei Betriebszüge in einer Flughafenbetriebskompanie unter einem Ingenieuroffizier zusammengefaßt.

Die Jäger und Aufklärer waren im Krieg als „selbstsorgende Verbände" auf Feldflugplätzen stationiert, aus dem Kriegsverlauf ergaben sich die mehr oder weniger häufigen Verlegungen.

Die Geschwader waren in Gruppen und Staffeln unterteilt, als Flugformation bildeten zwei Flugzeuge eine Rotte, zwei Rotten einen Schwarm. Geschwaderkommodore, Gruppenkommandeur und Staffelkapitän waren die Dienstbezeichnungen der verantwortlichen Offiziere. Für mehr als eine der drei bis (ab 1943) vier Gruppen eines Geschwaders war ein Feldflugplatz kaum geeignet, deshalb war jeder Gruppe eine Stabskompanie mit Werkstattzug, Nachrichtenzug und Kraftfahrzeugzug zugeteilt, 260 Unteroffiziere und Mannschaften. Der Technische Offizier der Gruppe (TO Gruppe) war Berater des Gruppenkommandeurs unter dessen Dienstaufsicht. Zu den drei bis vier Staffeln einer Gruppe mit meist 8 bis 12 Flugzeugen gehörten je ein Technischer Offizier (TO Staffel) und ein Betriebszug. Der Flugzeug-Oberfeldwebel beaufsichtigte die Betreuer der Flugzeuge und meldete, wenn Spezialisten herangezogen werden mußten.

GRAU WAR DIE THEORIE IM KRIEG

wenn Ereignisse die Planungen und Sollbestände durchkreuzten, doch zu jedem Flugzeug gehörten unabdingbar der Erste und Zweite Wart, zu drei bis vier Flugzeugen je ein Wart für Waffen, Motoren und Elektrik, für alle zwölf Maschinen der Staffel ein Funkgerätewart und ein Feinmechaniker. Ein Wart war für Rettungs- und Sicherheitsgeräte der Staffel zuständig, vier bis sechs Tankwarte nicht zu vergessen. Im Werkstattzug waren alle Spezialitäten vertreten, auch Maler, Sattler, Schreiner.

Dienstlich meist dem Geschwader unterstellt, fachlich aber mit der technischen Leitung im Reichsluftfahrtministerium verbunden waren die Prüfgruppen für Arbeitskontrolle, Ersatzteilversorgung und noch viel mehr. Der Flieger-Stabsingenieur als Leiter verfügte über Prüfmeister. Sie waren Wehrmachtsbeamte oder Sonderführer (Dienstgrad auf Zeit, schmale

Oben: *Tarnen einer abgestellten Fw 190. Frisch geschlagene, junge Birkenbäumchen werden vor das Flugzeug gestellt.*

Unten: *Rollen bis zum Abstellplatz. Später werden die Maschinen unter die Tarnnetze geschoben. Abstellplätze zwischen den Bäumen.*

Rechts: *Eine Rumpfbombe (wahrscheinlich 500 kg) auf dem Hubwagen. Unter der linken Tragfläche ist ein Zusatzbehälter für Treibstoff zu erkennen.*

Schulterstücke) und Zivilisten, spezialisiert auf Flugwerk, Triebwerk oder Gerät. Ihren Aufgaben war kaum eine Grenze gesetzt, sie hatten die gesamte Technik zu überwachen und zu perfektionieren: Einsatzbereitschaft, Ein- und Umbauten, Ausbildung, Einhaltung von Bestimmungen, Ersatzteilwesen, Untersuchung von Unfällen, Entscheidung über Reparatur oder Abwracken, Meldewesen, Ausbildung und noch viel mehr.

Harald Vogt ist die einzige Dokumentation zu verdanken, die den Männern und in den Prüfgruppen auch Frauen der technischen Seite des Luftkriegs ein Denkmal setzt: „Schlachtfeld Luftfahrzeug. Bodenorganisation und Arbeitsfeld der Luftfahrzeug-Techniker im zweiten Weltkrieg" (Flugzeug Publikations GmbH, 1994). Die Grundlagen vom Organisationsschema bis zu Dienstanweisungen machen klar, welche Aufbauarbeit in den wenigen Jahren seit der Gründung der Luftwaffe geleistet wurde. Nur die Leistungen der Bodenorganisation machten den Luftkrieg nach den Rückschlägen überhaupt noch möglich.

DIE SCHWARZEN MÄNNER

auf den Feldflugplätzen wurden wenigstens in Bildberichten gewürdigt. Dramatische Szenen gab ihre Arbeit scheinbar nicht her, aber Erinnerungen vermitteln andere Schlaglichter. Prüfmeister mit einer technischen Mannschaft und Piloten wurden einmal nachts losgeschickt, um zwölf Ta 152, die Weiterentwicklung der Fw 190, vor dem Feind zu retten. „Im Morgenlicht sahen wir dann die herrlich aerodynamischen, schneidigen Flugzeuge vor uns stehen", zum Teil noch nicht völlig mit Verkleidungen versehen, „und so gingen wir gemeinsam ans Werk. Wir Prüfmeister übernahmen die Lebenslaufakten und andere Papiere mit unseren Geräteverwaltern, während die Techniker letzte Handgriffe an den Flugzeugen anlegten und sie startklar machten. Unsere mitgeführten Piloten flogen die Maschinen unter dem nahenden Geschützdonner heraus, während wir unsere Lastkraftwagen bestiegen und den Landmarsch zurück vollzogen".

So nüchtern klingt eine ordnungsgemäße Heldentat in der Erinnerung von Prüfmeister Schindler, der einen ebenso nüchternen Satz anschließt: „Wenn ich mich noch recht erinnere, gingen die mei-

Unten: *Die Rakete wird in das Abschußrohr geschoben. Dieser Umbau-Versuch verlief nicht erfolgreich! (Rakete im Ofenrohr). Unter der Rumpfmitte ist ein Zusatzbehälter befestigt.*

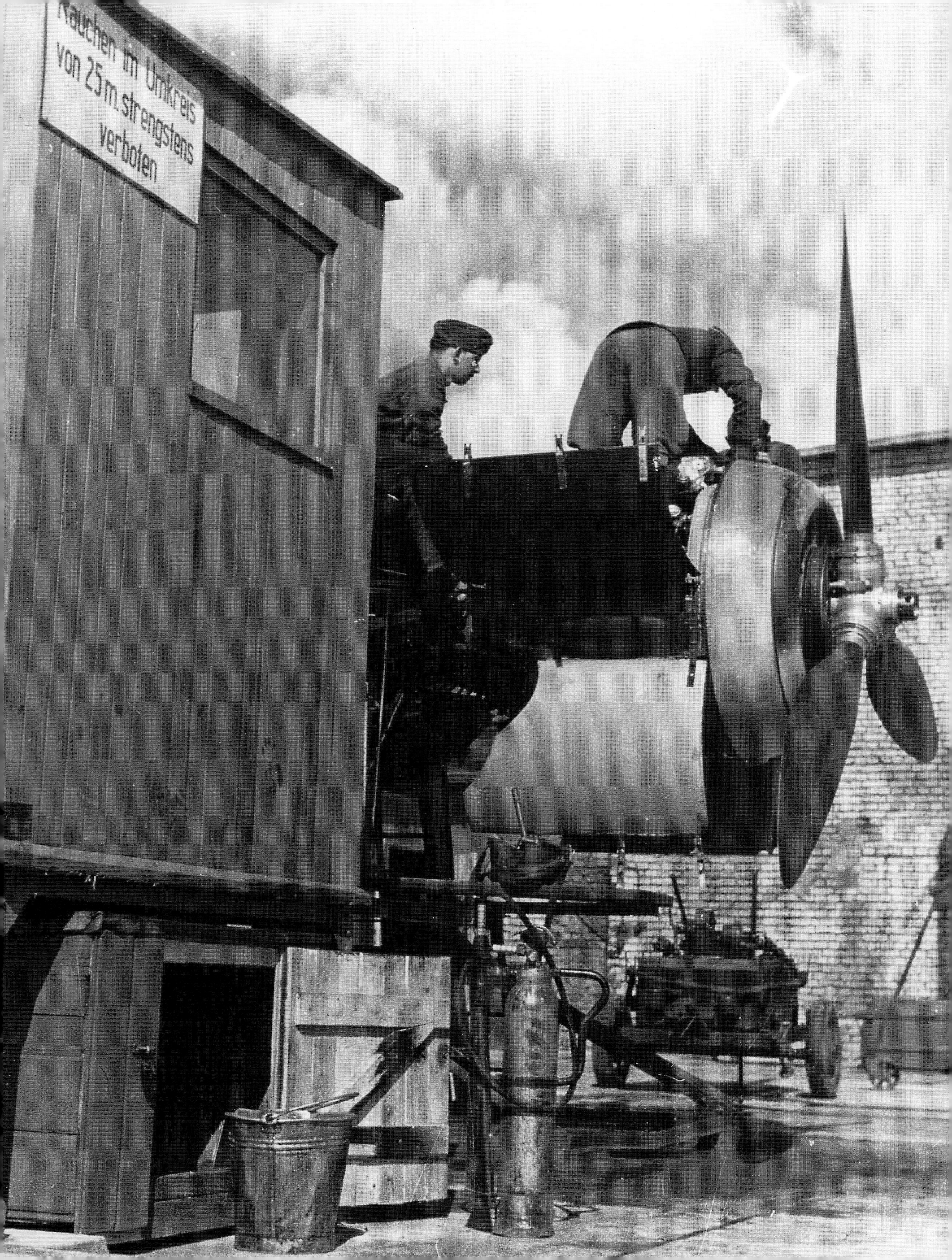
Rauchen im Umkreis
von 25 m. strengstens
verboten

Links: *Ein BMW 801 auf dem Bock. Die Propellernase ist entfernt. Die Holzhütte dient zur Aufbewahrung der Werkzeuge. Die Schnellverschlüsse der Motorabdeckung sind deutlich zu sehen.*

sten der Ta 152 beim Umschulen der Piloten verloren."

Eine solche Bemerkung steht nicht in gängigen Fliegerbüchern, und es würde gelacht, wenn heute im Film unter Kanonendonner ein Prüfmeister die Akten kontrollierte. Aber eben der dokumentierte Lebenslauf des Flugzeugs war wichtig, dazu das Wartungsbuch, die Luftschrauben-Laufkarte, die Betriebsstundentafel und dergleichen mehr, und der schriftliche Instandsetzungsauftrag bewahrte vor Fehlern. Andererseits gehörte zum Können auch der kleine Dienstweg, und einfallsreiche Warte haben viele Rätsel geheimnisvoller Pannen gelöst.

PFLICHT

nach der letzten Landung des Tages war die Flugbereitschaftskontrolle durch den 1. Wart:

1. Luftschraube: Die Luftschraubenblätter sind auf Beschädigung durch Steinschlag, Risse und Verdrehung zu prüfen. Die Nabe ist auf festen Sitz durch Ziehen und Stoßen an dieser zu prüfen. Reinigung der Luftschraubenblätter nur mit dem Putzlappen durchführen. Eigenständige Reparaturen sind unzulässig.

2. Fahrwerk: Anschlüsse, Beschläge der Verriegelung und Gelenke, Bremsleitungen und Abdeckbleche sind auf Beschädigungen, Risse und Brüche zu untersuchen. Radausschnitte reinigen, Laufrad auf Beschädigungen und Verdrehung prüfen, Reifen auf vorgeschriebenen Luftdruck überprüfen.

3. Tragwerk: Beplankung auf Beulen, Risse und lose Nieten untersuchen, Handlochdeckel und Deckbleche auf festen Sitz prüfen. Spaltflügel auf richtige Beweglichkeit, Auflagekante am Flügel leicht fetten, Landeklappen-Einstellung kontrollieren, Kühlstoffkühler mit Preßluft reinigen.

4. Leitwerk: Beplankung auf Beulen, Risse und lose Nieten untersuchen, Ruder auf normale Beweglichkeit und Lagerspiele prüfen.

5. Pilotenraum: Sämtliche Instrumente äußerlich kontrollieren, Steuerorgane auf Freigängigkeit prüfen. Anschnallgurte, Fallschirm auf Beschädigung nachsehen. Plombe des Kabinennotwurfs kontrollieren. Höhenflosse und Klappenverstellung auf einwandfreie Funktion prüfen. Netz einschalten und Instrumente auf Anzeige prüfen. Vorsicht! Während des Auffüllens von Kraftstoff darf das Netz nicht ein- oder ausgeschaltet werden. Das Kabinendach reinigen und auf gutes Schließen überprüfen. Zur Reinigung von matten und verschmutzten Scheiben darf nur ein Flanellappen und Standardhochglanzpolitur verwendet werden. Kontrolle der Höhenatmungsanlage.

Guter Rat vom Oberwerkmeister: „Putzt eure Maschinen, putzt sie selber, und je gründlicher ihr sie reinigt und putzt, um so mehr Schäden könnt ihr feststellen."

DIE WERFTEN

der Fliegerhorste waren für Überholungs- und Reparaturarbeiten gerüstet, die nicht draußen auf den Einsatzhäfen und Feldflugplätzen ausgeführt werden konnten. Die Werftzüge der Werftabteilungen begleiteten die Frontverbände.

Ein besonderes Problem waren die Motoren mit ihrer Lebensdauer von 10 bis 35 Stunden bis zur Grundüberholung, die im Frieden der Hersteller oder ein autorisierter Reparaturbetrieb vornahm. Im Krieg wurden die Werften entsprechend ausgerüstet. Wachsende Probleme ergaben sich aus Bedienungsfehlern. Zum Leidwesen der Motorenschlosser und auch der Flugzeugwarte brachten besonders die jungen, noch unerfahrenen Piloten ihre Flugzeuge manchmal schon nach 3 Stunden mit überbeanspruchten Motoren zurück, und die Anlagen zur Leistungssteigerung mit Stickstoff und Methanol durften nur kurzzeitig eingeschaltet werden, sonst kam es zu Kolbenfressern, Pleuelbrüchen und Motorzerstörungen.

In den Werften arbeiteten großenteils zivile Fachkräfte, darunter die wachsende Zahl von Frauen, um Männer für den Fronteinsatz abzulösen. Luftwaffenhelferinnen wurden in allen Handwerken der Warte geschult. Neben den Instandsetzungen mußten in den Werften die hohen Anforderungen an Änderungen und Umbauten bewältigt werden. Bruchgelandete Maschinen wurden auf Reparaturmöglichkeit oder Ersatzteilgewinnung untersucht, Unfallursachen ermittelt. Bei Bruchlandungen machte der zuständige Werftzug die Rollbahn frei, Wracks muß-

Oben: *Die Abdeckbleche des Motors sind entfernt.Ein Bordmechaniker prüft.*

Mitte: *Der Ölkühler wird entfernt. Erst kommt der Propeller an die Reihe, dann das Lüfterrad dran, dann wird der Ölkühler demontiert. Das Staurohr (zur Geschwindigkeitsanzeige) ragt wie eine Lanze aus der Flügelnase.*

Unten: *Ein Leck im Ölkühler, auch das noch.*

So sah ein Heckschütze eines deutschen Bombers die Fw 190.

ten geborgen werden, mit dem Dreibein-Kettenzug wurden sie aufs Transportfahrzeug verladen. Routine waren die Stundenkontrollen. fällig alle zwölfeinhalb Stunden, und die Landewerkkontrollen nach 100 bis 300 Landungen. Alles bei jedem Wetter durch das Jahr.

Die meisten Flieger erwarteten von jeher eine startbereite Maschine ohne besondere Gedanken an den Wert, der ihnen anvertraut war. „Ich erhielt mehrere Treffer, darunter einen Schuß in den dritten Zylinder meines Motors, der aber ähnliche Sachen gewohnt war und Gott sei Dank weiter mittat", hat Ernst Udet aus dem ersten Krieg beiläufig berichtet. Sein Wart war es, der ähnliche Sachen gewohnt war und weiter bewältigte, ohne jemals näher erwähnt zu werden.

DIE MOTOREN

beanspruchten neben der normalen Flugbereitschaftskontrolle oft besondere Arbeiten. Das BMW 801-Triebwerk erforderte das Know-how der Motorenschlosser in Zusammenarbeit mit den Flugwarten. Sie mußten ausbaden, was von der Herstellerseite nicht in Ordnung war, Rückmeldung und Verbesserung beanspruchten Zeit.

Typisch für die Art, in der Beanstandungen abgewehrt und auf andere Zulieferer abgeschoben wurden, war ein Brief des BMW-Generaldirektors Franz Josef Popp vom 1. August 1940. Der BMW 801 A war in Serie, aber noch nicht ausgereift, die Fw 190 bei den Mustern V 3 und V4 angelangt, als Popp auf die hohen Flugleistungen hinwies, kein deutsches Flugzeug sei der gefürchteten Spitfire in Volldruckhöhe und Geschwindigkeit so gleichwertig und sogar überlegen. Popp antwortete damit auf Beanstandungen des Generalingenieurs Roluf Lucht, der neben Göring und Udet die entscheidende Autorität im Reichsluftfahrtministerium war:

„Selbstverständlich ist der Doppelsternmotor für die deutsche Fliegerei ein Novum. Weder konnten wir auf deutsche Erfahrungen zurückgreifen, noch die Zellenfirmen, noch die Propellerfirmen. Wir haben uns jedenfalls bemüht, Auslandserfahrungen für die Konstruktion des Motors zu sammeln, aber ich glaube, daß dies bei den Zellenfirmen und den Propellerfirmen nicht der Fall gewesen ist. Daß der Doppelsternmotor als System an hervorragender Stelle steht, beweisen, um nur ein Bei-

Links: *Eine Fw 190 über einem südlichen Hafen.*

Oben: *Abschuß! Nur noch eine Rauchwolke ist zu sehen.*

Unten: *Eine abgeschossene Maschine des Gegners ist schon halb im Sand versunken.*

spiel zu nennen, wohl die Amerikaner. Wenn man dort das Problem der Ölbehälter und der Flugschrauben einwandfrei gelöst hat, so ist dies ein klarer Beweis, daß diesbezüglich unsere Zellen- und Propellerformen rückständig sind, und nicht, daß das System des Motors als solches ein unlösbares Problem für dies Zubehör darstellt."

Der BMW 801 hat der Fw 190, der Do 217 und der Ju 388 zu ihren unbestrittenen Leistungen verholfen, aber der BMW-Entwicklungsdirektor Helmut Sachse hatte ihn laut Aussage von Heinrich Leibach, der das Kommandogerät entwickelte, vom Reißbrett weg in die Fertigung gegeben. Die unausweichliche Folge: „Alle Kinderkrankheiten, die ein Motor in der Erprobung ausschwitzt, traten in der Serie auf! Sachse hat sie dann mit aller Energie - es wurden riesige Anstrengungen gemacht - ausgemerzt. Sie müssen sich das einmal vorstellen: nicht in der Entwicklung, in der Fertigung, die auf Weisung des RLM nicht an einem Ort, sondern überall verzweigt stattfand, zum Beispiel in Frankreich, wo viele Einzelteile hergestellt wurden! Bis dann die Verbesserungen, Detail-Neuentwürfe undsoweiter zum Tragen kamen, das hat natürlich seine Zeit gedauert."

ZU WENIG GEFRAGT

wurden die Könner und Kenner, die Antworten zwischen der nüchternen Geschichte und den vordergründigen Erlebnissen geben konnten und noch können. In der Dokumentation „Schlachtfeld Luftfahrzeug" berichtet zum Beispiel der Feldwebel Hans Schmidt vom Stab/JG 26 über seine Verantwortung als TO-Schreiber. Der Technische Offizier der Gruppe (TO Gruppe) wirkte einerseits auf die Einheitsführer und Leiter der Instandsetzungswerkstätten des für größere Arbeiten zuständigen Horstes ein, andererseits gehörte er zum fliegenden Personal. Er konnte nur unter schwierigsten Bedingungen seiner Aufgabe als TO gerecht werden und war in Gefahr, vom Luftkampf nicht zurückzukehren.

Es wurde immer schwieriger, gut ausgebildete und eingewiesene Offiziere zu finden. Daraus ergab sich, daß der TO-Schreiber, meist im Dienstgrad eines Unteroffiziers, für die Einsatzbereitschaft der Gruppe sorgen mußte. „Eine wichtige Sache, die gemeldet werden mußte, war die

Jagdschutz für Seestreitkräfte.

Rechts: *Treffer im Rumpf. Ein großes Loch rechts hinten. Die Drähte zu den Leitwerken blieben unversehrt.*

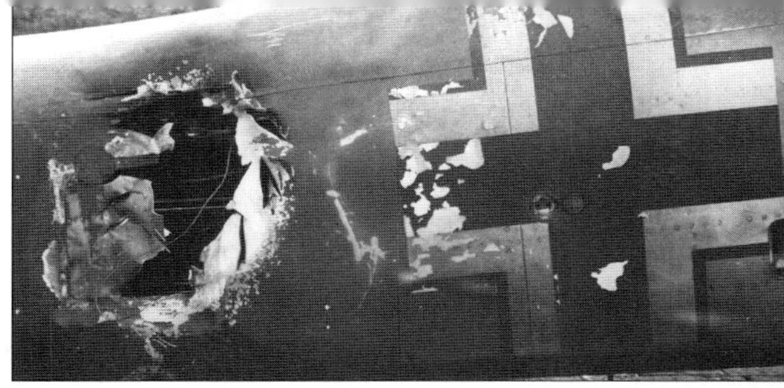

Klarstandsmeldung der Flugzeuge". Von den Staffeln über Gruppe und Geschwader ging die Meldung an das Korps und die Luftflotte: Soll/ist-Bestand, beschädigte oder in Reparatur befindliche Maschinen.

Und es gibt Gesprächsprotokolle in der BMW-Chronik von Hans Mönnich. 1940 strebte der BMW-Entwicklungschef Sachse den Höhenmotor an. Es war eine selbstverständliche, im Kriegsverlauf dann bestätigte Forderung, die aber schockierend beantwortet wurde. Bei Androhung des Konzentrationslagers hatte Sachse sämtliche Arbeiten am Höhenmotor einzustellen: „Luftkämpfe finden in keiner größeren Höhe als 5 km statt. Gezeichnet Udet". BMW-Konstrukteur Leibach: „Und 1941 flogen die Amis in Höhen ein, die wir nicht erreichten, und Udet erschoß sich!" - „Und der Höhenmotor wurde vom RLM beschleunigt in Auftrag gegeben, bei Junkers, bei Daimler, bei BMW. Nur kam er zu spät, auch der Abgasturbolader, den wir mit Hochdruck entwickelten."

Wilhelm Dorls, Leiter des BMW-Flugmotorenwerks Allach, hörte Udet von neun Kilometern als genügender Höhe reden, „weswegen der 801, selbst wenn er zwölf Kilometer erreichen sollte, nicht interessiere". Es ging um den BMW 801i, der am Ende begonnen, aber nicht verwirklicht wurde. Der Höhenaufklärer Ju 388 kam mit zwei BMW 801TI auf 612 km/h in 12.300 Metern Höhe - zu spät auch als Nachtjäger und unsinnig als Bomber. Nach jenem Gespräch „zog er (Udet) ab, ließ uns alle stehn und ging wahrscheinlich Cognac trinken in München".

DIE JAGDFLUGZEUGE DES GEGNERS

konnten von Fortschritten auf deutscher Seite nie wirklich in Schach gehalten werden. Etwa gleichzeitig mit der Messerschmitt Bf 109 schloß bei den Briten 1936 die Hawker Hurricane die Ära der Doppeldecker ab, sie wurde ab November 1935 erprobt und ab Dezember 1937 geliefert. Die Supermarine Spitfire war um ein halbes Jahr jünger, für die Messerschmitt Bf 109 (Me 109) wurde sie im Luftkampf zum gefährlicheren Gegner, doch die Hurricane war von großer Bedeutung für die Verluste der deutschen Bomberver-

Links: *Ein Panzer des Gegners nimmt „Reißaus". **Rechts:** Volltreffer! Der „Katschmarek" (die Nr. 2 im Schwarm) beobachtet den brennenden Panzer.*

bände. Zahlenmäßig kamen 1940 in der Luftschlacht um England zwei Hurricane auf eine Spitfire.

Zunächst hatte Hitler nicht mit dem Kriegseintritt Englands gerechnet, und Göring hatte sich verbürgt, auf Deutschland würde keine Bombe fallen. Am 15. Mai 1940 starteten britische Bomber erstmals zum Angriff gegen zivile Ziele. Mit der deutschen Kriegserklärung an die USA wurde am 1. Dezember 1941 die Weiche zur ungeahnten Entwicklung des Bombenkriegs gestellt. „Das massive Auftauchen amerikanischer Langstrecken-Jäger am deutschen Himmel im Frühjahr 1944 besiegelte das Schicksal der deutschen Luftwaffe", stellt Alfred Price in seinem Standardwerk „Luftschlacht über Deutschland" fest und zitiert die Feststellungen der RAF zu den Eigenschaften des unvergleichen Jägers North American P-51 Mustang mit dem Rolls-Royce Merlin-Triebwerk.

Aus dem kampfmäßigen Vergleichsflug gegen eine Fw 190 A-3, die am 23. Juni 1942 versehentlich in England gelandet war, ergab sich die Empfehlung an die Piloten, die überlegene Geschwindigkeit und den Höhenvorteil auszunutzen. Die Fw 190 war in allen Höhen um 80 km/h langsamer, über 8500 Meter sogar um 110 km/h, die Mustang beim steilen Hochziehen „beträchtlich schneller", beim Sturzflug „schneller als jede Fw 190", konnte sie auch auskurven.

Es blieb offen, was die Deutschen mit mehr Leistung noch herausholen würden, aber die Langnasen mit dem Jumo 213 und der MW 50-Einspritzung kamen erst ab August 1944 an die Front, sie erforderten Gewöhnung. „Alte Flugzeugführer, die die Fw 190D geflogen hatten, halten sie heute noch für den besten Jäger des Zweiten Weltkriegs", schreibt Heinz Nowarra in seiner Fw-190-Monografie, aber es war zu spät und die Ta 152 nur ein Schlußkapitel im Untergang.

NACH DEM KRIEG

ließ sich viel behaupten. Albert Speer war Rüstungsminister vom 8. Februar 1942 bis zum Selbstmord seines Führers am 30. April 1945. In einem Rundfunkgespräch erzählte er 1974 eine Dolchstoßlegende: „Wir hatten 1941 einen sehr guten Flugmotor, den Jumo 222, der ungefähr 2000 PS geleistet hätte. Und dafür hatte ich eine große Fabrik in Wien gebaut, die

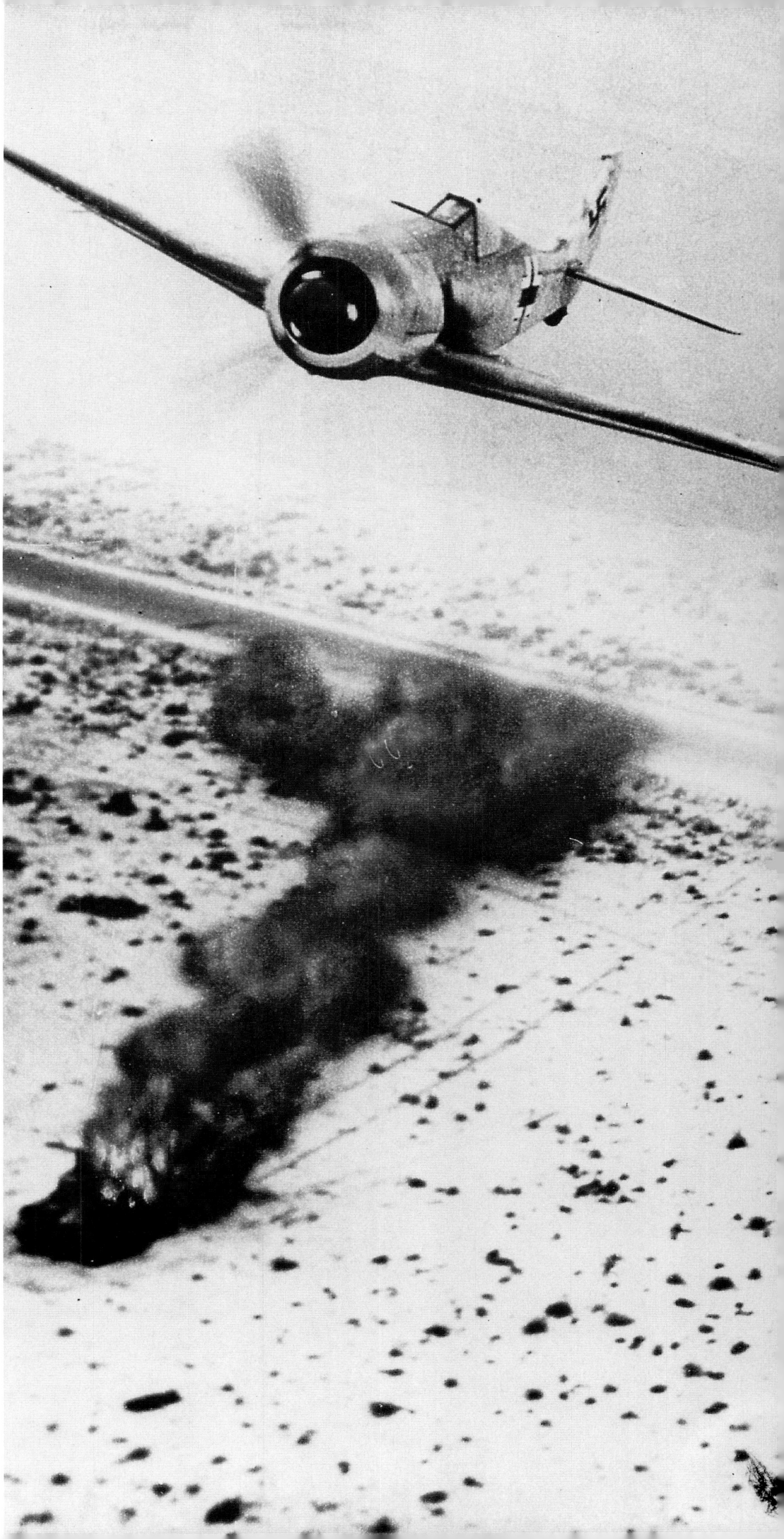

12

Großes Bild: *Zwischen zwei Einsätzen. Wartung beendet. Die „schwarzen Männer" lassen sich den Appetit nicht verderben.*

Kleines Bild: *Wie ein Hornissenschwarm, die Staffel.*

so groß war wie das Volkswagenwerk und die 1000 Motore im Monat produzieren sollte. Bei der Einweihungsfeier hat dann zu unserer Verblüffung Milch im Auftrag von Göring verkündet, daß in dieser Fabrik nicht der Jumo 222, sondern ein Daimler-Benz-Motor - 605, glaube ich - produziert werden sollte, aber dieser Daimler-Benz-Motor war noch nicht konstruktiv fertig, und so blieb dies Flugmotorenwerk bis zum Ende des Krieges unproduktiv. Die entscheidende Folge: unsere Jagdflugzeuge waren ab 1942/43 langsamer als die des Gegners. Die Folge davon wiederum war, daß bei der Invasion keine Gegenwehr in der Luft möglich war, obwohl rund 1000 Jagdflugzeuge dorthin geschickt wurden; unsere Jagdflugzeuge waren technisch unterlegen."

Die Tatsachen waren nicht so simpel. Von 1941 bis 1945 wurden 42.000 Motoren DB 605 gebaut. Der Jumo 222 war ein 24-Zylinder-Reihen-Sternmotor, der für das Bomber-Projekt Ju 288 bestimmt war und wegen der enttäuschend langen Entwicklungszeit zugunsten des DB 603 aus Speers Ostmark-Werk abgesetzt wurde, zugleich auch die Ju 288 wegen der Kriegslage, doch ging die Jumo 222-Entwicklung weiter, erfolglos erprobt unter anderem im zweimotorigen Bomber-Prototyp Fw 191.

NICHT POLITISCH ORIENTIERT

waren die Gedanken der Flieger, obwohl laut Witzwort die Wehrmacht aus dem deutschen Heer, der kaiserlichen Marine und der nationalsozialistischen Luftwaffe bestand. Die Galionsfigur Göring präsentierte sich ausdrücklich als Chef alles fliegerischen Geschehens in der Uniform „seiner" Luftwaffe und wurde nicht den braunen Bonzen zugerechnet, auch nicht den steifen Generalstäblern. In seiner Prunksucht schien sich der Individualismus der Piloten zu spiegeln, sein massiges Auftreten ließ seine Schwäche und Verantwortungslosigkeit nicht erkennen, und der Truppe blieb verborgen, was sich im Führerhauptquartier abspielte.

Für Menschen von heute ist es schwer verständlich, daß sich Soldaten bis zuletzt rückhaltlos einsetzten, ohne daß es sich bei den meisten um politischen Fanatismus oder direkten Zwang handelte. „Ohne Frage war die Moral der deutschen Jagd-

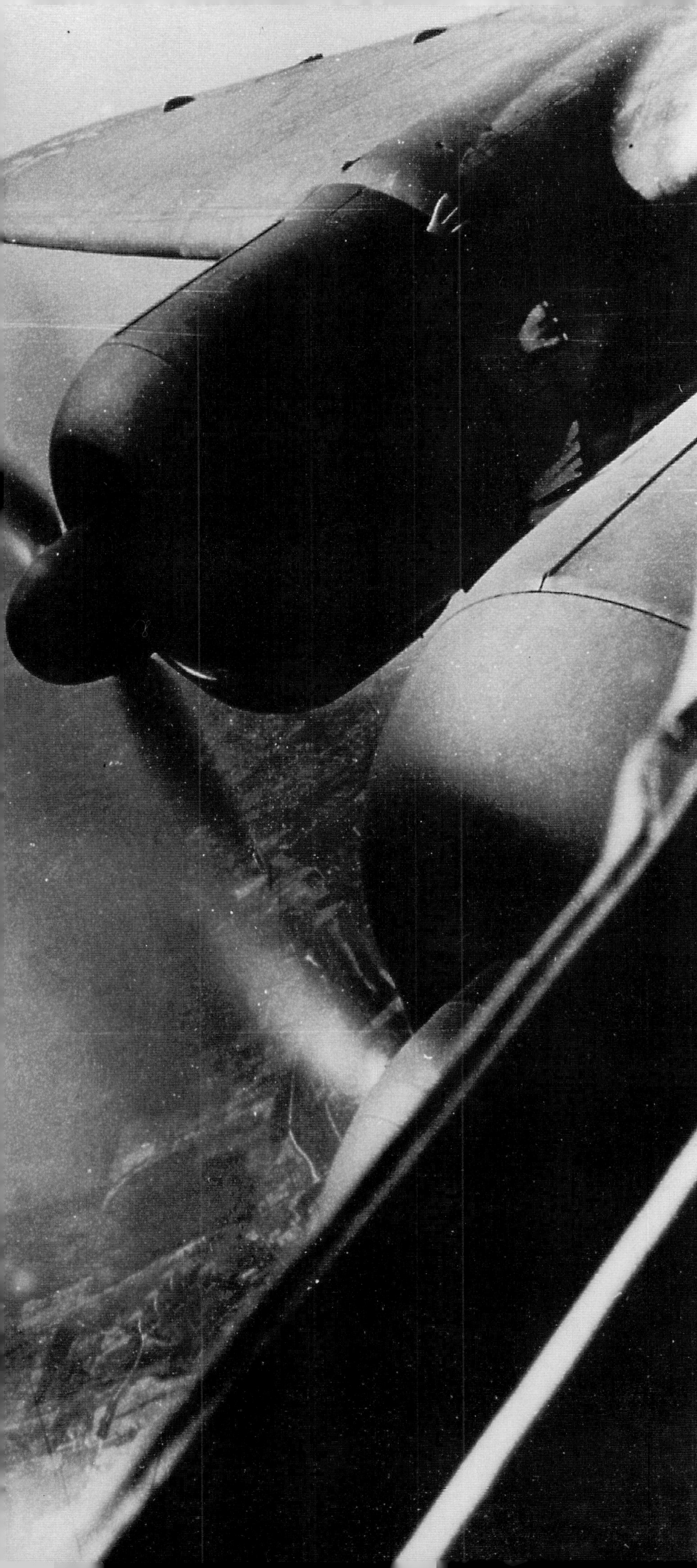

Links: *Endlich Begleitschutz. Photo wahrscheinlich aus dem A-Stand (vorderen Waffenstand) einer Fw 200.*

flieger gut", urteilt der britische Historiker Edward H. Simms. Daß sich „während der Schlacht über Deutschland - 1944 und 1945 - die Auswirkungen der ununterbrochenen Belastung deutlich bemerkbar machten" und daß „durcheinandergeratene Jagdverbände sich vom Feind absetzten", in anderen Fällen „Jagdverbände innerhalb eines Tages nahezu vollkommen ausgelöscht wurden", sah Simms in Zusammenhang mit der mangelhaften Ausbildung durch den großen Nachwuchsbedarf und den Kraftstoffmangel.

Hitler wurde gemeldet, daß Piloten mit dem Fallschirm absprangen, um sich nicht auf den Luftkampf gegen überlegene Gegner einzulassen. Galland selbst riß nach dem Abschuß einer B-17 einmal „ganz einfach aus, floh, versuchte, den verfolgenden und wild schießenden Mustangs duch Sturz mit Vollgas zu entkommen", was ihm nur knapp gelang, aber es wurde weitergeflogen. Zwischen Fahneneid und Ausweglosigkeit konzentrierte sich die Treue auf die kleinste Einheit, den täglichen Erlebnisraum. „Damals war eine andere Zeit. Und besonders keine Zeit, um schöngeistige politische Gedanken zu kultivieren", hat ein Teilnehmer und Landserheftverfasser dem Kritiker Dieter Kühn („Luftkrieg als Abenteuer") erwidert.

„Es war zum Heulen", erinnert sich ein Flugzeugwart, der immer wieder erleben mußte, daß „sein" Pilot und „seine" Maschine vom Feindflug nicht zurückkehrten.

FINALE

„Ich werde die Jagdwaffe auflösen. Ich werde, von einigen mit modernen Flugzeugen ausgerüsteten Jagdgruppen abgesehen, die Luftverteidigung mit der Flakartillerie weiterführen. Speer, ich erteile Ihnen den Befehl, mir sofort neue Programme vorzulegen. Die Produktion ist auf Flakartillerie umzustellen und gewaltig zu steigern!" So äußerte sich Hitler im August 1944, nachdem er zunächst von Luftwaffenverbänden, „die wir jetzt im Reich aufstellen", als letzter Reserve sprach.

Adolf Galland flog bis zuletzt und ließ die Düsenjäger Me 262 seines letzten Verbandes in Flammen aufgehen, als die amerikanischen Jäger über dem Flugplatz kreisten und das Rasseln der ersten Panzer zu hören war. Damit endet sein Buch. Der Nachwelt bleibt es überlassen, die Lehren aus der Geschichte zu ziehen.

BAUREIHENÜBERSICHT FW 190 PROTOTYPEN UND A – SERIENAUSFÜHRUNGEN

FW 190 V 1: D-OPZE, Werk-Nr. 0001, Prototyp mit BMW 139, 1550 PS. Erstflug am 1. Juni 1939. Oktober 1939 Zulassung: WL+FOLY, ab Dezember FO+LY.

FW 190 V 2: WL+FOLZ, Werk Nr. 0002, zweiter Prototyp mit BMW 139. Erstflug Oktober 1939. Zulassung ab Dezember 1939 FO+LZ. Erster Waffeneinbau: 2 MG 17 und 2 MG 131.

FW 190 V 3: Werk-Nr. 0003, nicht fertiggestellt, Triebwerksänderung erforderte Neukonstruktion. V 4 wurde nicht mehr begonnen.

FW 190 V 5 k: Werk-Nr. 0005 k, erster Prototyp mit BMW 801 MA, kurze Spannweite (9,5 m) wie V 1 und V 2. Erstflug im Frühjahr 1940.

FW 190 V 5 g: Werk-Nr. 0005 g, erster Prototyp mit größerer Spannweite (10,38 m), BMW 801 MA. Erstflug im Frühjahr 1940. Später als Triebwerkserprobungsträger für Jumo 213 und DB 603 verwendet.

FW 190 V 6: Werk-Nr. 0006, Aufbau wie V 5 g, BMW 801 MA. Erstes Ausgangsmuster für A-Nullserie, Erstflug im Oktober 1940.

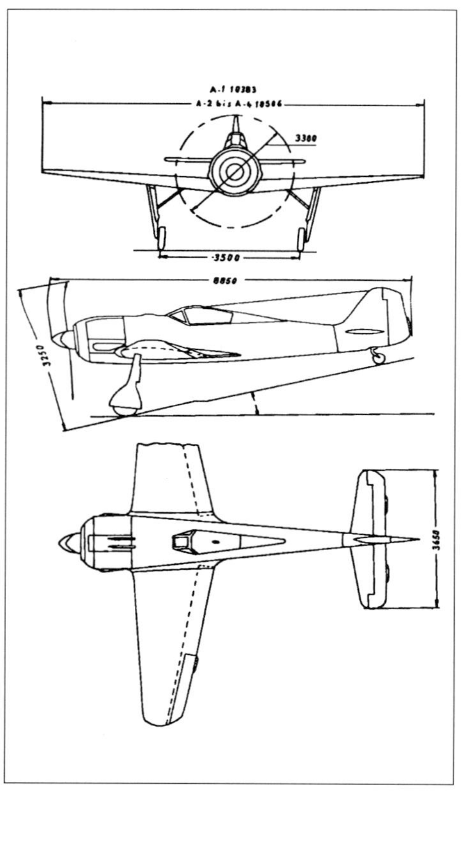

FW 190 V 7: Werk-Nr. 0007, Aufbau wie V 6, Erprobungsträger für volle Bewaffnung (4 MG 17).

FW 190 V 8: Erste Maschine der Serie FW 190 A-0, Werk-Nr. 008. Die ersten sieben FW 190 A-0 erhielten kurze Flügel wie V 5 k. 008 wurde nach Truppenerprobung von FW umgebaut und als Jagdbomber getestet (1941).

FW 190 A-0: Werk Nr. 0015 bis 0025 mit großem Flügel (wie V 5 g, V 6 und V 7) und BMW 801 C. Truppenerprobung ab Ende 1940.

FW 190 A-1: Serie ab Ende 1940, Beginn bei Werk-Nr. 26. BMW 801 C, Bewaffnung anfänglich 4 MG 17, nach Truppenerprobung um 2 MG-FF/M erweitert. Fluggewicht 3660/3782 kg. V/max. 676 km/h.

FW 190 A-2: Verbesserte Serienausführung, Einsatz ab Mai 1941. Motor BMW 801 C, Flügelspannweite auf 10,51 m erhöht, Standardbewaffnung: 2 MG 17 und 2 MG 151, durch Nachrüstung um 2 MG-FFM erweitert. Fluggewicht 3855/3978 kg.

FW 190 A-3: Serie ab Herbst 1941, Aufbau und Ausrüstung wie A-2, Motor BMW 801 Dg (gedrosselt). Einsatz meist mit 2 MG 17 und 2 MG 151.

FW 190 A-3/Trop: Tropenausführung der Serie A-3 (Ladereinlauf mit Sandabscheider), Rumpf-ETC für Jabo-Einsatz. Keine Serie.
Unter-Version: A-3/U 4, Gewaltaufklärer.

FW 190 A-4: Serie ab Sommer 1942. Aufbau, Ausrüstung und Bewaffnung wie A-3, Motor BMW 801 D-2 (für MW 50-Einspritzung vorgesehen). Fluggewicht normal 3862 kg, mit sechs Bordwaffen 3985 kg.

FW 190 A-4/Trop: Tropenausrüstung wie bei A-3, Einstz als Tagjäger und Jabo in Nordafrika 1942/43.
Unter-Versionen: A-4/U3 Jabo, A-4 U 8 Jabo/Rei, A-4/U9 (Musterflugzeug für Zerstörer), A-4U 13 Jabo/Rei, A-4/R 6 Pulkzerstörer.

FW 190 A-5: Serie ab April 1943. Zelle gegenüber A-4 verbessert, Motor BMW 801 D um 15,25 cm vorverlegt. Standardtyp für alle nachfolgenden Versionen. Bewaffnung normal: 2 MG 17, 2 MG 151, 2 MG FFM.
Unter-Versionen: A-5/U 3 Jabo, A-5/U 4 Gewaltaufklärer, A-5/U 5 Tagjäger, A-5/U 8 Jabo/Rei, A-5/U 9 (Musterflugzeug für Zerstörer), A-5/U 11 (Musterflugzeug für Schlachtflugzeug), A-5/U 12 (Musterflugzeug für Zerstörer), A-5/U 13 Jabo/Rei, A-5/U 15 (3 Musterflugzeuge für Torpedoeinsatz), A-5/Trop Jabo mit Tropenausrüstung wie A-4/Trop, vereinzelt, A-5/U 17 (Musterflugzeug).

FW 190 A-6: Serie ab Juni 1943. Bewaffnung: 2 MG 17, 4 MG 151, Motor BMW 801 D, Zelle leichter als A-5, verstärkte Panzerung ab Oktober 1943, verbesserte Funkausrüstung.
Unter-Versionen: A-6/R 1 Zerstörer (ab November 1943), A-6/R 6 Pulkzerstörer (ab Februar 1944), A-6/Trop Jabo wie A-5/Trop, nur Musterflugzeuge, A-6/U 3 Jabo (Truppenumrüstung).

FW 190 A-7: Serie ab Dezember 1943, Zelle und Ausrüstung wie A-6, Bewaffnung: 2 MG 131, 4 MG 151. Motor BMW 801 D, vereinfachtes Bordnetz, verbessertes Reflexvisier.
Unter-Versionen: A-7/R 2 Zerstörer, A-7/R 6 Pulkzerstörer.

FW 190 A-8: Serie ab März 1944. Zelle gegenüber A-7 geändert: Einbau von GM 1-Anlage oder 115-l-Zusatzbehälter im Rumpf nach Wahl möglich. Funkgerät vorverlegt, Motor BMW 801 D.
Unter-Versionen: A-8/R 1 Zerstörer, A 8/R 2 Zerstörer, A-8/R 3 Schlachtflugzeug, ab Juni 1944 mit BMW 801 TU, A-8/R 11 Schlechtwetterjagd, A-8/R 8 Sturmflugzeug (Ablösung von R 2), A-8/U 1 Trainer (3 Musterflugzeuge für Serie FW 190 S), A-8/U 3 Jabo.

FW 190 A-9: Serie ab Oktober 1944. Zelle mit stärkerer Panzerung, Motor BMW 801 TS/TH. Standardbewaffnung: 2 MG 131, 4 MG 151.
Unter-Versionen: A-9/R 8 Sturmjäger (ohne MG 131, mit MK 108 Außenflügel), A-9/R 11 Schlechtwetterjäger mit BMW 811 TS. In geringer Stückzahl zu Nachtjägern mit FuG 216 umgebaut und eingesetzt.

Rumpfschnittzeichnungen der Fw 190 V 19 mit verschiedenen Motoren

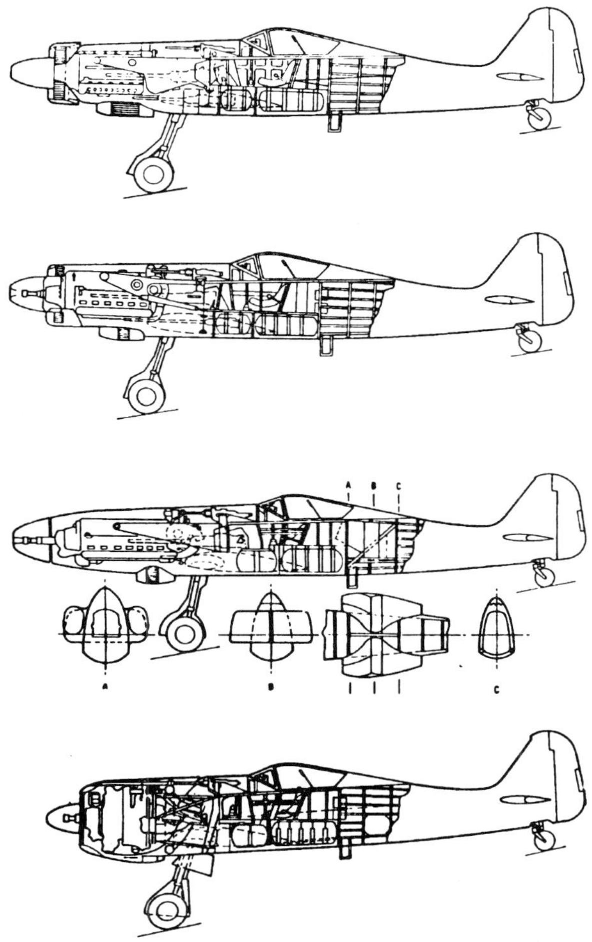

Von oben: Jumo 213 mit Spezialkühler, DB 603 ohne Turbolader, DB 603 mit Ohrenkühler, BMW 801 J.

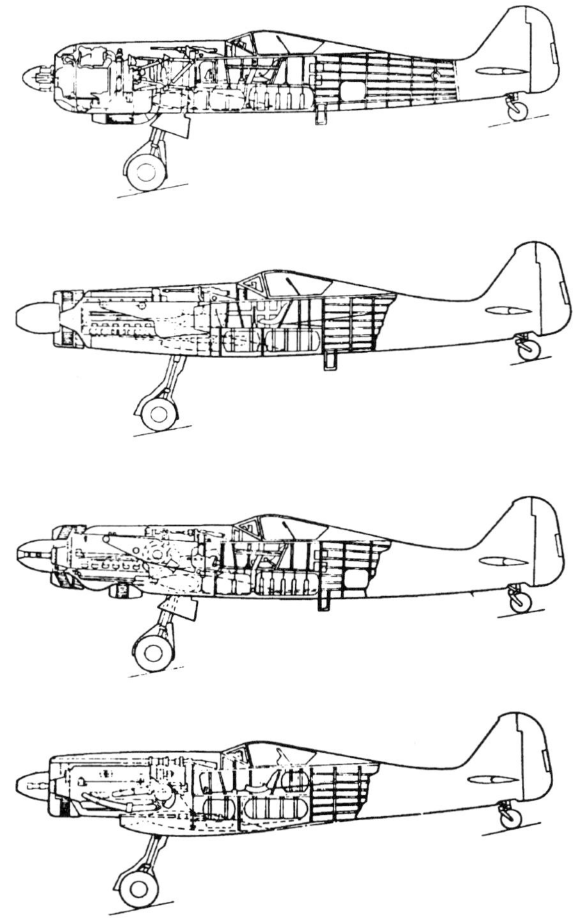

Von oben: BMW P. 8028, Jumo 213 A-1 / A-2, DB 614 und DB 623

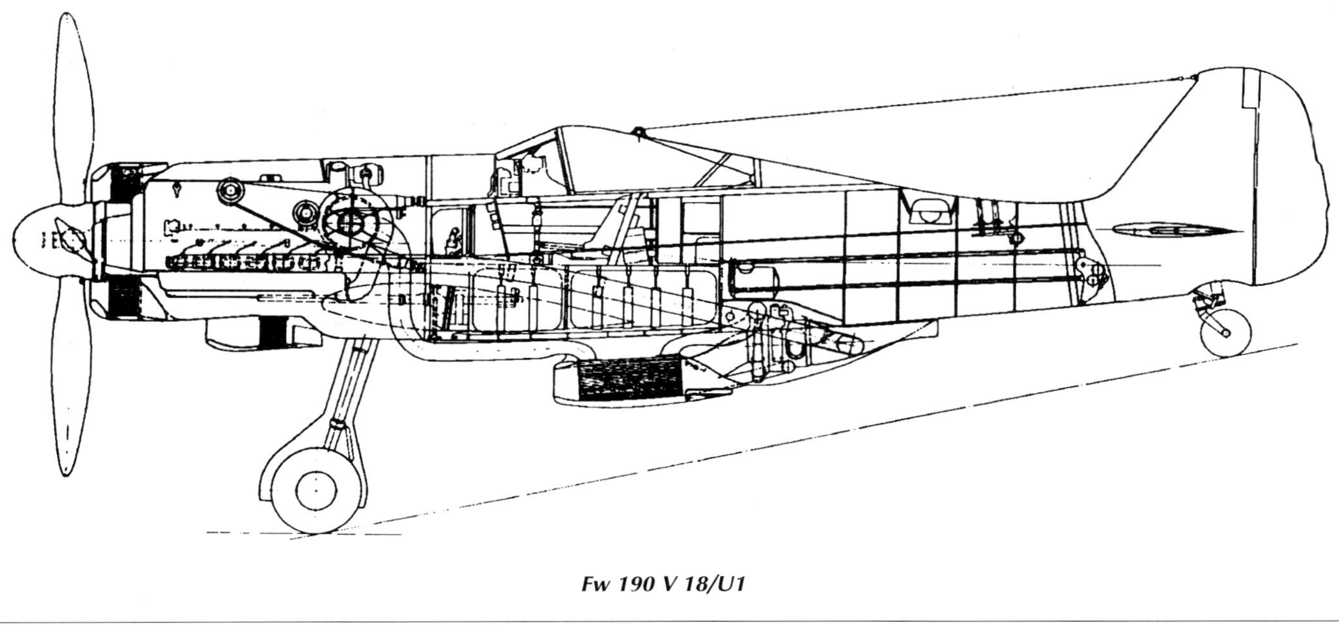

Fw 190 V 18/U1

BAUREIHENÜBERSICHT FW 190 D – SERIENAUSFÜHRUNGEN

FW 190 D-0: Jäger, Null-Serie ab Herbst 1943. Zelle, Fahrwerk und Ausrüstung entsprechend FW 190 A-7, Rumpf durch Triebwerk Jumo 213 A-1 und Rumpfzwischenstück vor Leitwerk auf 10,14 m verlängert (A-7 = 9,00 m). Bewaffnung: 2 MG 131 Rumpf, 4 MG 151/20 Flügel (später auf 2 MG 151/20 reduziert). Truppenerprobung 1943/44.

FW 190 D-9: Jäger und Jagdbomber, Serie ab August 1944. Zelle, Fahrwerk und Ausrüstung wie A-9, Rumpf wie D-0, Jumo 213 A-1, 1750 PS, ab Ende Januar 1945 Serie mit MW 50. Bewaffnung: 2 MG 131 und 2 MG 151/20, ETC 504 für SC 500 oder 300-l-Zusatzbehälter, Cockpit mit gewölbter Schiebehaube wie bei FW 190 F. Startgewicht normal 4270 kg, max. 4560 kg. V/max. 665 km/h in 7000 m.
Unter-Version: D-9/R 11 Schlechtwetterjäger.

FW 190 D-11: Jäger und Schlachtflugzeug, kleine Übergangsserie ab Januar 1945. Jumo 213 E-1 ohne Ladeluftkühler (213 F), Bewaffnung: 2 MG 151/20 und 2 MK 108 Flügel.
Unter-Versionen: D-11/R 20 und D-11/R 21 vorgesehen.

FW 190 D-12: Jäger und Schlachtflugzeug, Serie ab Januar 1945. Jumo 213 F-1, MW 50-Anlage serienmäßig. Bewaffnung: 1 MK 108 (Motor), 2 MG 151/20 Fl.-Wurzel. Startgewicht normal 4400 kg, max. 4730 kg. V/max. 677 km/h in 7000 m.
Unter-Versionen: D-12/R 11 Schlechtwetterjäger (Einsatz). D-12/R 5 mit Jumo 213 EB, D-12/R 21 und D-12/R 25 vorgesehen.

FW 190 D-13: Jäger und Schlachtflugzeug, Serie ab März 1945. Zelle, Triebwerk und Ausrüstung wie D-12, Bewaffnung geändert: Motorkanone MG 151/20 und 2 MG 151/20 Fl.-Wurzel.
Unter-Versionen: D-13/R 11 Schlechtwetterjäger (Einsatz), D-13/R 5, D-13/R 21 vorgesehen.

FW 190 D-14: Jäger und Schlachtflugzeug wie D-12, aber mit DB 603 E oder LA (1820 PS) ausgerüstet. Serie nicht mehr angelaufen.

FW 190 D-15: Jäger und Schlachtflugzeug, Zelle und Ausrüstung entsprechend FW 190 A-8/F-8, Umbau nach D-9-Prinzip, DB 603 EB oder G. Serienanlauf durch Umbau ab Mai 1945 vorgesehen.
Unter-Version: D-15/R 11 Schlechtwetterjäger.

Werkszeichnung der Kraftstoffanlage Fw 190 A-1 bis A-4 (3.11.1941)

1. Außenbordanschluß
2. Fülleitung
3. Überlaufleitung
4. Leckleitung
5. Entlüftungsleitung
6. Filterbrandhahn-Armatur ohne Handpumpe
7. Filterbrandhahn-Armaturmit Handpumpe
8. Kraftstoffdruck-Anzeigegerät Handpumpe
9. Anschlußflansch
10. Entnahmeleitung
11. Meßleitung
12. Kraftstoffnebenbehälterkopf und Pumpe
13. Handanlaßpumpe
14. Anschlußflansch mit Umpumpbegrenzer
15. Kraftstoff-Nebenbehälterkopf und Pumpe
16. Füllschlauch
17. Überdruckventil 712/III NW 4
18. Rückschlagventil RV 10 B
19. Einspritzleitung für Anlaßkraftstoff
20. Kraftstoff-Entlüftungsleitung
21. Vorlaufleitung } Durch Hahn überbrückt
22. Vorlaufleitung }
23. Entnahmeleitung
24. Drucklöeitung
25. Vorderer Kraftstoffbehälter
26. Hinterer Kraftstoffbehälter
27. Zentrifugal-Entlüfter
28. Bosch-Pendelentlüfter
29. Kraftstoff-Förderpumpe
30. Überströmleitung
31. Vorlaufleitung zwischen Kraftstoffpumpe und Zentrifugal-Entlüfter
32. Kraftstoff-Rückleitung
33. Mischleitung
34. Leckleitung
35. Entlüftungsleitung
36. Kraftstoffzusatzbehälter
37. Trennstelle
38. Umfüll-Leitung
39. Gerätewanne
40. Kraftstoffpumpe EP-1 E

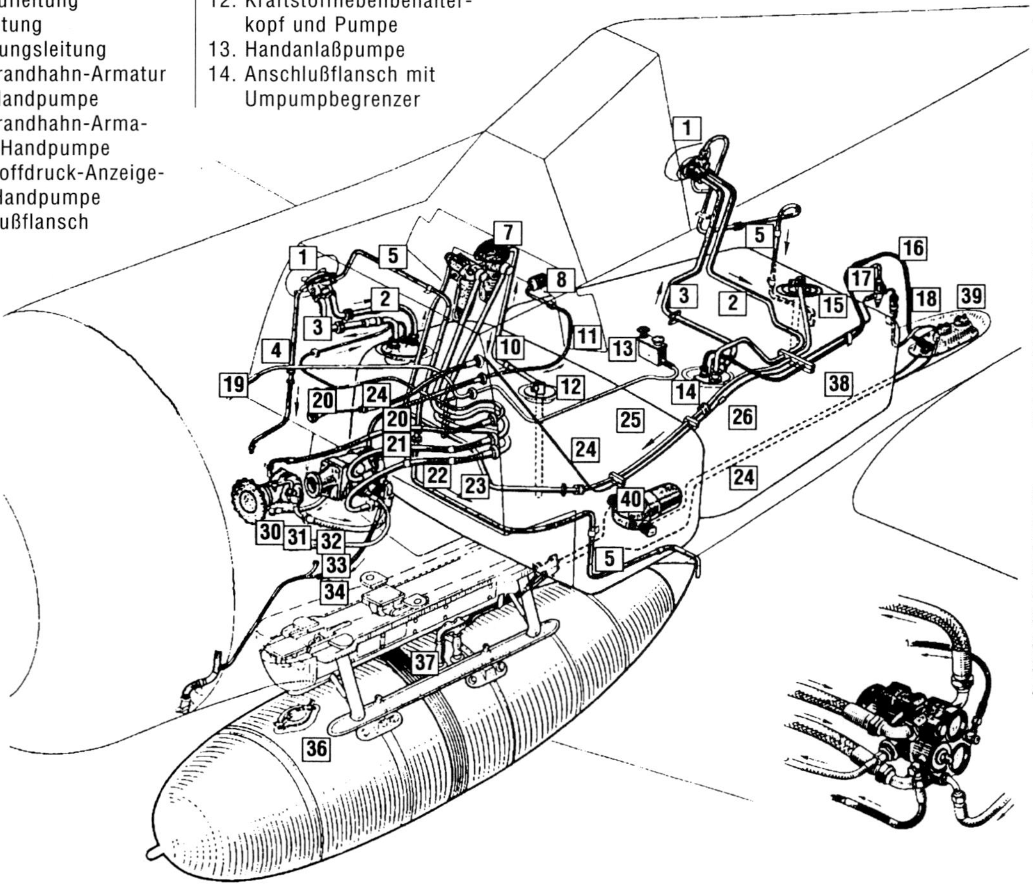

BAUREIHENÜBERSICHT TA 152 – SERIENAUSFÜHRUNGEN

Ta 152 B-5: Zerstörer, Jumo 213 E-1, Bewaffnung: 3 MK 103. Konstruktion im Januar 1945 abgeschlossen, Serie zugunsten Ta 152 C nicht mehr begonnen.
Unter-Version: B-5/R 11 Schlechtwetterjäger.

Ta 152 C-0: Zerstörer und Jagdbomber, Null-Serie ab Dezember 1944. DB 603 LA, 1820 PS, Bewaffnung: 2 MG 151/20 Rumpf, 1 MK 108 Motor, 2 MG 151/20 Fl.-Wurzel. ETC 503 für Bombe SC 500 oder 300 l Zusatztank. Spannweite 11,00 m, Länge 10,81 m, Flügelfläche 19,6 m^2, Rüstgewicht 4014 kg, Startgewicht normal 5322 kg. Einsatz 1945.

TA 152 C-1: Zerstörer und Jagdbomber wie C-0, Serienlauf im April 1945.
Unter-Version: C-1/R 11 Schlechtwetterjäger.

Ta 152 C-2: Zerstörer, Zelle und Ausrüstung wie C-1, verbesserte Funkgeräteausrüstung, Konstruktiv abgeschlossen, Serienfertigung zugunsten C-1 nicht mehr aufgenommen.

Ta 152 C-3: Zerstörer und Jagdbomber, Zelle und Ausrüstung wie C-1, Bewaffnungsänderung: Motorkanone MK 103 statt MK 108. Rüstgewicht 4109 kg, Startgewicht 5442 kg. Serienanlauf im April 1945.
Unter-Version: C-3/R 11 Schlechtwetterjäger.

Ta 152 C-11: Zerstörer, Jagdbomber und Gewaltaufklärer. Ausrüstung wie C-1, Rumpf aus der Serie Ta 152 E-1 verwendet. Serienlauf: April 1945.
*Unter-Version:*C-11/R 11 Schlechtwetterjäger.

Ta 152 E-0: Jäger und Gewaltaufklärer, Zelle wie Ta 152 C-1, gleiche Abmessungen. Motor: Jumo 213 E-1, MW 50-Anlage wahlweise als Zusatzbehälter für Reichweitenverlängerung verwendbar. Bewaffnung: MK 108 (Motor) und 2 MG 151/120 Fl.-Wurzel. Null-Serie Februar 1945.

Ta 152 E-1: Serienfertigung Ta 152 E-1 zugunsten Ta 152 H-10 abgebrochen.
Unter-Version: E-1/R 1 mit Kamera-Schrägeinbau.

Ta 152 H-0: Höhen-Geleitjäger, Zelle gegenüber Ta 152 C geändert: Rumpflänge 10,71 m, Spannweite 14,44 m, Flügelfläche 23,3 m^2. Startgewicht normal 4727 kg. Bewaffnung: 1 MK 108 (Motor) und 2 MG 151/20 Fl.-Wurzel. Motor: Jumo 213 E-1 mit MW 50 oder GM 1. V/max. 730 km/h in 10500 m. Serienanlauf: November 1944, 20 Maschinen.
Unter-Version: H-0/R 11 Schlechtwetterjäger.

Ta 152 H-1: Höhen-Geleitjäger, Zelle und Ausrüstung wie H-0, aber mit 5 Kraftstoffbehältern im Flügel, MW 50- und GM 1-Anlagen gleichzeitig eingebaut. Startgewicht normal 5217 kg. Serienanlauf Ende November 1944 (Cottbus). Einsatz als Tiefangriffsflugzeug und Mistel-Jäger.
Unter-Versionen: H-1/R 11 Schlechtwetterjäger, H-1/R 21 und H-1/R 31.

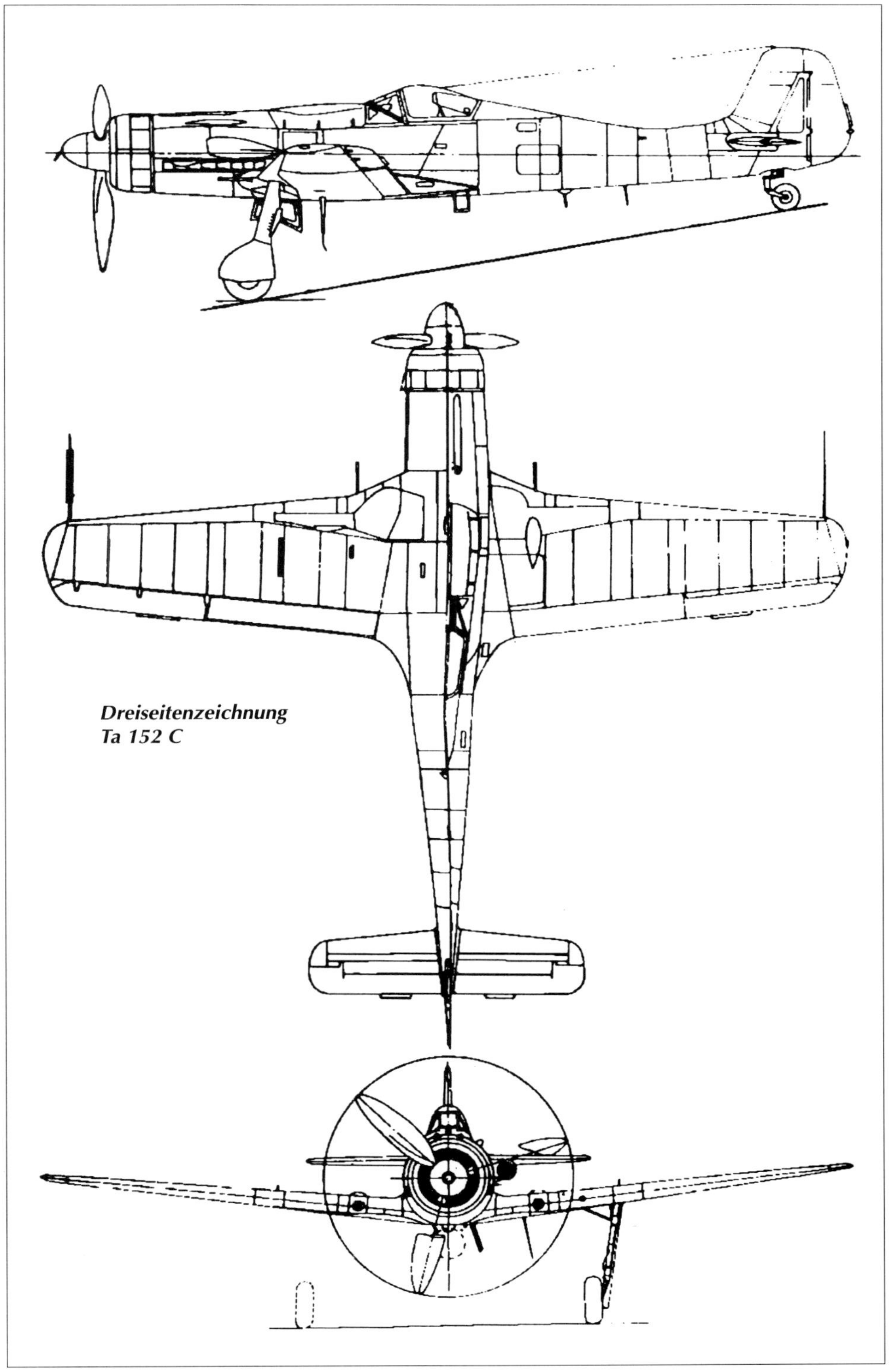

Dreiseitenzeichnung Ta 152 C

Ta 152 H-2: Höhen-Geleitjäger wie F-1, aber mit verbesserter Funkgeräteausrüstung. Dezember 1944 eingestellt, Serie zugunsten H-1 nicht mehr begonnen.

Ta 152 H-10: Höhen-Aufklärer, Zelle wie H-1 (Rumpf wie E-1), Jumo 213 E-1, Bewaffnung: 1 MK 108 (Motor), 2 MG 151/20 Fl.-Wurzel, Kamera-Ausrüstung nach Wahl: RB 20/30, 50/30 oder 75/30. Serienanlauf für Mai 1945 vorgesehen.

Ta 152 S-1: Schulflugzeug, Zelle wie C-1, Umbau mit zweitem Sitz. Keine Bewaffnung, DB 603 LA. Serienanlauf im April 1945.

BAUREIHENÜBERSICHT FW 190 SERIENAUSFÜHRUNGEN E, F, G UND S

FW 190 E-1: Gewaltaufklärer mit Reihenbildkamera-Ausrüstung entsprechend Umrüstsatz U 4, zusätzlich 2 x 300-l-Abwurfbehälter und/oder Bombenlast entsprechend U 3 oder U 8. FuG 17, Motor: BMW 801 D oder G, Fluggewicht max. 456 kg. Keine Serie, da umgerüstete FW 190 A-3 und A-5 ausreichend.

FW 190 F-3: Schlachtflugzeug, entsprechend A-5/U 17, Motor BMW 801 D, Bewaffnung: 2 MG 17, 2 MG 151, Bombenanlage 1 x ETC 501 und 2 – 4 x ETC 50. Flügel wie A-6, Serienanlauf Mai 1943.
Unter-Versionen: F-3/R 1 (4 x ETC 50), F-3/R 3 (2 x MK 103).

FW 190 F-8: Schlachtflugzeug, Zelle wie A-7, Bewaffnung: 2 MG 131, 2 MG 151, große Abwurfelektrik für 4 Flügel- und 4 Rumpfbomben (Einzelwurf). Serienlauf März 1944.
Unter-Versionen: F-8 / R 1 und F-8 / R 3.
Sonderausführungen: F-8/R 13, R 14, R 15 und R 16. F / U 2 durch R 15 und 16 ersetzt.

FW 190 F-9: Schlachtflugzeug, Zelle wie A-9, Motor: BMW 801 TS, Bewaffnung wie F-8 mit gleicher Ausrüstung. Rüstsatz-Varianten wie bei F-8.

FW 190 F-16: Schlachtflugzeug, Rumpf wie A-9. Flügel wie E-8 mit geänderter Fahrwerksaufnahme. Fahrwerk verstärkt mit größeren Laufrädern, Verriegelung wie bei Ta 152. Abwurfanlage mit ETC 504, Motor BMW 801 TS/TH. Serienanlauf April 1945.

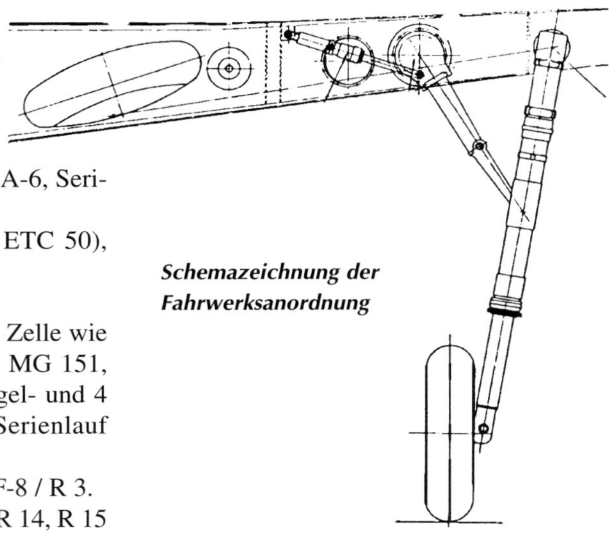

Schemazeichnung der Fahrwerksanordnung

Unter-Versionen: F-16/R 5 vorgesehen. Rüstsätze R 13 bis R 16 möglich.

FW 190 G-3: Jagdbomber für größere Reichweiten, Zelle und Ausrüstung entsprechend FW 190 A-5/U 13. Motor: BMW 801 D, Bewaffnung: 2 MG 151, Kurssteuerung PKS 11. Serie ab August 1943.
Unter-Versionen: G-3/R1 und R 5, beide mit 4 x ETC 50 für Schlachtflieger-Einsatz, Umrüstung bei der Truppe. G-3/Trop nur in geringer Stückzahl gebaut.

Funkgerät FuG 16ZY, das in fast allen letzten Fw-190-Versionen eingebaut war

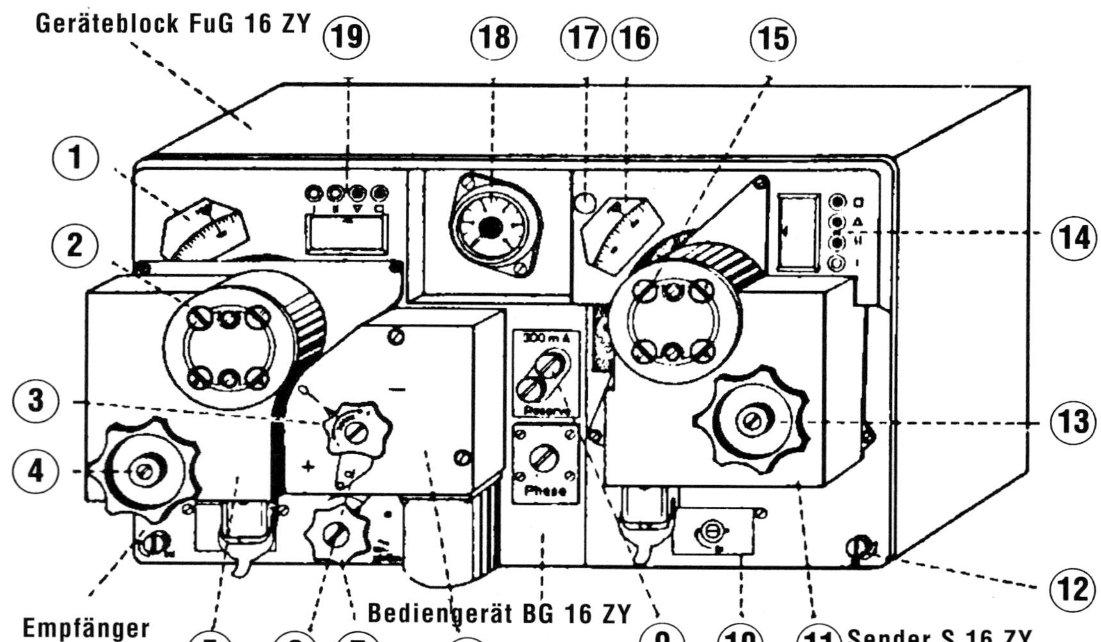

1. + 16. Frequenzskala
2. + 15. Rastschrauben
3. Frequenzangleich
4. + 13. Frequenzwahl
5. Empfänger-Fernantrieb FA 16 E-4
6. Eichkorrektur
7. Pegelregler mit Schalter
8. Fernantrieb FA 16
9. Sicherung
10. Anschluß für Prüfgerät
11. Sender-Fernantrieb FA 16 S-4
12. Verriegelung für Aufhängung
14. + 19. Rasten-Schauzeichen
17. Eichtrimmer
18. Schwingungsanzeiger

PD 8,8 „Panzerblitz" und „Panzerschreck" in Fw 190

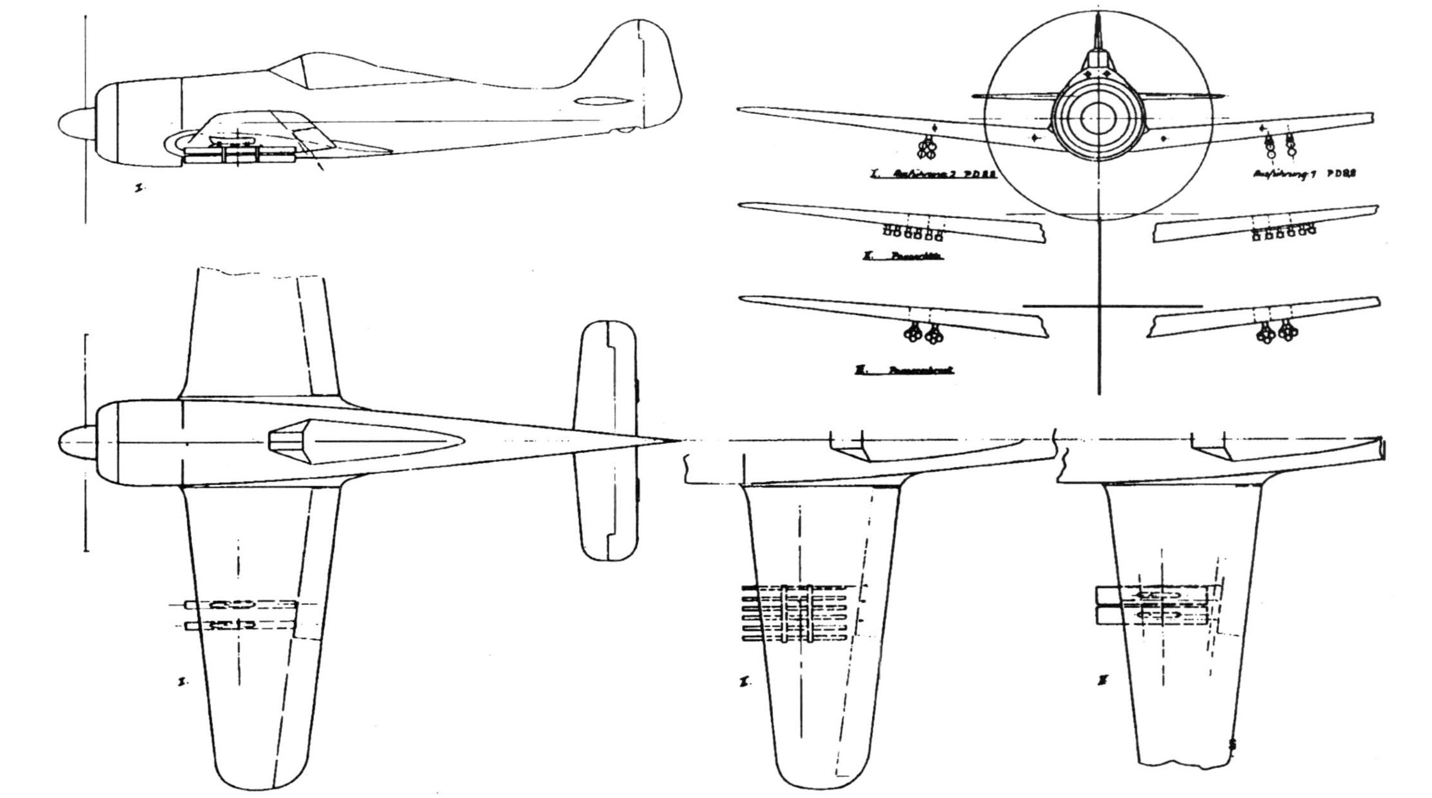

FW 190 G-8: Jagdbomber für größere Reichweiten. Zelle gegenüber G-3 geändert: Rumpf für GM 1-Anlage oder 115-l-Zusatzbehälter eingerichtet, Flügel ohne Kuto-Nase. Serienanlauf Herbst 1943. Auslauf im Februar 1944. Ab dann Nachschub durch Umbau von 15 FW 190 F-8 zu F-8 /U1 pro Monat durch Truppenwerft.
Unter-Version: G-8 / R 5, 146 Flugzeuge umgerüstet.

FW 190 S-5: Schulflugzeug, Rumpfumbau wie A-8 / U 1 für zweiten Sitz. Keine Bewaffnung. Motor: BMW 801 D. Serie durch Umbau von Machinen der Serien FW 190 A-2 bis A-5.

FW 190 S-8: Schulflugzeug, Umbau von Serienmaschinen A-8 zu 3 Musterflugzeugen A-8 / U 1, Serienbau auf gleicher Zellenbasis ab Oktober 1944. Triebwerk und Ausrüstung wie S-5.

FW 190 MIT SONDERWAFFEN FÜR JAGDEINSATZ:

FW 190 A-8 mit 1 x SG 116 „Zellendusche". Drei Läufe, Kaliber 30 mm, im 2° Fächer nach oben feuernd, Auslösung durch fotoelektrische Zelle beim Unterfliegen eines Flugzeugs. Waffe ohne Rückstoß. 40 FW 190 A-8 umgebaut und von JG 10 eingesetzt (1944).

FW 190 A mit 2 x MK 108 „Schräge Musik", nach hinten oben starr eingebaut. Ein Flugzeug umgebaut, Erprobung durch E´Stelle 1944.

FW 190 A mit 2 x X4 „Rohrstahl" (DVL 344) Jagdrakete mit Drahtsteuerung. Ein Flugzeug umgebaut und durch E´Stelle 1944 erprobt.

SCHLACHTFLIEGER:

FW 190 F-8 mit 1 x SG 116 „Zellendusche". Gleicher Waffensatz wie bei A-8-Umbau (s. oben), aber nach unten feuernd. Ein Flugzeug umgebaut und im August 1944 beim Erprobungskommando Porchim als Panzerbekämpfungsflugzeug getestet. Versuche eingestellt.

FW 190 F-8 mit 10 x MG HF/15, Kaliber 15 mm, 7 Schuß pro Lauf. Anbau: je 5 Rohre unter Außenflügel. Nur im Versuch verwendet, zugunsten „Panzerschreck" eingestellt. HF/15-Planung 1944 gestrichen.

FW 190 F-8 mit „Panzerschreck", 4 x Panzerschreck-Drillingsrohre an Flügel-ETC 50, Geschoßkaliber 100 mm. Umbau durch Truppenwerften nach Änderungsanweisung ab September 1944. Einsatz nur kurzzeitig in geringer Stückzahl, da schlechte ballistische Leistungen.

FW 190 F-8 mit 4 x PD 8,8 cm, wahlweise je Einheit Zwillings- oder Vierlingsrohrsätze pro Flügel-TETC 50. Kaliber 88 mm, Truppenerprobung nach Werftumbau ab September 1944 gegen gepanzerte Bodenziele, Vorläufer von „Panzerblitz".

FW 190 F-8 mit 4 x Werfer 28/32 cm unter Außenflügel, Anschluß statt ETC 50. Truppenversuch nach Umbau in Frontwerft ab September 1944.

FW 190 F-8 mit Flammenwerfer „Gero" an Rumpf-ETC. Kurze Truppenerprobung ab November 1944.

FW 190 F-8 mit 2 x SG 113 A „Förstersonde". Zwei Läufe pro Innenflügel, Kaliber 34 mm, rückstoßfrei, Auslösung durch das elektrostatische Feld eines Panzers beim Überfliegen. Ein Flugzeug umgebaut und im September / Oktober 1944 in Rechlin erprobt.

FW 190 F-9 „Panzerblitz 1", 2 x 7 Raketen (Außenflügel) an Leitschienen, Kaliber 73 mm. Umbau durch Truppenwerft nach Änderungsanweisung, Einsatz ab Oktober 1944. Einsätze wurden nach kurzer Zeit abgebrochen, da die Maschinen mit sehr niedriger Geschwindikeit anfliegen mußten (Fahrwerk ausgefahren) und durch Bodenabwehr stark gefährdet waren.

FW 190 F-9 „Panzerblitz 2", 2 x 12 R 4 M-Raketen (Außenflügel) an Holzrosten, Kaliber 55 mm. Umbau durch Truppenwerft nach Änderungsanweisung ab Oktober 1944. Einsatz gegen gepanzerte Bodenziele.

Die R 4 M erwies sich als die wirkungsvollste Rakete.

UMRÜST-BAUSÄTZE FÜR SERIENFLUGZEUGE FW 190 A, F UND G

U 1 Provisorische Bezeichnung für Umbau FW 190 A-8 zum Doppelsitzer mit Doppelsteuer, entfiel nach Einführung der Serie FW 190 S-8. S-5 entstand durch Umbau von vorhandenen FW 190 A-2 bis A-5 auf Truppenwerften.

U 1 Umrüstung von FW 190 F-8 für Jabo/Rei-Einsatz zum Ersatz der ausgefallenen Serie FW 190 G-8 durch Truppenwerften.

U 2 Umrüstung auf Nachtjagd „Wilde Sau", Flammendämpfer für Auspuffanlage.

U 2 Umrüstung von FW 190 F-8 für BT-Einsatz mit TSA IIA-Anlage und ETC 503 für 2 x 300-l-Abwurfbehälter von November 1944 bis März 1945.

U 3 Umrüstung von Tagjägern auf Jabo-Einsätze mit Rumpf-ETC und wahlweise zwei oder vier Flügel-ETC.

U 4 Umrüstung von Tagjägern FW 190 A-3 und A-5 für Gewaltaufklärung ab November 1942 / Januar 1943. Kamera-Ausrüstung nach Wahl 1 x RB 75/30, RB 50/30, RB 20/30 oder 2 x RB 12,5/7,5 x 9. Serienausführung FW 190 E-1 entfiel.

U 5 Umrüstung auf 2 x MG 131 auf Rumpfoberseite (anstatt MG 17).

U 8 Umrüstung von Tagjägern für Jabo/Rei-Einsatz mit Rumpf-ETC und zwei Flügel-ETC für 2 x 300-l-Abwurfbehälter und 1 x SC 250.

U 9 Umrüstung für Zerstörereinsatz mit 4 x MG 151, 2 x MG 131 und Restabdeckung für Fahrwerk, Musterflugzeug FW 190 A-5 / U 9 Werk-Nr. 812, 1943.

U 11 Umrüstung für Schlachtfliegereinsatz mit zusätzlich 2 x MK 103 unter Außenflügeln (Rüstsatz wurde Standard als R 3). Musterflugzeug FW 190 A-5 / U11 am 19. August

Werkbild: Lageplan der Funkgeräte in Fw 190 A-1 bis A-4

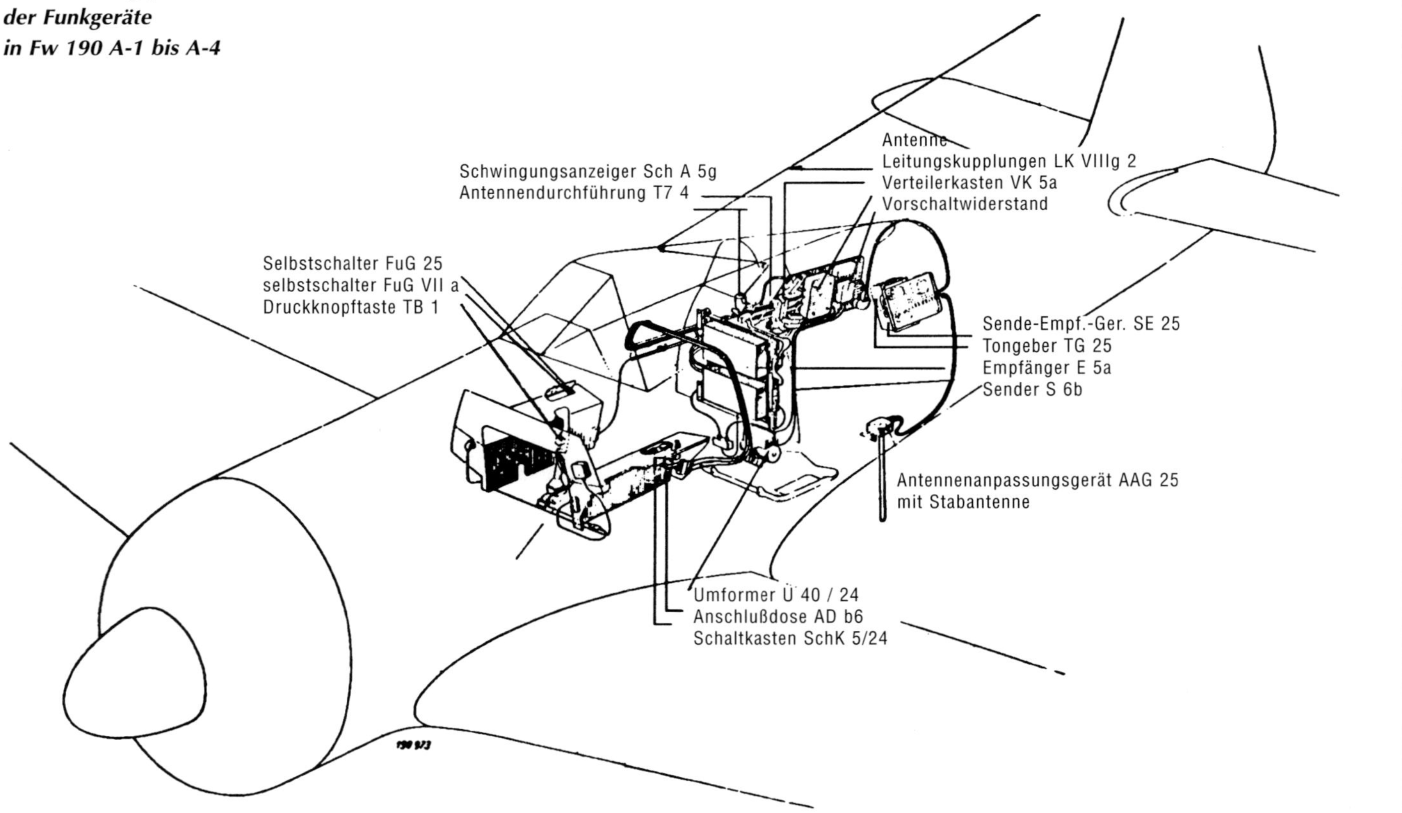

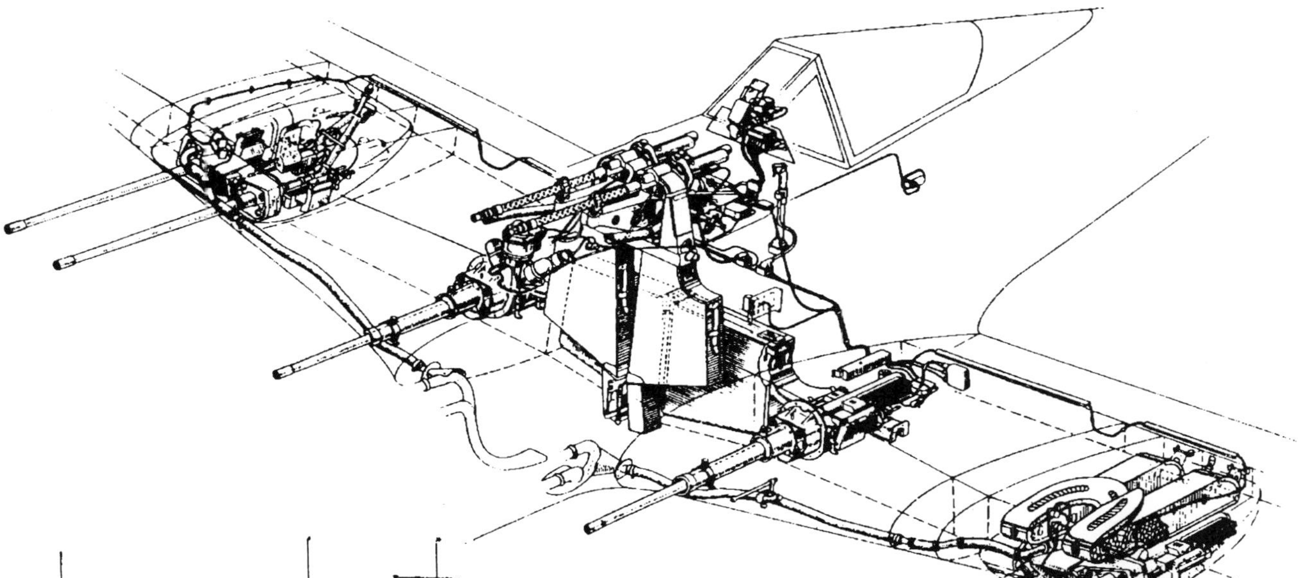

Werkszeichnung Waffeneinbau Fw 190 A-6/R1

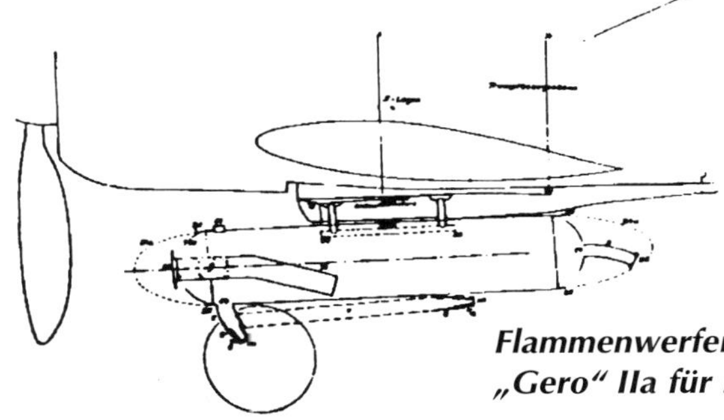

Flammenwerfereinbau „Gero“ IIa für Fw 190

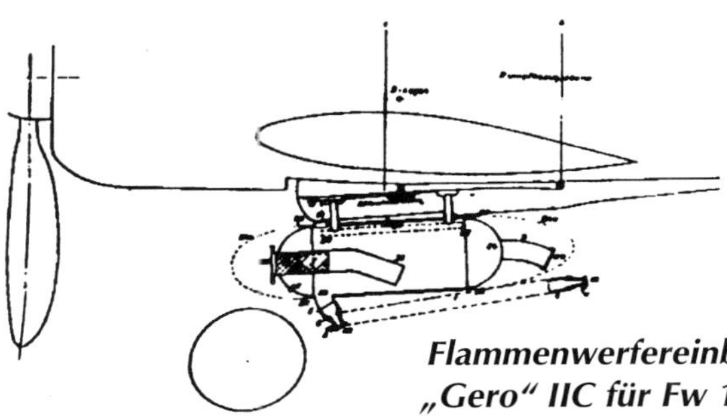

Flammenwerfereinbau „Gero“ IIC für Fw 190

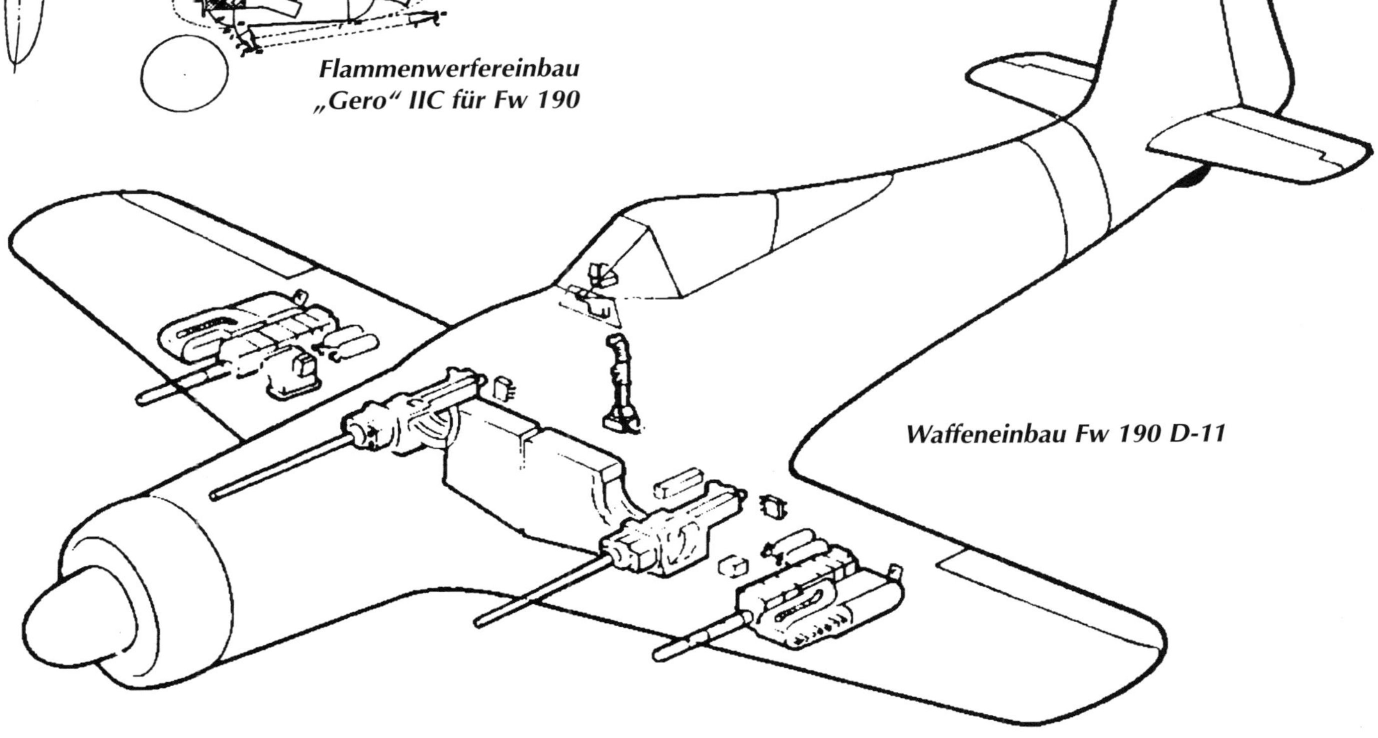

Waffeneinbau Fw 190 D-11

1943. Umrüstung für Zerstörereinsatz mit zusätzlich 4 x MG 151 in Flügelgondeln (Rüstsatz wurde Standard als R 1). Musterflugzeug FW 190 A-5 / U 12 Werk-Nr. 813.

U 12 Umrüstung von Tagjägern für Jabo / Rei-Einsatz wie U 8, aber mit verbesserten Flügel ETC (Bauart FW) für Bomben 0der Behälter, ab FW 190 A-4. Musterflugzeug FW 190 A-5 / U 13 Werk-Nr. 825.

U 13 Umrüstung von Tagjägern für Torpedoeinsatz. ETC 502 für Torpedo, erhöhter Sporn (Rücksatz wurde Standard als R 14). Musterflugzeug FW 190 A-5 / U 15, Werk-Nr. 871.

U 15 Umrüstung für Zerstörereinsatz mit 2 x MK 108 im Außenflügel (Rüstsatz wurde Standard als R 2).

U 16 Umrüstung von Tagjägern für Schlachtfliegereinsatz mit 2 x MG 151, 2 x MG 17 und 4 x SC 50. Musterflugzeug 190 A-5 / U 17 für FW 190 F-3 Serie.

RÜSTSÄTZE FÜR SERIENFLUGZEUGE FW 190 A, F UND G

R 1 4 x ETC 50 am Außenflügel, nur für FW 190 F-3 und F-8, Juni 1943.

R 1 4 x MG 151 in Flügelgondeln (=U 12), ab Herbst 1943 bei FW 190 A 6 / R 1.

R 2 2 x MK 108 in Außenflügeln (= U 16), ab Dezember 1943 bei FW 190 A-7 / R 2.

R 3 2 x MK 103 in Flügelgondeln (= U 11), ab Juli 1944 bei FW 190 A-8 / R 3.

R 5 je zwei geschützte Kraftstoffbehälter pro Flügel.

R 6 2 x WG 21 Wurfgranaten.

R 8 2 x MK 108 und 2 x MG 151 Flügelbew. für Sturmfliegereinsatz, Munition gepanzert. Ablösung für R 2 ab Ende 1944.

R 11 Ausrüstung für Schlechtwetterjagd mit Kurssteuerung PKS 12 und FuG 125 „Hermine“ (ab August 1944), eingesetzt ab FW 190 A-8.

R 13 Ausrüstung für Nacht-Schlachtfliegereinsatz mit Flammendämpfer und zwei ETC 503 für 2 x 300-l-Abwurfbehälter. Einsatz bei FW 190 F und G.

R 14 Rüstsatz für Torpedoeinsatz mit ETC 502, erhöhtem Sporn und reduzierter Bewaffnung. Serie ab Februar 1945.

R 15 Ausrüstung für BT 1400-Einsatz, ETC 502. Serie ab Februar 1945

R 16 Ausrüstung für BT 700-Einsatz (oder 2 x BT 400 Flügel), TETC 501 Rumpf oder Flügel. Serie ab Februar 1945.

RÜSTSÄTZE FÜR SERIE FW 190 D

R 5 vier geschützte Kraftstoffbehälter pro Flügel, für FW 190 D-12 und D-13 vorgesehen, nicht mehr in Serie gegangen (Mai 1945)

R 11 Jäger-Kurssteuerung LGW K 23, Heizscheiben, FuG 125 „Hermine“ für Schlechtwetterjagdeinsatz.

R 20 MW-Hochdruckanlage im Rumpf, ab FW 190 D-11 vorgesehen, aber nicht mehr in Serie gegangen.

R 21 MW-Hochdruckanlage im Rumpf, zusätzlich Kurssteuerung PKS 12 und FuG 125 „Hermine“. Ab 190 D-11 vorgesehen.

R 25 Zusatzbehälter mit 130 l im Rumpf, ab FW 190 D-12 vorgesehen.

RÜSTSÄTZE FÜR SERIE TA 152

R 1 Kamera-Schrägeinbau für Ta 152 E-1 und H-10. Umrüstung durch Truppenwerft vorgesehen.

R 11 Rüstsatz für Schlechtwetterjagd, wie bei FW 190 D.

R 21 wie bei FW 190 D

R 31 GM 1-Anlage mit Preßluftflaschen im Triebwerksraum plus 10,5 kg Trimmgewicht. 3 Musterflugzeuge Ta 152 h-1 im April 1945 ausgerüstet.

KURZZEICHEN-ERKLÄRUNG

ETC	Trägervorrichtung (Bombenschloß für Bomben oder Behälter)
BT	Bomben-Torpedo, Ziffer gibt Gewicht in kg an
TSA	Tiefsturzanlage
MW 50	Methanol-Wasser, Einspritzung zur Triebwerks-Leistungssteigerung
GM 1	Glykol-Methanol, Höhenzusatzmittel, Anwendung wie bei MW 50
Jabo / Rei	Jagdbomber mit erhöhter Reichweite

Ausführliche Dokumentationen

William Green: Fighters, Vol. 1. Macdonald, London 1991

Heinz Nowarra: Focke-Wulf Fw 190 / Ta 152. Motorbuch Verlag, Stuttgart 1993. ISBN 3-61301164-6

Kyrill von Gersdorff u. Kurt Grasmann: Flugmotoren und Strahltriebwerke. Bernard & Graefe Verlag, Koblenz 1985. ISBN 3-7637-5283-8

Harald Vogt: Schlachtfeld Luftfahrzeug. Bodenorganisation und Arbeitsfeld der Luftfahrzeug-Techniker im zweiten Weltkrieg. Flugzeug Publikations GmbH. Illertissen 1994. ISBN 3-927132-21-7

Jagdfliegerei

Adolf Galland: Die Ersten und die Letzten. Jagdflieger im 2. Weltkrieg. Franz Schneekluth Verlag, München, 18.-19. Auflage 1993

Ernst Heinkel: Stürmisches Leben. Mundus Verlag, Stuttgart 1953

Vizeluftmarschall J. E. Johnson: Jagd am Himmel. List Verlag, München 1966

Dieter Kühn: Luftkrieg als Abenteuer. Carl Hanser Verlag, München/Wien 1975

Kenneth Munson: Die Weltkrieg II-Flugzeuge. Motorbuch Verlag, Stuttgart, 4. Auflage 1983

Alfred Price: Luftschlacht über Deutschland. Motorbuch Verlag, Stuttgart, 4. Auflage 1983

Eduard H. Sims: Jagdflieger. Motorbuch Verlag, Stuttgart, 3. Auflage 1969

Mike Spick: Taktik und Technik im Luftkampf. Tagjagd 1914 bis heute. Motorbuch Verlag, Stuttgart 1984

Messerschmitt Bf 109

DREHEN,
DANN DRÜCKEN!

Seite 85: Eine Messerschmitt Bf109G-10 bei der Landung auf der Grasbahn des Flugplatzes des Imperial War Museum in Duxford bei Cambridge (England).

Vorhergehende Seite: *Links oben auf den Foto ist eine gefütterte Fliegerjacke der Luftwaffe zu sehen, wie sie von den in großen Höhen operierenden Piloten getragen wurde. Im Inneren der Jacke befindet sich eine „Fliegerbluse" aus den Tagen der Luftschlacht um England. Oben rechts eine Standard-Schwimmweste, befestigt an einem Rückenfallschirm-Gurtzeug mit gepacktem Rettungsfallschirm. Links unten ein Paar Fliegerstiefel, ebenfalls aus der Zeit der Luftschlacht um England. Rechts daneben eine leichte Fliegerkombi. In der Bildmitte ein Pilotenhelm aus Leder und eine für Nachteinsätze vorgesehene und daher nicht getönte Fliegerbrille. Auf den Handschuhen liegen die Abzeichen eines Jagdfliegers. Die blauen Steine an den Ringen oben lassen erkennen, daß der Träger zu den Veteranen des Rußlandfeldzuges gehört. Der Ring mit der goldenen Verzierung gehört einem hohen Offizier.*

Oben: *Die „Schwarze Sechs", eine Bf109G-2, 1942 erbeutet und 1991 von RAF-Technikern restauriert. Sie ist die einzige von der Luftwaffe eingesetzte Maschine, die noch heute flugfähig ist.*

Die Bf109G-10 bei einem tiefen Überflug

VORWORT

Wer die Messerschmitt Bf109 zum ersten Mal sieht, wundert sich erst einmal, wie klein diese Maschine ist. Das soll das legendäre Jagdflugzeug sein, das einst ein so gefürchteter Gegner der Alliierten war? Nun, im Vergleich zur Spitfire, zur P-51 Mustang und natürlich zur P-47 Thunderbolt wirkt die Bf109 in der Tat unscheinbar. Doch während meiner Arbeit an diesem Buch, als ich mehr und mehr Informationen zu diesem berühmten Fighter zusammentrug, wuchs mein Verständnis für die genialen Konstruktionsdetails, die dieses Flugzeug zu einem so vielseitigen Waffensystem machten, aber auch dafür, daß sein Erfolg untrennbar mit dem fliegerischen Können seiner Piloten verknüpft war. Das „fliegende Leitwerk" und die Klappenüberlagerung sind nur zwei der Innovationen, zu denen die Entwicklung der Bf109 führte.

Meine erste Begegnung mit diesem Flugzeug hatte ich während der Arbeiten zu meinem Lancaster-Buch, das ebenfalls in der Reihe „Living History" erschienen ist. Damals bafend sich die für dieses Buch fotografierte Bf109G-10 noch in der Restaurierung in Duxford - ein Spezialist aus Deutschland war gerade damit beschäftigt, den riesigen Daimler-Benz-Motor wieder einzubauen. Dieser Motor war ausgebaut und grundüberholt worden, nachdem es eine Reihe von Triebwerksproblemen gegeben hatten, in deren Folge schließlich Mark Hanna die Maschine im Gleitflug landen mußte, weil der Motor unmittelbar nach dem Start wegen eines Kolbenfressers komplett ausgefallen war. Es ist kaum zu glauben, daß sich ein 2000-PS-Triebwerk tatsächlich in einem so kleinen Flugzeug unterbringen läßt.

Einer der Mechaniker, die damals an der Maschine gearbeitet hatten, erzählte mir während meiner Arbeiten an dem nun vorliegenden Buch, daß nach der Grundüberholung des Motors alle Probleme behoben waren. Wie sich herausgestellt hatte, waren diese Probleme noch ein Überbleibsel aus dem Zweiten Weltkrieg gewesen. Als das Flugzeug zur Restaurierung zerlegt wurde, fanden die Mechaniker nämich noch einige Bohrer, die im Motor zurückgelassen worden waren, und stießen außerdem auf allerlei andere Anzeichen für nicht gerade gewissenhaft ausgeübte Handwerkskunst. Ein Grund dafür könnte die Tatsache sein, daß der Motor von Zwangsarbeitern gebaut worden und vielleicht Ziel eines Sabotageakts gewesen war.

Die vielen feinen und weniger feinen Unterschiede der Flugzeugkonstruktionen aus dem Zweiten Weltkrieg sind es, die die Arbeit an Büchern wie diesem so interessant machen. So sind beispielsweise immer wieder unverkennbare Merkmale für die Art und Weise feststellbar, in der in den einzelnen Ländern Flugzeuge gebaut wurden: Amerikanische Maschinen waren groß und funktionell, hatten bullige Motoren, jede Menge Feuerkraft und einen wirksamen Schutz für ihre Besatzungen. Die britischen dagegen wirkten kurvenbetont, ja fast grazil, hatten viele - dafür allerdings kleinkalibrige - Bordkanonen und besaßen Motoren, deren Sound geradezu Musik in den Ohren eines jeden Kenners war. Und die deutschen Flugzeugen? Hier stand fraglos die Funktionalität an erster Stelle, und selbstverständlich mußte alles in überragender Qualität gefertigt sein - die wuchtigen Motoren ebenso wie die großkalibrigen Bordwaffen. An so etwas wie Komfort für die Besatzungen dagegen hat wohl kaum jemand einen Gedanken verschwendet.

Ich jedenfalls freue mich schon auf den nächsten Band.

Dan Patterson
Dayton, Ohio
Mai 1997

MESSERSCHMITT BF109

In Beschreibungen der Messerschmitt Bf109 taucht das Attribut „schön" nur selten auf. Kein Wunder, denn im Gegensatz zur entsprechenden gegnerischen Maschine im Zweiten Weltkrieg, der Spitfire, fiel die Bf109 nicht gerade durch eine sonderlich gefällige aerodynamische Linienführung auf. Daher wurde diese Konstruktion von Willy Messerschmitt in der Regel eher als gefährlich oder bedrohlich aussehend charakterisiert, und für den Weltkrieg-2-Testpiloten Eric Brown hatte die Bf109 sogar etwas „Unheimliches". Doch welche Eindrücke die Bf109 auch immer bei ihren Betrachtern hinterlassen haben mag - dieses Muster hat seinen festen Platz in der Luftfahrtgeschichte als eines der außergewöhnlichsten Militärflugzeuge, die jemals hergestellt wurden. Sie kam in unterschiedlichen Versionen sowohl im Spanischen Bürgerkrieg als auch an allen Fronten der Kriegsschauplätze in Europa und im Mittelmeerraum zu Einsatz und errang dabei mehr Luftsiege als jedes andere Kampfflugzeug. So blieb die Bf109, von der nicht weniger als 33.000 Exemplare gebaut wurden, bis zum Ende ihrer fliegerischen Laufbahn ein Faktor, den es bei jeder militärstrategischen Überlegung zu berücksichtigen galt.

Doch der bemerkenswerte Erfolg der Bf109 stand zunächst auf tönernen Füßen, was schon damit anfing, daß Erhard Milch, der unter Hitler zum Reichsluftfahrtminister aufstieg, einen abgrundtiefen Haß gegen Willy Messerschmitt hegte. Im Jahre 1927 waren die Bayerischen Flugzeugwerke (BFW) durch den Zusammenschluß der ursprünglichen BFW mit Messerschmitts eigener Firma entstanden. In der neuen Organisation war Messerschmitt für die Bereiche Konstruktion und Entwicklung zuständig, während die alten BFW-Werksanlagen weiterhin zu Produktionszwecken genutzt wurden. 1929 führte eine Reihe von Zwistigkeiten zwischen Messerschmitt und Milch (damals Lufthansa-Beschaffungschef) über die Aufhebung eines Lufthansa-Vertrags dazu, daß die BFW kurz vor dem Bankrott standen. Die Bitterkeit, die beide Männer nach diesem Vorgang füreinander empfanden, ebbte nie mehr ab, und bei der BFW-Reorganisation sorgte Milch - nunmehr Reichsminister - höchstpersönlich dafür, daß das neue Unternehmen Zweithersteller für Konstruktionen von anderen Firmen sein sollte. In seiner Verzweiflung bemühte sich Messerschmitt um Aufträge aus dem Ausland und wurde, als er mit rumänischen Interessenten in Vertragsverhandlungen stand, von Milch mit der Begründung denunziert, er handele mit seinem Verhalten gegen deutsche Interessen. Zu diesem Zeitpunkt jedoch war Deutschland auf dem besten Wege, zu einer Weltmacht in der Militärluftfahrt zu werden, so daß man es sich nicht leisten konnte, die BFW-Produktionsstätten oder ihren Chefkonstrukteur zu verlieren. Schließlich sicherte ein von Hermann Göring an der richtigen Stelle eingelegtes gutes Wort den Bayerischen Flugzeugwerken das Überleben.

1934 produzierten die BFW das exzellente Leichtflugzeug Bf108 „Taifun", einen nach modernsten technologischen Erkenntnissen konstruierten Eindecker, der mit einem Einholm-Tragflügel ausgestattet war und über aerodynamisch ausgeklügelte Landeklappen und Querruder sowie Vorflügel verfügte. Die mit der Bf108 gesammelten Erfahrungen schufen die Grundlage für den späteren Erfolg des Unternehmens.

Noch im selben Jahr legte das Reichsluftfahrtministerium den Flugzeugherstellern Heinkel, Focke-Wulf und Arado Spezifikationen für die Konstruktion eines neuen Kampfflugzeuges vor. Die Bayerischen Flugzeugwerke wurden zunächst völlig ignoriert, doch lobende Stellungnahmen verschiedener mit der Bf108 vertrauter Luftwaffenoffiziere, verbunden mit dem hilfreichen Einfluß von Göring, führten schließlich dazu, daß Messerschmitt den Vertrag zur Entwicklung eines Kampfflugzeugs erhielt. Ein Auftrag zur Serienproduktion, so ließ Milch durchblicken, werde sich aber wohl kaum anschließen. Angesichts dieser offenen Ablehnungshaltung stellte sich Messerschmitt der Herausforderung, ein Flugzeug herzustellen, das seinen Mitbewerbern so weit überlegen war, daß es trotz der Abneigung von Milch von der Luftwaffe akzeptiert werden mußte.

In die Konzeption für die Bf109 bezog Messerschmitt die erfolgreichsten Elemente der Bf108 ein und optimierte die neue Maschine dahingehend, daß sie eine möglichst leichte und kleine Zelle erhielt und zugleich mit dem stärksten damals verfügbaren Motor ausgerüstet wurde. Zur Motorisierung des Prototypen kam nur der 695 PS starke Rolls-Royce Kestrel in Betracht, da sich geeignete Motoren von Junkers und Daimler-Benz noch in der Entwicklungsphase befanden. (Dies brachte ironischerwesie die Konstrukteure von Rolls-Royce, die zu diesem Zeitpunkt bereits für die britischen Flugzeughersteller Hawker und Supermarine arbeiteten, in die Situation, daß sie die Arbeiten an einem Flugzeug unterstützten, das nur wenige Jahre später zum erbittertsten Gegner der eigenen Luftstreitkräfte werden sollte.) Die Flugerprobung der ersten Bf109A (V1) begann in Augsburg im Mai 1935 und wurde vom BFW-Testpiloten „Bubi" Knötsch durchgeführt. Nach dem erfolgreichen Abschluß dieser Phase wurde die V1 zum Testzentrum der Luftwaffe in Rechlin überführt, wo sie von den Testpiloten der Luftwaffe zunächst höchst argwöhnisch betrachtet wurde. Der Zusatz „V" stand übrigens für „Versuchsflugzeug".

Daß die Bf109A zunächst wenig Eindruck machte, ist nicht verwunderlich. Denn die Kampfpiloten, die in den frühen 30er Jahren ausgebildet worden waren, waren noch allzusehr mit den offenen Cockpits, dem geringen Lastvielfachen und den gutmütigen Eigenschaften der wendigen Doppeldecker vertraut, die damals als Schulmaschinen dienten. Diese Piloten empfanden die einengende Kabinenhaube und die geringe Flügelfläche der Bf109A eher als Nachteil. Hinzu kam, daß der enorme Anstellwinkel, den der Rumpf beim Rollen hatte, wegen des relativ großen Motors keinen Blick direkt nach vorn zuließ. Auch das Fahrwerk fand zunächst wenig Zustimmung, hatte es doch eine erschreckend schmale Spurweite. Die Befürchtungen der Piloten schienen sich zu bestätigen, als ein Hauptfahrwerksbein der Bf109A bei der Landung in Rechlin einknickte. Zu Messerschmitts Glück erwies sich der Schaden jedoch als leicht reparierbar, so daß die Maschine schon bald wieder für weitere Erprobungsflüge zur Verfügung stand.

Während der Flugerprobung in Rechlin entwickelte sich die Heinkel 112 bald zum Favoriten, während die Prototypen von Arado und Focke-Wulf wegen ihrer enttäuschenden Flugleistungen schnell aus dem Rennen geschlagen waren. Die Heinkel hatte ein offenes Cockpit und - obwohl es sich um einen Eindecker handelte - einen Tragflügel, der im Vergleich zu dem der Bf109 geradezu großzügig bemessen war. Für die Heinkel sprach auch, daß der Rumpf beim Rollen keinen so großen Anstellwinkel hatte wie bei der Bf109 und die Spurweite deutlich vertrauenerweckender wirkte. Die Bf109 brachte einige ihrer Kritiker zum Verstummen, als sie im Horizontalflug die Geschwindigkeit der Heinkel um gut 30 km/h übertraf und sich sowohl im Sturz- als auch im Steigflug als eindeutig überlegen erwies. Dennoch sprachen sich nach Abschluß der ersten Erprobungsflüge viele für die He 112 als das erste Eindecker-Kampfflugzeug der Reichsluftwaffe aus. Das gefeierte Kampfflieger-As der Luftwaffe, Adolf Galland, formulierte es so: „Die Piloten konnten oder wollten einfach nicht zur Kenntnis nehmen, daß bei modernen Kampfflugzeugen (Ende der 30er Jahre) die enge Kurve als eine Form des Luftkampfes die Ausnahme darstellte, und daß es sehr wohl möglich war, aus einem geschlossenen Cockpit zu sehen, zu feuern und zu kämpfen."

Ohne sich davon beeindrucken zu lassen, daß sie im Konkurrenzkampf unterlegen waren, trieben Messerschmitt und sein Team den Bau des zweiten und des dritten Prototypen der Bf109 (V2 und V3) voran, die nunmehr beide von dem 610 PS starken Junkers-Flugmotor Jumo 210A angetrieben wurden. Durch die inverse „V"-Montage dieses Motors konnten die noch beim V1-Prototypen vorhandenen störenden Kühllufteinlässe vermieden werden, und die neue Stromlininenform der Maschine wurde lediglich durch Aussparungen unterbrochen, in denen (bei der V3) die Läufe der beiden eingebauten Maschinengewehre zu sehen waren. Die Leistungen aller dieser drei frühen Prototypen war fast identisch: Höchstgeschwindigkeit 470 km/h in 4000 m, Dienstgipfelhöhe knapp 8300 m. Im Verlauf der weiteren Eignungsprüfung der beiden Rivalen im Jahr 1936 in Rechlin und Travemünde begannen die durchweg überlegenen Flugleistungen der Bf109, die Ansichten der meisten Experten und selbst die der loyalsten Heinkel-Befürworter zu beeinflussen. Die endgültige Entscheidung fiel nach einem abschließenden Testflug in Travemünde im Herbst 1936. Der Messerschmitt-Testpilot Hermann Wurster präsentierte eine höchst beeindruckende Flugvorführung, zu der neben sehr eng (innerhalb der Platzgrenzen) geflogenen Kurven, Rollen und Seitengleitflügen in niedriger Höhe auch ausgiebiges Trudeln in beiden Richtungen und Sturzflüge mit Höchstgeschwindigkeit und hohen G-Belastungen beim Abfangen gehörten. Keine der Flugleistungen der Bf109A wurde von der He 112 erreicht, und der zuständige Ausschuß des Reichsluftfahrtministeriums sprach die Empfehlung aus, Messerschmitts Flugzeug für die Luftwaffe zu beschaffen. An die BFW erging ein Auftrag über 10 Vorserienmaschinen - der krasse Außenseiter hatte allen anfänglichen Widrigkeiten getrotzt und sozusagen „das Feld von hinten aufgerollt".

BF109 B („BERTA")

Die Vorserienmaschinen erhielten die Typenbezeichnung Bf109B-0 und ebenso wie ihre Vorgänger den Code „V", so daß die erste die genaue Bezeichnung Bf109B-01 V4 trug. Dieses Flugzeug ähnelte noch sehr stark seinem unmittelbaren Vorgänger; nur eine zusätzliche Bohrung im Spinner verriet, daß die neue Version über eine weitere Bordkanone verfügte, mit der der Pilot durch die Propellernabe hindurch feuern konnte. Diese Bordkanone wurde bei den meisten Bf109 aus der späteren Serienproduktion unverändert beibehalten.

Die zehn Bf109B-0 wurden zum weitaus überwiegenden Teil für die allgemeine Entwicklungsarbeit eingesetzt, einige dienten jedoch auch als Prototypen für die Konstruktion spezieller Versionen aus der Serienfertigung. An ihnen wurden die zahllosen Modifikationen getestet, die an den meisten neuen Flugzeugen vorgenommen werden. Gleichzeitig wurden sie auch mit immer stärkeren Motoren ausgerüstet und erhielten ständig verbesserte Propeller, deren Wirkungsgrad deutlich größer war als bei den ursprünglich eingebauten starren Holzluftschrauben. Spätere Maschinen (von der Version V10 an) flogen mit Motoren der Serie Daimler-Benz DB 600, die eine Startleistung von 960 PS hatten und einen Dreiblatt-Verstellpropeller aus Metall antrieben, der von der US-Firma VDM-Hamilton zugekauft wurde. In dieser Konfiguration kamen die wahren Fähigkeiten der Zelle erst richtig zum Tragen - die Bf109 erreichte damit Horizontalfluggeschwindigkeiten von über 580 km/h und Dienstgipfelhöhen von mehr als 9100 m.

SPANIEN

Im Laufe des Jahres 1936 machte das reguläre Entwicklungsprogramm für die Bf109 gute Fortschritte, doch gegen Ende dieses Jahres ergab sich eine Gelegenheit, das neue Kampfflugzeug unter höchst realen Bedingungen zu testen. Kurz nach Ausbruch des Spanischen Bürgerkrieges erteilte Hitler seiner Luftwaffe den Befehl, die Ziele des nationalistischen Generals Franco zu

unterstützen. Nun trafen Einheiten der Luftwaffe (die ab Ende 1936 in Spanien unter dem Namen „Legion Condor“ operierten) auf republikanische Staffeln, die sowjetische Maschinen flogen, wobei sie zu ihrer Bestürzung feststellen mußten, daß die deutschen Piloten im Luftkampf regelmäßig unterlegen waren. Deren Maschinen vom Typ Heinkel 51 waren einfach machtlos gegen die Polikarpov I-15 bzw. I-16 ihrer Gegner. Hitler zog die Konsequenz aus diesem Ungleichgewicht im Kampf um die Luftüberlegenheit und entsandte die drei Vorserienmaschinen V3, V4 und V5 der Bf109 nach Spanien, wo sie unter realen Einsatzbedingungen getestet werden sollten. Der Pilot, der für diese Kampferprobung ausgewählt

wurde, war Leutnant Hannes Trautloft, der später ein gefeierter Kampfpilot des Zweiten Weltkriegs wurde. Im Dezember 1936 wurden die Testmaschinen nach Sevilla überführt, und Trautloft schrieb: „Die neue Bf109 sieht einfach fabelhaft aus. Neben dieser Maschine wirkt die alte He 51 wie eine alte Jungfer... „. Kurz vor Weihnachten jedoch mußte selbst Trautloft zugeben, daß das Einfliegen des neuen Kampfflugzeugs mit Problemen verbunden war: „Ich bin nun seit fast zwei Wochen in Sevilla und muß feststellen, daß die Bf109 immer wieder unklar ist, weil sie eine Kinderkrankheit nach der anderen durchmacht. Erst funktioniert das Spornrad nicht, dann die Wasserpumpe, dann der Vergaser und schließlich die Fahrwerksverriegelung.“ Wenn Trautloft es allerdings geschafft hatte, in die Luft zu kommen, sprach aus seinen Berichten der reine Enthusiasmus für Messerschmitts Konstruktion. „Ihre Flugeigenschaften sind phantastisch“, erklärte er und fügte bei einer anderen Gelegenheit hinzu: „Die 109 zu fliegen, ist ein reines Vergnügen.“ Als am 14. Januar 1937 schließlich alle Probleme gelöst zu sein schienen, überführte Trautloft die V4 an die Einheit in Madrid, die die Kampferprobung aufnehmen sollte.

Im Februar machten sich alle Prototypen wieder auf den Weg zurück nach Deutschland. Eine Reihe von Kampfeinsätzen hatte zwar keine spektakulären Erfolge ergeben, aber wertvolle Erfahrungen im Feld geliefert, die die Indienststellung der Serienmaschinen spürbar erleichterten. Die ersten Bf109 der Serie B-1 verließen noch im Februar 1937 das Werk in Augsburg und wurden an die Gruppe II des Elite-Jagdgeschwaders JG 132 „Richthofen“ übergeben. Zum gleichen Zeitpunkt wurde das Hilfeersuchen von Generalmajor Hugo Sperrle, dem Kommandanten der Legion Condor, immer dringlicher, so daß man sich entschied, Bf109-Kampfflugzeuge so schnell wie möglich nach Spanien zu schicken. Nach einer kurzen Phase zum Vertrautmachen mit dem neuen Muster machten sich daher Angehörige der Gruppe II des JG 132 auf den Weg nach Sevilla, wo sie sich der 2. Staffel der Jagdgruppe 88 anschlossen, die unter dem Kommando von Günther „Franzl“ Lützow stand. (Adolf Galland spricht von Lützow als „...dem überragenden Führer der Luftwaffe“. Lützow erzielte fünf Luftsiege in Spanien und insgesamt 108 Abschüsse, bevor er selbst als Pilot einer Messerschmitt 262 im April 1945 abgeschossen wurde.)

Die für die 2./J88 vorgesehenen Flugzeuge wurden zerlegt nach Spanien transportiert und dort im März 1937 wieder zusammengebaut. Anfangs standen die Piloten ihren neuen Maschinen noch mit einer Art nervösem Enthusiasmus gegenüber, denn die Bf109B-1 hatte wenig mit ihren eher grobschlächtig wirkenden He 51 gemeinsam. Die Messerschmitt hatte eine ausgeprägte Schwingneigung beim Start und tendierte dazu, die linke Tragfläche zu senken, wenn sie allzu forsch rotiert wurde. Ganz allgemein reagierte diese Maschine ausgesprochen intolerant, wenn sie - in welcher Flugphase auch immer - nicht mit dem nötigen Fingerspitzengefühl geflogen wurde. Jede ruckartige Bewegung des Steuerknüppels bei höherer Geschwindigkeit wurde umgehend mit heftigem Schütteln im Querruder oder mit einem plötzlichen Strömungsabriß bei einem Abfangmannöver mit mehreren Lastvielfachen quittiert. Selbst der erfahrene Lützow war dagegen nicht gefeit. In einem seiner Berichte heißt es: „Ich griff aus der Sonne an und zog anschließend hoch, aber wohl etwas zu heftig. Sofort wurde die Maschine weich in den Rudern und verlor an Fahrt.“ Der erste Amerikaner, der die Bf109 flog, war L. Williams, Gewinner der Schneider Trophy, der 1938 bemerkte, daß diese Maschine eine gefühlvolle Hand erforderte: „Dieses Flugzeug reagiert so feinfühlig, daß man es mit der Sensibilität eines Pianisten fliegen muß.“ Und weiter schrieb er: „Ich bin mir sicher, daß sich jeder ungeschickte Pilot, der die Steuerorgane der Bf109 einmal auf brutale Weise bedient hat, bald für sich selbst schämen wird.“ In Spanien nahm die Vertrautheit mit den Eigenarten der Bf109 stetig zu, was bei den Piloten die Überzeugung wachsen ließ, einen Fighter zu fliegen, der allen seinen möglichen Gegnern haushoch überlegen war. Diese Überzeugung wurde noch gefestigt, nachdem im Sommer 1937 die Bf109 B-2 eingetroffen war, die im Gegensatz zur B-1 nicht mehr mit einem starren Holzpropeller, sondern mit einem Metall-Verstellpropeller ausgestattet war.

Erst im Juli 1937, während des Gegenschlags gegen die Offensive der Republikaner in Brunete westlich von Madrid, kam für die Bf109 der Ernstfall. Während und nach dieser Operation waren die Bf109-Einheiten vollauf mit der Erfüllung ihres primären Auftrages - nämlich der Erhaltung der Luftüberlegenheit - beschäftigt, zunehmend aber auch mit Jagdschutzeinsätzen für Bomber sowie mit Angriffen auf Bodenziele und mit Flächenangriffen. Lützow beschrieb sehr bildhaft den Kampf um die Luftüberlegenheit: „Meistens hatte es meine kleine Formation mit Rata- und Curtiss-Maschinen zu tun - wir 7 gegen 40! Da blieb einfach keine Zeit, um sorgfältig zu zielen. Es hieß nur: Kampfkurve, Angriff, roten Zielkreis anvisieren, Abzüge drücken, Maschine wegziehen, etwas Höhe gewinnen und gleich den nächsten Gegner aufs Korn nehmen, der dir vor die Bordkanone kommt - nein, halt, diesmal sind zu viele hinter mir - erstmal im Sturzflug nach unten, Abstand gewinnen, Luft holen.“ [Zu dieser Zeit glaubten viele Militärexperten, daß es sich bei den sowjetischen Flugzeugen in Spanien in Wirklichkeit um US-Konstruktionen handelte. Daher bezeichnete die nationalistische Seite die I-15 „Chato“ (= Stupsnase) häufig als Curtiss und die I-16 „Mosca“ (= Fliege) oder „Rata“ (= Ratte) als Boeing.]

Die Luftschlacht von Brunete war in der Geschichte der Luftkriegsführung von besonderer Bedeutung, denn hier trafen schnelle Eindecker erstmals im Ernstfall aufeinander - die Bf109 auf der einen und die Republican I-16 auf der anderen Seite. Unterhalb von 3000 Metern konnte es die I-16 nicht mit den Sturzflugleistungen der Messerschmitt aufnehmen, war aber dafür wendiger, erzielte eine höhere Steigrate und war im Horizontalflug genauso schnell wie die Bf109. Oberhalb dieser Höhe war die Bf109 im Vorteil, denn hier fiel die Leistung des M-25-Motors der I-16 (bei dem es sich um einen Lizenzbau des Wright-Cyclone R-1820 handelte) deutlich ab. Die deutschen Piloten fanden bald heraus, wie sie sich die in größeren Höhen überlegenen Flugleistungen ihrer Maschine zunutze machen konnten: Sie griffen konsequent aus großer Höhe an und diktierten auf diese Weise die Art der Feindberührung. Luftkämpfe, in denen es auf besonders enges Kurven ankam, wurden von vornherein vermieden; statt dessen griffen die Messerschmitt-Piloten im Sturzflug an, um anschließend möglichst schnell wieder zu verschwinden.

Noch gravierender war, daß sich durch die höheren Geschwindigkeiten der gegnerischen Kampfflugzeuge das Kampfgebiet vergrößerte, so daß sich Luftkämpfe nicht selten über Flächen von mehreren 100 Quadratkilometern erstreckten und keineswegs mehr örtlich begrenzte Kampfhandlungen darstellten, bei denen die Gegner - wie es noch im ersten Weltkrieg der Fall gewesen war - eher einem Mückenschwarm glichen. Dies wiederum veranlaßte die Luftwaffe, neue Taktiken auszuarbeiten. Die enge Formation von drei Flugzeugen, die sogenannte „Kette", erwies sich für die neuen Kampfflugzeuge als ungeeignet, so daß als Grundeinheit für den Kampfeinsatz die wesentlich loser organisierte „Rotte" definiert wurde. Eine Rotte bestand aus zwei Maschinen - dem sogenannten Rottenführer und seinem Flügelmann -, die mit einem Abstand von vielleicht 200 Metern in Formation flogen. Zwei Rotten bildeten einen „Schwarm", drei Schwärme eine Luftstaffel. Federführend bei der Entwicklung dieser taktischen Aufstellungen während der letzten Monate des Spanischen Bürgerkrieges war Werner Mölders, der die 3./J88 von Adolf Galland übernahm, als diese Einheit im Sommer 1938 auf die Bf109 umgerüstet wurde. Seine Bemühungen und seine späteren Berichte über die Erfolge dieser Taktiken, zu denen vor allem Verbesserungen hinsichtlich der Flexibilität und der gegenseitigen Unterstützung zählten, überzeugten die Luftwaffe, dieses System allgemein einzuführen. Damit hatte Mölders eine Grundformation für Kampfflugzeugen geschaffen, die letztlich als Standardbetriebsverfahren in allen Luftstreitkräften der Welt eingeführt wurde.

PROPAGANDA

Aus politischen Überlegungen heraus konnte der Erfolg der Bf109 in Spanien nicht für Propagandazwecke verwertet werden, so daß man sich im Hinblick auf Propaganda um Alternativen bemühte. Im Juli 1937 wurden fünf Exemplare der 109-Vorserie (drei davon - V7, V8 und V9 - mit einem Jumo-Motor, die beiden anderen - V13 und V14 - mit einem Daimler-Benz DB600A ausgerüstet) als Vertreter Deutschlands zum vierten internationalen Luftfahrttreffen in der Nähe von Zürich geschickt. Abgesehen von dem Motorausfall mit anschließendem Bruch, den Ernst Udet in der V14 erlitt, wurde die Veranstaltung für Messerschmitt zu einem Triumph. Sowohl in der Einzel- als auch in der Mannschaftswertung errangen die Bf109 Siege in der „Alpen-Rallye", und Carl Francke gewann den Steig- und Sturzflugwettbewerb mit der V13, indem er in nur 2 Minuten und 5,7 Sekunden auf 3000 Meter stieg und anschließend im Sturzflug wieder auf 300 Meter hinunterging. Mit diesem wohlberechneten Schachzug gelang es den Deutschen, internationale Anerkennung zu ernten und zugleich den Eindruck zu vermitteln, diese Weltklassemaschinen stünden bei der Reichsluftwaffe bereits im regulären Dienst. Im November 1937 wurden die in Zürich erflogenen Spitzenleistungen noch überboten, als die V13, hochglanzpoliert und mit einem leistungsoptimierten DB601 ausgestattet, mit genau 379,38 mph (610 km/h) einen neuen Weltrekord für Landflugzeuge aufstellte. (Angesichts der Erfolge von 1937 einigten sich die BFW-Direktoren 1938 darauf, ihr Unternehmen in Messerschmitt AG mit Willy Messerschmitt als Vorsitzendem und Geschäftsführer umzubenennen.) Ein gutes Jahr später horchte die Fachwelt erstaunt auf, als bekannt wurde, daß eine weitere Variante, die Me109 R, diesen Rekord auf 469,22 mph (754,9 km/h) nach oben geschraubt hatte.

Dies war sicherlich eine bemerkenswerte Leistung, zugleich aber auch Propaganda, denn dadurch wurde die Welt in ihrem Glauben bestärkt, daß ein Luftwaffen-Standardkampfflugzeug diesen Rekord erflogen hatte. Tatsache war jedoch, daß die Me 109 R keine Weiterentwicklung der Bf109 war, sondern eine speziell ausgerüstete Me 209, ein völlig neues Flugzeug also, daß von seinem Piloten, Fritz Wendel als „Monstrosität" und „bösartige kleine Bestie" beschrieben wurde.

„CLARA" UND „DORA"

Nach dem Luftfahrttreffen von Zürich konzentrierte sich die Entwicklungsarbeit auf die Produktion von Bf109-Varianten, die der „Berta"-Version folgen sollten. Diese Nachfolgetypen - Bf109C und Bf109D - wurden ab Frühjahr 1938 in einer Reihe unterschiedlicher Ausführungen produziert. Beide wurden von einem Jumo angetrieben und unterschieden sich im wesentlichen nur dadurch, daß die „Clara"-Version über ein Treibstoff-Einspritzsystem verfügte, während die „Dora"-Version wieder einen herkömmlichen Vergaser erhielt. Beide Versionen wurden mit unterschiedlichsten Waffensystemen bestückt; allen gemeinsam waren jedoch die in den Tragflächen

untergebrachten Bordkanonen sowie die Bordkanone in der Flugzeugnase. Einige Maschinen wurden auch mit 20-Millimeter-Bordkanonen ausgerüstet, die entweder in den Tragflächen montiert oder in der Flugzeugnase untergebracht waren und von dort durch die Propellernabe hindurch schießen konnten. Einige Exemplare wurden in die Schweiz und nach Ungarn exportiert, und 40 Maschinen (5 C- und 35 D-Versionen) gingen an die Legion Condor als Unterstützung für die 45 bereits an Spanien ausgelieferten Maschinen der B-Version.

In den letzten Tagen des Spanischen Bürgerkrieges verschärfte sich vorübergehend die Gegenwehr, der sich die Luftwaffe ausgesetzt sah, als weiterentwickelte Versionen der I-16 auftauchten, die schwerer bewaffnet waren und über spezielle, für größere Höhen optimierte Wright-Cyclone-Motoren verfügten. Zwar stieg die Zahl der Bf109, die im Luftkampf verloren gingen, aber die Übermacht des Messerschmitt-Kampfflugzeugs war zu keinem Zeitpunkt ernsthaft gefährdet, und die Nationalisten behielten bis zum Ende des Krieges eindeutig ihre Luftüberlegenheit. Mehrere Piloten der Luftwaf-

fe konnten ihrer fliegerischen Laufbahn so manches Ruhmesblatt hinzufügen, das ihnen später im Zweiten Weltkrieg zu hohem Ansehen verhelfen sollte. Bis zum Ende des Krieges in Spanien war Werner Mölders mit 14 Luftsiegen der erfolgreichste von ihnen. Von den anderen führenden Piloten brachten es Walter Ösau auf acht, Günther Lützow auf fünf und Wilhelm Balthasar auf sieben Luftsiege, wobei Balthasar allein in einem einzigen besonders schweren Luftkampf am 7. Februar 1937 innerhalb von nur 6 Minuten vier Abschüsse erzielte. Nach ihrer eigenen Statistik errangen die Piloten des Jagdgeschwaders 88 insgesamt 314 bestätigte Luftsiege und waren damit zu ausgesprochen Experten für den Einsatz schneller Eindecker in der Luftkriegsführung geworden.

DIE NÄCHSTE VERSION: „EMIL"

In den Jahren nach dem Erstflug der Bf109A sammelte die Luftwaffe wertvolle Erfahrungen mit der Serienfertigung von Messerschmitts Konstruktion und wurde zugleich stetig routinierter im Einsatz dieser Maschine. Es wurden nicht nur Kampftaktiken entwickelt, die sich die Stärken dieses Flugzeugs optimal zu Nutze machten, sondern man nahm unter Berücksichtigung der im Kampfeinsatz gesammelten Erfahrungen auch ständige Verbesserungen an der Konstruktion vor. Nach einigen Verzögerungen, die auf Probleme bei der Entwicklung des Daimler-Benz-Motors 601 zurückzuführen waren, konnte die Bf109E schließlich im Frühjahr 1939 zum Erstflug starten. Nun endlich war man bei der Luftwaffe überzeugt, daß Messerschmitts Kampfflugzeug ausgereift genug war, und beschaffte offiziell große Stückzahlen der „Emil"-Version, die damit als erste Version der Bf109 in die Massenproduktion ging. Die Flugzeugwerke in Leipzig, Kassel, Regensburg und Wiener Neustadt schraubten ihre Produktionsstückzahlen rasant nach oben und fertigten allein im Jahr 1939 über 1500 Exemplare der Bf109.

Nachdem nun die Anlaufschwierigkeiten mit dem DB 601-Motor weitgehend überwunden waren, wurden die Flugleistungen der Bf109 erheblich verbessert, und 1939 konnte man mit Recht behaupten, daß diese Maschine das damals beste Allzweck-Kampfflugzeug der Welt darstellte. Die Bf109E-1 hatte in 4800 Metern Höhe eine maximale Horizontalgeschwindigkeit von 570 km/h und stieg nach dem Abheben in nur sechseinhalb Minuten auf 6000 Meter. Zwar hatten unvermeidliche Gewichtssteigerungen die Handhabung der Maschine bei hohen Geschwindigkeiten leicht verschlechtert und auch den Kurvenradius etwas vergrößert, doch dies ließ sich leicht verkraften angesichts eines Motors, der 1175 PS Startleistung lieferte und es noch in 4000 Metern auf fast 1000 PS brachte. Der DB 601 war außerdem mit einem Kraftstoff-Einspritzsystem ausgestattet, so daß auch bei negativen G-Belastungen keine Leistung verlorenging - eine Eigenschaft, die von vielen Luftwaffenpiloten, besonders im Verlauf ihrer erbitterten Luftkämpfe über Großbritannien im Jahre 1940, hoch geschätzt wurde.

Einige Bf109E wurden nach Spanien geschickt, aber sie kamen zu spät, um den dortigen Konflikt noch nennenswert zu beeinflussen. Der Spanische Bürgerkrieg endete im März 1939, und 20 „Emils" wurden zusammen mit 27 Vorgängermodellen an die spanische Luftwaffe übergeben, als die Legion Condor wieder in die Heimat verlegt wurde. Im Sommer dieses Jahres wurden die Jagdgruppen in Deutschland in atemberaubendem Tempo auf die Bf109E umgerüstet, und als am 1. September 1939 deutsche Truppen die Grenze zu Polen überschritten, waren bereits 1056 der neuen Kampfflugzeuge bei der Reichsluftwaffe einsatzbereit. Die Ungewißheit über das Verhalten von Frankreich und Großbritannien führte jedoch dazu, daß die meisten Bf109-Einheiten vorerst in Deutschland verblieben, und erst bei Eröffnung der Westfront durch Hitler am 10. Mai 1940 wurde die volle Stärke der Luftwaffen-Kampffliegerverbände wirklich benötigt. Doch bevor all dies passierte, hatten die Alliierten noch einmal eine unwiederbringliche Chance, alles über die Bf109E zu erfahren.

Im Verlauf des sogenannten „Sitzkrieges", wie die Deutschen diese Phase des Zweiten Weltkrieges Ende 1939 / Anfang 1940 nannten, begingen zwei Luftwaffenpiloten unabhängig voneinander den Fehler, mit ihrer Bf109E in Frankreich zu landen. Mit diesen Maschinen wurden anschließend Testflüge durchgeführt, die bestätigten, daß die Messerschmitt zwar von der Hurricane und der Spitfire bei niedrigen Geschwindigkeiten und in geringen Höhen ausmanövriert werden konnte, aber ansonsten allen Kampfflugzeugen der Alliierten - mit Ausnahme der Spitfire 1, die bereits über einen Dreiblatt-Verstellpropeller verfügte - überlegen war. Mit dieser Ausstattung war die Spitfire geringfügig schneller und oberhalb von 6000 Metern sicherlich das überlegene Flugzeug. Gleichwohl war die Bf109E die stabilere Schützenplattform und entwickelte eine erheblich größere Durchschlagskraft, vor allem dann, wenn sie mit zwei 20-mm-Bordkanonen in den Tragflächen ausgestattet war, was bei allen Maschinen von der Version E-3 an der Fall war. (Zu diesem Zeitpunkt gab es Probleme mit der im Motorraum untergebrachten Bordkanone - Überhitzen, Ladehemmungen und übermäßiges Vibrieren -, die nicht zu beheben waren, so daß diese Kanone nicht eingebaut wurde.) Nach der einhelligen Meinung der alliierten Testpiloten, die die Bf109 fliegen konnten, war dieses Flugzeug eine beeindruckende Kampfmaschine, wenngleich sie für ihr Cockpit auch nicht gerade Bewunderung erntete. Eric Brown berichtete: „Das Cockpit war klein, eng und von einer klobigen Haube umschlossen, die schwierig zu öffnen war. Der Platz im Cockpit war so eng bemessen, daß jede Kopfbewegung selbst für einen Piloten von meiner eher kleinwüchsigen Statur ein Problem war."

Als deutsche Truppen durch Holland und Belgien marschierten, um anschließend mit ihrem Blitzkrieg Frankreich zu überrennen, errangen die Bf109 der Luftwaffe in kürzester Zeit die Luftüberlegenheit und verteidigten diese fortan beharrlich gegenüber den alliierten Luftstreitkräften. Doch die erbitterten Kampfeinsätze forderten einen hohen Preis: Allein im Mai und Juni verlor die

Luftwaffe über 1400 Maschinen, 257 davon Bf109. Zum ersten Mal trafen die Jagdgruppen jetzt auf gut ausgebildete Gegner, die moderne Maschinen flogen, so daß die deutschen Piloten keineswegs mehr davon ausgehen konnten, mit großer Wahrscheinlichkeit als Sieger aus den Luftkämpfen hervorzugehen. Ausgesprochen besorgt stimmte es die Bf109-Piloten, als sie feststellen mußten, wie verwundbar ihre Maschinen wegen ihrer fehlenden Panzerung war, und im Verlauf des Sommers wurden die Bf109E-3 mit einer Panzerung für den Pilotensitz sowie einer mit der Haube verbundenen und über dem Kopf des Piloten angeordneten Panzerplatte ausgerüstet.

LUFTSCHLACHT UM ENGLAND

Nachdem Frankreich von den Deutschen besetzt worden war, schien es nur noch eine Frage der Zeit zu sein, bis sich auch Großbritannien dem übermächtigen Gegner ergeben mußte. Während Winston Churchill seine Landsleute in Rundfunkansprachen zum Durchhalten aufforderte, zogen die Deutschen ihre Truppen entlang der französischen Ärmelkanalküste zusammen. Anfang Juli 1940, nach einigen Wochen Verschnaufpause, während derer die Luftwaffe ihre Verluste ausglich und ihre vorgeschobenen Stützpunkte in Frankreich mit Nachschub versorgte, ging die Luftschlacht um England in die erste Runde. Diese Schlacht tobte nun bis Oktober, als die Luftwaffe den Versuch unternahm, die Kommandozentrale der Royal Air Force zu zerstören und so die Luftüberlegenheit zu erreichen, die unabdingbare Voraussetzung für eine erfolgreiche Invasion in England war. Diese Schlacht war die erste (und mutmaßlich die einzige), die ausschließlich von gegnerischen Luftstreitkräften ausgetragen wurde. Ihr Ausgang hing in erheblichem Maße von den Fähigkeiten und Grenzen der Bf109-Verbände der Luftwaffe ab.

Zu den offenkundigeren Grenzen der Bf109 gehörte ihr geringer Aktionsradius. Selbst Kampfverbände, die von weit vorgeschobenen Stützpunkten in der Nähe von Calais aus operierten, konnten äußerstenfalls Ziele im Großraum London erreichen, ein Umstand, der den Luftwaffenpiloten während der gesamten Luftschlacht schwer zu schaffen machen sollte. Bald zeigte sich, daß Bombenangriffe am Tage nur innerhalb der Einsatzreichweite der Bf109 machbar waren, und das bedeutete, daß 90% des britischen Gebietes nur bei Nacht angegriffen werden konnten. Während der Nachtstunden war es jedoch unmöglich, die RAF zu Luftkämpfen zu provozieren oder exakte Schläge gegen ihre Stützpunkte zu führen, was die Handlungsfähigkeit der Luftwaffe von Anfang an einschränkte. Ein Versuch zur Lösung dieses Problems wurde mit der Bf109E-7 unternommen, die im August 1940 eintraf. Dieses Flugzeug war in der Lage, einen aus Sperrholz hergestellten Abwurftank mit einem Fassungsvermögen von 300 Litern mitzuführen, genug Treibstoff, um dem Luftkampf doch noch eine entscheidende Wendung geben zu können. Dieser Tank kam jedoch nicht zum Einsatz, da er leicht zu massiven Leckagen neigte und die Staffeln das Brandrisiko fürchteten.

Heinz Lange war 1940 einer der Piloten des Jagdgeschwaders 54. Er hatte viel Mitgefühl für die Bomberbesatzungen, für deren Schutz er verantwortlich war. „Sie mußten ihre Ziele immer wieder auf dem kürzesten und am leichtesten vorhersagbaren Weg anfliegen, was einzig und allein auf den geringen Einsatzradius der Bf109 zurückzuführen war", erinnert er sich. Den Jagdfliegern, so Lange, blieb gar nichts anderes übrig, als von den Bombern diesen hohen Preis zu verlangen und dennoch kam es keineswegs selten vor, daß einer von ihnen wegen Spritmangels notlanden mußte. Dieses bekannte Handicap war der Grund für die Standardantwort, die ein junger Flügelmann bekam, wenn er berichtete, daß seine Treibstoff-Warnanzeige aufleuchtete: „Halt sie doch einfach zu!" Überhaupt konnten neue Piloten, die sich zum ersten Mal der harten Realität des Luftkampfes ausgesetzt sahen, kaum damit rechnen, daß ihnen ihre kampferprobten Kameraden große Sympathie entgegenbrachten. So hörte beispielsweise Edu Neumann vom JG27, als er mit einem großen Loch in der Tragfläche versuchte, seinen Heimatflugplatz zu erreichen, wie ein junger Jagdflieger mit wehleidiger Stimme berichtete, daß er allein sei und sich nicht zu helfen wisse. Neumann antwortete nur: „Flieg' nach Osten, flieg' nach Osten!" Doch schon im nächsten Augenblick meldete sich einer seiner Kameraden mit deutlich zynischerer Stimme und dem Hinweis: „Wart's nur ab, in einer Minute ist eine Spitfire bei dir. Dann bist du nicht mehr allein." Heinz Lange erinnert sich an mehrere Fälle, in denen eine Bf109 einzig und allein wegen Treibstoffmangels in den Ärmelkanal stürzte. Auch er räumt ein, daß ein Zusatztank die Lage möglicherweise verändert hätte, fügt aber angesichts der Erinnerungen an den Luftkrieg mit einem ironischen Lächeln hinzu: „Vielleicht war es ganz gut, daß die Abwurftanks nicht mehr rechtzeitig eintrafen. Auf diese Weise brauchten wir uns jedenfalls nicht so lange über England aufzuhalten!"

Betrachtet man lediglich die Zahl der verfügbaren Flugzeuge, so waren die Erwartungen der Luftwaffe, die RAF noch 1940 zu schlagen, durchaus gerechtfertigt. Der Hauptangriff auf Großbritannien wurde am 13. August geflogen, dem vom Reichsmarschall Göring so bezeichneten „Adlertag". Zu diesem Zeitpunkt waren bei den Jagdfliegerstaffeln der RAF 620 Hurricanes und Spitfires einsatzbereit, um es mit 2550 Maschinen der Luftwaffe aufzunehmen, darunter fast 1000 mittelschwere Bomber, mehr als 250 Sturzkampfbomber, 224 zweimotorige Jagdflugzeuge vom Typ Bf110 und 805 Bf109.

Aus der Sicht der Deutschen entwickelte sich die Luftschlacht zunächst vorteilhaft. Die RAF-Jagdflieger mußten sich gezwungenermaßen auf die Bomber als ihre primären Ziele konzentrieren, so daß die Bf109 die Freiheit hatten, ihre taktische Überlegenheit im Kampfgebiet aufrechtzuerhalten und außerdem ihre beachtlichen Sturzflug- und Steigflugfähigkeiten voll für Angriffe auf ihre Gegner auszunutzen. Erfahrene Bf109-Piloten wie Gerhard Schöpfel, Kommandant der III/JG26, gehörte zu denen, die diese Taktik perfektionierten. „Am 18. August", so berichtet er, „machten wir unter uns eine Staffel Hurricanes aus. Sie befanden sich in der Nähe von Canterbury im Steigflug, wobei sie in einer weiten Spirale in der veralteten, engen Dreierformation flogen." Schöpfel entschloß sich, den Angriff selbst zu fliegen, indem er im Sturzflug aus der Sonne auf die gegnerischen Maschinen zuhielt und es seinen Staffelkameraden überließ, ihm von oben Deckung zu geben. „Zwei Hurricanes folgten dem Verband, ohne mich jedoch zu sehen", erinnert er sich. „Ich ging so nahe wie möglich heran und schoß beide kurz nacheinander ab. Dann griff ich die hinterste Maschine in der Hauptformation an - dritter Abschuß. Noch immer hatten die RAF-Pilo-

ten mich nicht bemerkt, so daß ich mich einer vierten Maschine zuwandte. Diesmal jedoch wurde der Abstand mit vielleicht gerade einmal 20 m zu gering, und Teile der abgeschossenen Hurricane beschädigten meine eigene Maschine, so daß ich mich aus dem Kampf zurückziehen mußte." Schöpfel hatte innerhalb von weniger als zwei Minuten vier Hurricanes der 501. RAF-Staffel zerstört.

Alle Bf109-Piloten vertrauten ausnahmslos auf die Kampfeigenschaften ihrer Maschine und insbesondere ihre Feuerkraft. „Wir waren davon überzeugt, daß die Bf109 der Hurricane überlegen und der Spitfire zumindest ebenbürtig war", erinnert sich Heinz Lange. „Wir waren mit unserer 20-mm-Bordkanone besser bewaffnet und dem Gegner auch mit unserem Treibstoff-Einspritzsystem zweifellos technologisch überlegen." Und Günther Rall, Dritter in der Rangliste der Jagdfliegerasse des Zweiten Weltkriegs, fügt hinzu: „Die 109-Bordkanonen waren einwandfrei; nachteilig war nur, daß sie in vielen der späteren 109-Versionen eng um die Flugzeugnase herum angeordnet waren. Dadurch hatten sie keine große Streubreite, so daß der Pilot präzise und aus möglichst geringer Entfernung schießen mußte." Auf die Frage, ob das Abfeuern der vorderen Bordkanone zur Rauchbildung im Cockpit der 109 führte, pflegte Rall zu antworten: „Wenn du's richtig gemacht hast, hat's im Cockpit des Gegners geraucht!"

Je länger der Luftkrieg dauerte, desto mehr verkomplizierten sich die anfangs einfachen Missionen der Bf109 durch verschiedene unvorhergesehene Faktoren. Einer davon war, daß die vielgepriesenen „Zerstörer" Bf110 den einmotorigen RAF-Jagdmaschinen deutlich unterlegen und zu leicht verwundbar waren, um ihrer vorgesehenen Rolle als Bombergeleitschutz gerecht werden zu können. Wenn sie angegriffen wurden, waren sie gezwungen, zu ihrer Verteidigung in großen Kreisen zu fliegen, wobei jede Maschine versuchte, der vorausfliegenden das Leitwerk freizuhalten. Fritz Losigkeit vom Jagdgeschwader 26 sagte einmal: „Die jungen Piloten haben über Göring und seinen Enthusiasmus für die 'Zerstörer' nur gelacht. Wir haben sie oft ihre Abwehrkreise drehen sehen, und ich selbst habe schon beobachtet, daß ein ganzer Haufen von ihnen von nur zwei Spitfires in einem solchen Kreis in Schach gehalten wurde." Diesem Irrwitz wurde endgültig durch Görings Anordnung die Krone aufgesetzt, daß die 110-Eskorten ihrerseits über England einen 109-Geleitschutz erhalten sollten.

Beschwerden der Bomberbesatzungen, sie würden nicht ausreichend von den Jagdfliegern geschützt, widersprach Göring ebenfalls. Die RAF stieß bis zu den Bombern vor und richtete dort schwere Verluste an. In der ersten Woche nach dem „Adlertag" verloren allein die „Stuka"-Einheiten 42 ihrer JU87-Sturzkampfbomber, während bei 14 weiteren Maschinen Schäden und Opfer unter den Piloten zu beklagen waren. Den mittelschweren Bombern wurde fast ebenso sehr zugesetzt. Adolf Galland erinnerte sich später, daß „... Göring nichts als Vorwürfe für die Jagdflieger übrig hatte und seine Unzufriedenheit mit schärfsten Worten zum Ausdruck brachte." Das Ergebnis war, daß den Bf109-Piloten befohlen wurde, den Bomber-Geleitschutz möglichst eng zu fliegen. Schöpfel, Neumann und Losigkeit erinnerten sich alle mit Widerwillen an diese Anordnung, die sie ihres Vorteils hoher Beweglichkeit beraubte. Statt dessen hatten sie nun die Anweisung, in enger Formation mit den Bombern zu fliegen und Luftkämpfe nur dann aufzunehmen, wenn sie direkt angegriffen wurden. Durch diese Anordnung verlagerte sich die bisherige taktische Überlegenheit urplötzlich auf die Gegenseite. Heinz Lange erklärte es so: „In den Höhen, in denen die Bomber operierten, war es schwierig, einen engen Geleitschutz zu fliegen. Jetzt waren es die Spitfires, die uns von oben angreifen konnten, während wir auch noch das Handicap hatten, mit der gleichen Geschwindigkeit wie die Bomber fliegen zu müssen." Und Günther Rall brachte es noch deutlicher auf den Punkt: „Wir haben unsere Jagdflugzeuge geradezu verschwendet. Zum einen hatten wir nicht genug von ihnen, zum anderen haben wir die verfügbaren Maschinen falsch eingesetzt. Wir mußten befehlsgemäß an den Bombern kleben und im

Langsamflug (manchmal sogar mit ausgefahrenen Landeklappen!) über England operieren. Damit hatten wir zwei unserer bisher wichtigsten Vorteile verspielt, nämlich die überlegenen Flugleistungen in großer Höhe und die Möglichkeit zum Sturzflugangriff. Die Spitfires zeichneten sich durch eine beneidenswerte Wendigkeit aus und machten von diesem Vorteil auch kräftig Gebrauch, wenn sie uns von unseren Bombern weg in Luftkämpfe verwickelten."

Bis zum September wurden den Bf109-Einheiten Anstrengungen abverlangt, die sie bis an die Grenze ihrer Belastbarkeit führten. Man erwartete von ihnen nicht nur, die RAF-Jagdflieger zu zerstören, sondern auch die Bf110-Verbände zu schützen und engen Bomber-Geleitschutz zu fliegen. Einige der Bf109-Staffeln wurden auch mit Flugzeugen ausgerüstet, die als Kampfbomber eingesetzt werden sollten und entweder eine einzelne 250-kg-Bombe oder einen Bombenträger mit vier 50-kg-Bomben mitführen konnten. Das Blatt begann sich endgültig zu wenden, als sich die Angriffe der Luftwaffe nicht mehr gegen RAF-Stützpunkte richteten, sondern auf London konzentrierten, wodurch die RAF die entscheidende Verschnaufpause erhielt, um Kräfte zu sammeln und ihre Verluste auszugleichen. Um die Schaffung eines Weges bis zur britischen Hauptstadt zu erzwingen, ordnete Göring außerdem häufig an, daß jeder Angriff mit dreimal so vielen Jägern wie Bombern geflogen werden sollte. Zu Beginn des Luftkrieges hatten die Bf109-Luftstreitkräfte noch beeindruckend groß ausgesehen, doch jetzt wurde allmählich klar, daß sie ihre zu hoch gesteckten Ziele wohl nicht erreichen würden. Immer wieder war aus Görings Hauptquartier zu vernehmen, daß die RAF kurz vor dem Aufgeben stand, doch diese Prognosen erwiesen sich regelmäßig als falsch. Und ebenso oft berichteten die Bomberpiloten der Luftwaffe mit süffisanten Humor über ihre Luftangriffe. „Wir haben die englische Küste in 5000 m überflogen", erzählten sie, „und wurden wieder einmal von den letzten 50 Jagdfliegern der RAF abgefangen." Heinz Lange fügt hinzu: „Wir haben über die zuversichtlichen Meldungen aus dem Hauptquartier nur gelacht. Tatsache war: Die Verluste häuften sich, Zweifel kamen auf, die Kampfmoral sank, nur die Härte der Luftkämpfe ließ nicht nach. Erst mit dem einsetzenden Winterwetter schliefen die Kampfhandlungen allmählich ein. Insgesamt schien es, daß wir eine Menge guter Männer verloren, aber wenig erreicht hatten."

Betrachtet man den Ausgang der Luftschlacht um England als reine Erfolgsbilanz, so war die Bf109 ihrem Ruf voll und ganz gerecht geworden. Die RAF hatte fast 1000 Hurricanes und Spitfires verloren, von denen die meisten den Bordkanonen einer Bf109 zum Opfer gefallen waren. Aus den vielen beeindruckenden Kampferfolgen von Bf109-Piloten während des Luftkriegs hob sich einer ganz besonders hervor, nämlich die Abschußquote von Werner Mölders vom Jagdgeschwader 51, der als erstes Jagdfliegeras der Luftwaffe die magische Grenze von 50 Luftsiegen überschritt. Die Gesamtverluste der Luftwaffe spiegelten die enormen Bemühungen der RAF wider, die anfliegenden Bombergeschwader aufzuhalten: Insgesamt wurden 1733 Feindmaschinen abgeschossen, darunter 235 Exemplare des vom Unglück verfolgten „Zerstörers" Bf110 und 610 Bf109. Es war der Luftwaffe nicht gelungen, die RAF zu besiegen, doch die Schuld an diesem Mißerfolg konnte nicht dem Messerschmitt-Jagdflugzeug zugeschrieben werden, wenngleich dieses auch gewisse Leistungsgrenzen aufwies. Der Mißerfolg hatte vielmehr etwas mit der fehlerhaften Einschätzung der Lage durch die Luftwaffen-Hauptquartiere zu tun, nicht jedoch mit Unzulänglichkeiten der Bf109.

ANDERE SCHLACHTEN, NEUE VERSIONEN

Enttäuscht über den Mißerfolg gegen England im Jahre 1940, wandte sich Hitler 1941 anderen Zielen in Ost- und Südeuropa zu. Bf109-Verbände wurden zur Unterstützung der Fronttruppen entsandt, die auf den Balkan vorstießen und Griechenland angriffen. In Jugoslawien sah sich die Luftwaffe kurioserweise vor die Situation gestellt, während der ersten Tage der Kampfhandlungen gegen andere Messerschmitts kämpfen zu müssen, da die jugoslawische Luftwaffe unter anderem auch über einige Bf109E verfügte. Doch die nächste große Herausforderung für die Luftwaffe kam erst in Nordafrika. Auf den meisten dieser Kriegsschauplätze dominierten nach wie vor die „Emils", doch nach und nach hielt die nächste Version Bf109F (für „Friedrich", gelegentlich aber auch als „Franz" bezeichnet) ihren Einzug.

Die Entwicklung der Bf109F war im Frühjahr 1940 gestartet worden, als ein Team von Messerschmitt-Konstrukteuren ein Projekt zur Modifizierung der Zelle ins Leben riefen, mit dem der Luftwiderstand verringert und der Einbau leistungsstärkerer Daimler-Benz-Motoren ermöglicht werden sollten. Die dafür erforderlichen konstruktiven Änderungen zeigten sich am deutlichsten an den ursprünglich weit herausragenden Kühlern unter den „Emil"-Tragflächen, die jetzt eine geringere Bauhöhe aufwiesen und zudem tiefer in den Tragflügel versenkt worden waren, sowie an einer stromlinienförmigeren Cowling, die der Maschine eine durchgehende glatte Linienführung von der Cockpitscheibe bis hin zu einem neuen, erheblich größeren Spinner hin verlieh. Der Durchmesser der Luftschraube konnte durch Verwendung breiterer Propellerblätter um etwa 10 cm verringert werden, und der Ladelufteinlauf ragte zu Verstärkung des Staudruckeffekts weiter in die Luftströmung. Wenig später verschwand auch die vertraute Rechteckform der Bf109-Tragflächen; statt dessen erhielt die Maschine einen elliptischen Flügel, der den Vorteil einer geringeren Flächenbelastung hatte. Auch am Leitwerk wurden zwei Modifikationen vorgenommen: Zum einen wurde die Seitenruderfläche geringfügig verkleinert, zum anderen - und dies war die bei weitem gravierendere Veränderung - entfielen die für die Bf109 so typischen Höhenleitwerksstreben, was sich anfangs als verheerend erwies. Von den ersten Maschinen gingen allein vier Exemplare verloren, nachdem die Piloten von schweren Vibrationen berichtet hatten. Schließlich stellte sich heraus, daß es durch das Fehlen der Verstrebungen bei bestimmten Motordrehzahlen zu hochfrequenten Schwingungen kommen konnte, was in kurzer Zeit zur strukturellen Zerstörung des Leitwerks führte. Gelöst wurde das Problem durch den Einbau einfacher Verstärkungsplatten.

Auch diesmal waren die Messerschmitt-Konstrukteure schneller als die Ingenieure von Daimler-Benz, und die erste Maschine der „Friedrich"-Version flog noch nicht mit dem vorgesehenen DB601E, sondern mit dem vorhandenen DB601A. Als der neue Motor endlich verfügbar war, lieferte er 1350 PS Startleistung und noch in 5500 m eine Höchstleistung von 1300 PS. Mit diesem Motor und ihrer aerodynamischen Optimierung war die Bf109F ihren Vorgängern leistungsmäßig in allen Höhen überlegen und der Spitfire IV zumindest ebenbürtig. Die Bf109F-4 erreichte in Meereshöhe eine Geschwindigkeit von 537 km/h und flog in 6400 Metern Höhe 624 km/h schnell. Die Dienstgipfelhöhe lag bei fast 12000 Metern, und ein Steigflug auf 5000 m dauerte nur fünf Minuten.

Überraschenderweise war die „Friedrich" zu Beginn ihrer Laufbahn deutlich schwächer bewaffnet als die „Emil". Adolf Galland beklagte die Tatsache, daß die Bewaffnung „... einen unverständlichen Rückschritt darstellte, verglichen mit der Serie E, die über zwei 20-mm-Bordkanonen in den Tragflächen sowie zwei normale Maschinengewehre verfügte. Die 109F besaß dagegen nur eine Bordkanone, die allerdings eine höher Kadenz und bessere ballistische Eigenschaften hatte und zentral über dem Motor angeordnet war, so daß der Pilot durch die Propellernabe hindurchschießen konnte. Dennoch gab es bei den Experten gegensätzliche Meinungen darüber, ob die neue Bewaffnung als Fortschritt oder Rückschritt zu betrachten war. Mölders teilte die Ansicht von Udet, daß eine zentral montierte Bordkanone besser sei als zwei in den Tragflächen untergebrachte Kanonen. Ich dagegen betrachtete eine Kanone als ungeeignet, vor allem deshalb, weil Maschinengewehre für Luftkampfzwecke meiner Meinung nach überholt waren. Natürlich waren mir auch die Vorteile zentral angeordneter Waffen klar, doch wenn dies bedeutete, daß der Pilot nur eine einzige Kanone zur Verfügung hatte, zog ich die dezentralisierte Lösung vor. Schließlich war nicht jeder Pilot ein so guter Scharfschütze wie Udet oder Mölders."

Zu den Piloten, die sicherlich so gute Scharfschützen wie Mölders waren, gehörte auch Hans Joachim Marseille, der sich während des Nordafrikafeldzugs einen Namen als einer der besten Jagdflieger von den Piloten beider Kriegsparteien machte. Seinen ersten Kampfeinsatz flog er gegen die RAF während der Luftschlacht um England, in der er sieben Luftsiege errang und selbst viermal abgeschossen wurde. Mit seiner ziemlich lockeren Haltung gegenüber der Obrigkeit machte er sich bei vielen seiner Vorgesetzten nicht gerade beliebt, doch als er sich Anfang 1941 dem Jagdgeschwader 27 anschloß, traf er mit Edu Neumann auf einen Kommandeur, der nicht nur sein Talent sofort erkannte, sondern auch bereit war, über so manche Dickköpfigkeit hinwegzusehen. Als das Jagdgeschwader 27 nach Nordafrika geschickt wurde, trug er gleich auf seinem ersten Feindflug doppelt zur Abschußbilanz beider Seiten bei, in dem der eine Hurricane abschoß, bevor er selbst abgeschossen wurde. Von diesem Tag an stieg die Abschußquote des Naturtalents Marseille stetig. Bis Ende 1941 - Marseille hatte bis dahin schon 36 Luftsiege zu verzeichnen - war das JG27 mit der neuen „Friedrich" ausgerüstet worden, die speziell für Operationen in Wüstengebieten modifiziert worden war und die Bezeichnung Bf109F-4/Trop trug. Als Pilot dieser Maschine konnte Marseille zeigen, was in ihm steckte. Er war ein Meister in der schwierigen Kunst des Schießens auf Ziele außerhalb der Flugzeuglängsachse und machte sich die überlegenen Flugleistungen der Bf109F voll zunutze. 1942 waren seine Berichte über mehrere Luftsiege an einem Tag etwas ganz Alltägliches, und am 1. September gelang ihm sogar das scheinbar Unmögliche, nämlich der Abschuß von 17 Feindmaschinen im Verlauf von drei an diesem Tag geflogenen Missionen. Diese legendären Erfolge hatten am 30. September 1943 ihr Ende, als Marseille zum ersten Mal eine BF109G flog. Dabei geriet ein Ölkühler in Brand, und die starke Rauchentwicklung im Cockpit zwang Marseille zum Aussteigen, wobei er gegen das Leitwerk der Maschine prallte und bewußtlos auf dem Wüstenboden aufschlug, ohne eine Chance zum Betätigen des Rettungsfallschirms gehabt zu haben. Insgesamt hatte der 22 Jahre alte Marseille 158 Luftsiege in nur 388 Kampfeinsätzen für sich verbuchen können, und er war einer von nur elf Luftwaffenpiloten, denen jemals das Ritterkreuz mit Eichenlaub, Schwertern und Diamanten verliehen wurde. Walter Schroer, der zweiterfolgreichste Jagdflieger in Nordafrika, sagte über Marseille: „Seine Art zu fliegen war einfach genial. Er erfaßte eine Situation blitzschnell und war in der Lage, aus fast jeder Position zu feuern." Und nach dem Urteil von Edu Neumann war Marseille „... als Jagdflieger absolut überragend."

Für viele Bf109-Piloten war die „Friedrich" die beste aller Messerschmitt-Versionen. Doch selbst als sie schon im Fronteinsatz stand, drängte die Luftwaffenführung auf Jagdflugzeuge, die noch schneller sein und noch bessere Flugleistungen in der Höhe haben sollten. Messerschmitt beantwortete diese Forderungen mit der Bf109G („Gustav"), die mit ihrer verwirrenden Formenvielfalt zu der in den größten Stückzahlen gebauten Version werden sollte - mehr als 70% der gesamten Bf109-Produktion entfielen auf die Bf109G. Auf den zwangsläufig höheren Bedarf an Triebwerksleistung reagierte Daimler-Benz mit dem DB605A, der in der Bf109G-6 eine Startleistung von 1475 PS entwickelte und in 5700 m noch 1355 PS lieferte. Einige Maschinen waren mit einer zusätzlichen Finesse ausge-

stattet, nämlich mit einer Anlage zum Einspritzen von Distickstoffmonoxid oder eines Wasser-Methanol-Gemischs, womit die Motorleistung im Notfall nochmals gesteigert werden konnte. Die G-10 hatte einen DB605D mit Wasser-Methanol-Einspritzung, was ihr im Bedarfsfall eine Startleistung von 2000 PS und in 5100 m Höhe eine Leistung von 1800 PS sicherte. Doch die ganze zusätzliche Motorleistung bedeutete nicht unbedingt auch eine höhere Geschwindigkeit, denn die „Gustav" hatte auch an Gewicht deutlich zugenommen. Eine normal beladene G-6 war mehr als 500 kg schwerer als eine Maschine der Vorgängerversion „Emil", und obwohl die schiere Motorkraft einer unbeladenen G-10 die Möglichkeit verlieh, in 7300 m eine Geschwindigkeit von 685 km/h zu erreichen, war eine G-10 nur selten in dieser unbeladenen Konfiguration zu sehen. Denn die Bf109G diente im allgemeinen als regelrechter Packesel: Bomben, Raketen, Außenlastwaffenstationen, Treibstofftanks und viele andere Systeme wurden in den unterschiedlichsten Anordnungen mitgeführt, um im weiteren Verlauf des Krieges eventuellen Zusatzanforderungen gerecht werden zu können. Zusammen zehrten sie die guten Eigenschaften von „Gustav" auf und verstärkten statt dessen die schlechten. So vortrefflich das Grundkonzept der Bf109 auch gewesen war, es wurde von den Ereignissen überholt. Die alternde Zelle konnte unmöglich allen Belastungen standhalten, vor allem dann nicht, als es immer wahrscheinlicher wurde, daß diese Belastungen in höchst unterschiedlichen Situationen während einer einzigen Mission auftreten würden. So war beispielsweise eine für das Angreifen von viermotorigen Bombern konzipierte „Gustav" sicherlich nicht die optimale Maschine bei einer Konfrontation mit luftüberlegenen Jagdflugzeugen.

Alliierte Testpiloten entdeckten bei der „Gustav" Eigenschaften, die denen des kleinen Mädchens in Home Life of Longfellow ähnelten: „Wenn sie gut war, war sie sehr, sehr gut; aber wenn sie schlecht war, war sie entsetzlich!"

In größeren Höhen, so berichteten die Piloten einhellig, war die Bf109 „Gustav" extrem wendig und angenehm zu fliegen. Allerdings war die Ruderabstimmung „mäßig", und „... bei höheren Geschwindigkeiten waren die Betätigungskräfte für das Höhenruder und die Querruder so groß, daß man von einer Abstimmung eigentlich gar nicht mehr reden konnte." Ab 480 km/h etwa „... machte sich das Fehlen einer Seitenrudertrimmung ausgesprochen unangenehm bemerkbar", und bei den Geschwindigkeiten, die im Sturzflug erreicht wurden - das konnten leicht 650 km/h oder mehr sein -, wuchsen die Steuerdrücke, bis „... sich alle Ruder wie blockiert anfühlten." Natürlich kannten auch die alliierten Piloten diese unangenehme Eigenschaft, und sie zögerten nicht, sie sich zunutze zu machen. Mehrfach wurden Bf109-Piloten zu steilen Sturzflügen mit anschließenden harten Abfangmanövern in Bodennähe verleitet, und so mancher von ihnen war unvorsichtig genug, so weit herunterzugehen, daß die Höhe zum Abfangen einfach nicht mehr ausreichte. Diese Unzulänglichkeiten lagen klar in der nun schon etwas veralteten Konstruktion der Bf109 begründet, doch der Bedarf der Luftwaffe an neuen Jagdflugzeugen war so groß, daß enorme Stückzahlen der Bf109G vom Band liefen, ohne daß diese Konstruktionsmängel behoben wurden. Gegen Ende des Jahres 1942 waren fast 70% der 900 Bf109 der Luftwaffe „Gustav"-Versionen.

„BARBAROSSA" UND DANACH

Am Überfall Hitlers auf die Sowjetunion im Juni 1941 war die Luftwaffe mit über 1900 Flugzeugen beteiligt, von denen mehr als 400 einsitzige Jagdflugzeuge und davon wiederum die meisten Bf109 der Versionen E und F waren. Bis zum Ende der Kampfhandlungen des ersten Tages waren rund 1800 sowjetische Flugzeuge zerstört worden, 322 davon in Luftkämpfen, während die Luftwaffe nur insgesamt 32 Maschinen verlor. Außer für den reinen Luftkampf wurden die Bf109 auch für Angriffe auf Flugplätze eingesetzt, wobei sie durch den Abwurf von SD2-Splitterbomben verheerende Schäden an zahllosen gegnerischen Flugzeugen anrichteten, die auf vorgeschobenen Stützpunkten der sowjetischen Luftwaffe abgestellt waren. Auch in der Luft stieg die Zahl der Siege rapide an. Am 30. Juni 1941 schossen Werner Mölders, Heinz Bär und Hermann-Friedrich Joppien jeweils fünf gegnerische Maschinen ab - damit war das JG51 das erste Geschwader, das sich rühmen konnte, mehr als 1000 feindliche Maschinen in der Luft abgeschossen zu haben. (An der Ostfront steigerte Mölders seine persönliche Erfolgsbilanz auf 82 und wurde damit der erste Pilot, der den von Manfred von Richthofen im Ersten Weltkrieg aufgestellten Rekord von 80 Abschüssen übertraf. Am 15. Juni sicherte er sich seinen Platz in der Geschichte der Militärluftfahrt, indem er als erster die magische Grenze von 100 Abschüssen erreichte, seine 14 Luftsiege in Spanien nicht mitgerechnet. Doch schon sein 101. Sieg sollte sein letzter sein. Hochdekoriert mit dem Ritterkreuz mit Diamanten und zum General der Jagdflieger befördert, starb er am 22. November 1941 beim Absturz einer Heinkel 111 auf einem Überführungsflug nach Berlin.) In den folgenden Wochen überschritten auch die Jagdgeschwader 53, 54 und 3 diese magische Grenze, wobei das JG54 „Grünherz" von Hannes Trautloft diese Abschußquote mit Riesenschritten erreichte, indem seine Piloten allein während der letzten zehn Tage des Monats Juli 623 sowjetische Flugzeuge abschossen.

An der Ostfront erzielten die großen Jagdfliegerasse der Reichsluftwaffe, die sogenannten „Experten", den größten Teil ihrer enormen Abschußquoten. Gerade in den ersten Monaten schien es geradezu ein Kinderspiel zu sein, die sowjetische Luftwaffe zu besiegen. Die Sowjets waren in einem Zustand geringer Einsatzbereitschaft überrascht worden, und ihre Luftwaffe konnte es mit den anstürmenden deutschen Jagdfliegerverbänden weder im Hinblick auf den Ausbildungsstand ihrer Piloten noch hinsichtlich des eingesetzten Materials aufnehmen. Die Jagdgeschwader vertrauten voll auf die Führung durch ihre kampferprobten Veteranen, wohl wissend, daß ihre Bf109 um Klassen besser war als alles, womit sie es im gesamten Rußlandfeldzug jemals zu tun bekommen würden. Doch mit der Zeit lernte auch die sowjetische Luftwaffe aus ihren bitteren Erfahrungen und brachte schließlich moderne Flugzeuge wie die Yak-9 und die La-7 zum Einsatz. Geflogen von Piloten wie Ivan Kozhedub und Alexander Pokryschkin, waren diese Kampfflugzeuge sehr wohl in der Lage, sich gegen ihre deutschen Gegner zu behaupten. Gleichzeitig stiegen die Produktionszahlen der sowjetischen Flugzeugwerke auf einen bis dahin nicht für möglich gehaltenen Stand, und die Reichsluftwaffe sah sich immer häufiger mit der Situation konfrontiert, daß der Gegner nicht nur zahlenmäßig überlegen war, sondern gelegentlich auch den einen oder anderen Luftsieg davontrug. Die Aufgaben der Jagdgeschwader waren jetzt keineswegs mehr so einfach wie zuvor, aber diejenigen „Experten“, die den nicht nachlassenden Ansturm sowjetischer Maschinen überlebten, erzielten auch jetzt noch sehr hohe Abschußquoten, vor allem deshalb, weil sie kaum jemals von der Frontlinie abgezogen wurden und niemand von ihnen zu befürchten brauchte, daß die Zahl der lohnenden Ziele nicht für alle ausreichen würde. Die hohe Zahl der Luftsiege dieser „Experten“ war ein Anhaltspunkt für das Ausmaß und die Intensität dieses Konflikts, weniger dagegen Ausdruck einer anhaltenden Überlegenheit der Reichsluftwaffe.

Vor diesem Hintergrund überrascht es nicht, daß Erich „Bubi“ Hartmann, der erfolgreichste Jagdflieger der Welt, seine riesige Zahl von Abschüssen an der Ostfront sammelte. In den etwas mehr als 30 Monaten zwischen Oktober 1942 und Mai 1945 flog Hartmann die erstaunliche Zahl von 1405 Kampfeinsätzen, 825 davon mit Feindberührung. Dabei erzielte er 352 Luftsiege, von denen die bei weitem meisten auf Luftkämpfe zwischen der Bf109G und sowjetischen Jagdflugzeugen entfielen. Während seiner Laufbahn überlebte er zwölf Bruchlandungen und einen Notausstieg, meistens als Folge von Beschuß vom Boden aus oder aufgrund von Kollisionen mit Trümmern der von ihm abgeschossenen Gegner. Berücksichtigt man die Tatsache, daß die „Gustav“ nicht gerade die wendigste Version der Bf109 war und der Luftkrieg an der Ostfront nicht in den großen Höhen ausgetragen wurde, in denen diese Maschine ihre Überlegenheit voll ausspielen konnte, so erscheint der von Hartmann aufgestellte Rekord um so beeindruckender. Dabei hatte dieser Ausnahmepilot alles andere als einen fliegenden Start: Nach hundert Einsätzen hatte er es auf lediglich sieben Abschüsse gebracht.

Er machte sich jedoch die Mühe, während seiner „Lehrzeit“ als Flügelmann bei so hochrangigen Rottenführern wie „Paule“ Roßmann (93 Luftsiege) und Walter Krupinski (197 Luftsiege) sorgfältig die Augen offen zu halten und stets dazuzulernen, und entwickelte schließlich sein eigenes Luftkampfsystem. Die strikte Einhaltung der von ihm selbst erdachten Prinzipien sowie sein außergewöhnlich gutes Augenmaß und seine als Scharfschütze erworbenen Fähigkeiten machten ihn allmählich zu einem Piloten, der das Letzte aus der „Gustav“ herausholte und bei der sowjetischen Luftwaffe bald den Ruf eines berüchtigten Attentäters hatte. Für Hartmann selbst hingegen war der Luftkampf mit dem Gegner „... reine Zeitverschwendung.“ Einmal sagte er: „Mein Auftrag lautet, feindliche Flugzeuge abzuschießen und nicht, mit ihnen zu spielen.“ Für Hartmann lag der Schlüssel für den Erfolg im Luftkampf darin, den Feind zu sehen, bevor man selbst gesehen wurde, und sich anschließend unbeirrt die Zeit zu nehmen, die taktische Situation vor Beginn des Angriffs zu seinem eigenen Vorteil zu gestalten. Der Angreifer sollte nach Möglichkeit ungesehen bleiben und erst in unmittelbarer Nähe der gegnerischen Maschine aus allen Rohren feuern. Die dabei entstehende Überfahrt sollte dazu genutzt werden, um einen sicheren Abstand vom Gegner zu erreichen, von dort aus die Situation neu einzuschätzen und zu entscheiden, ob weitere Angriffe vernünftig waren. Mit dieser Kampftaktik schaffte es Erich Hartmann, als einzelner Pilot gegnerische Flugzeuge in einer Zahl zu zerstören, die 15 oder mehr Jagdfliegerstaffeln entsprach. „Von diesen vielen Gegnern“, so Hartmann einmal,“... haben mich wahrscheinlich 90% überhaupt nicht gesehen.“

Die Einheit von Erich Hartmann, das JG52, war eine einzige gewaltige Kampfmaschine und setzte als primäres Waffensystem die Bf109G ein. Bis zum Ende des Zweiten Weltkriegs gingen über 10.000 abgeschossene Feindmaschinen auf das Konto des JG52, dem außer dem unvergleichlichen Hartmann auch Spitzenpiloten wie Barkhorn (301 Luftsiege), Rall (275), Batz (237), Graf (212), Lipfert (203), Krupinski (197), Schmidt (173), Sturm (157), Düttman (150), Wolfrum (137) und Dieter Hrabak (125) angehörten.

ANGRIFF VON WESTEN

In den Kämpfen an der Ostfront hatte es die Reichsluftwaffe mit gegnerischen Luftstreitkräften zu tun, die fast vollständig mit der taktischen Unterstützung der sowjetischen Bodentruppen beschäftigt war. Im Westen dagegen sah die Kriegsführung anders aus: Der alliierte Luftangriff auf das Gebiet des Dritten Reichs war eine strategische Operation, die im wesentlichen von den viermotorigen Bombern der US Air Force am Tage und von der RAF bei Nacht durchgeführt wurde. Damit standen die Kampfflieger der Reichsluftwaffe an beiden Fronten vor Herausforderungen, wie sie unterschiedlicher kaum sein konnten. Der von den verfeindeten Streitkräften an der Ostfront ausgetragene Kampf um die Luftüberlegenheit hatte nur wenig Ähnlichkeit mit den Problemen der Verteidigung des Reichs, und die Schwierigkeiten bei der Abwehr großer Bomber am Tage und bei Nacht waren ebenso unterschiedlich. So war es unvermeidlich, daß die Bf109 in den verschiedensten Ausführungen von der Luftwaffe eingesetzt wurde, um den stetig zunehmenden Bedrohungen zu begegnen, denen sich Deutschland von allen Seiten ausgesetzt sah.

Als 1943 die Nachtangriffe der RAF an Schärfe zunahmen und der Einsatz neuartiger Radarstörkörper in Form von kleinen Metallfolienstreifen eine Radarüberwachung des Luftraumes entlang der Kammhuber-Verteidigungslinie unmöglich machten, sah sich die Bf109 unerwartet in die Rolle eines Nachtjägers gedrängt. Angesichts der Tatsache, daß die Flugabwehr jetzt unablässig mit nächtlichen Bombenangriffen konfrontiert wurde, schlug der gefeierte Bomberpilot Major Hajo Herrmann den Einsatz von Tagjägern gegen die Nachtbombergeschwader als vorläufige Maßnahme vor. Herrmann argumentierte, die von der RAF angegriffenen Ziele nicht etwa durch absolute Verdunkelung zu schützen, sondern im Gegenteil hell zu beleuchten. Zusätzlich zu vielen am Boden angezündeten Feuern sollten möglichst viele Suchscheinwerfer eingesetzt sowie helle Leuchtraketen von den Flugabwehrstellungen aus abgeschossen oder von Patrouilleflugzeugen abgeworfen werden. Die Überlegung war, die Nacht zum Tage und die Bomber somit angreifbar zu machen. Auf diese Weise, so äußerte es Herrmann einmal, würden die Bomber so leicht zu erwischen sein „... wie Fliegen, die über eine Tischdecke krabbeln“. In diesem Szenario konnten die Jäger fast genauso wie am Tage operieren; sie brauchten nur an die von der RAF in der jeweiligen Nacht angeflogenen Ziele herangeführt zu werden und konnten anschließend unter den Bombern wüten wie die „Wilde Sau“, so der Codename dieser Operation.

An der Operation „Wilde Sau“ im Jahr 1943 waren drei Jagdgeschwader (JG300, JG301 und JG302) beteiligt, deren Piloten einmotorige Jagdflugzeuge bei Nacht flogen. Ihr Einsatz dauerte nur kurze Zeit, erfüllte aber seinen Zweck und führte zur Entwicklung effizienterer Techniken zum Bekämpfen von Luftzielen bei Nacht. Die Nachtjäger der Luftwaffe konnten sich aus den starren Regelungen des sogenannten Himmelbett-Systems (bei dem die Flugzeuge in einem exakt definierten Luftraum mit Hilfe von Flugortungssystemen geführt wurden) lösen und entwickelten die hochwirksamen Jagdtechniken des Systems „Zahme Sau“, die dem RAF-Bomberkommando 1943/44 so schwere Verluste zufügten. Einer der gravierendsten Nachteile der „Wilden Sau“ und zugleich einer der Gründe für die Aufgabe dieses Verfahrens war, daß viele der jungen Jagdflieger mit Einsätzen auf der „Gustav“ bei Nacht einfach überfordert waren. Die G-6/N war eine für den Nachtflug modifizierte Bf109 mit Auspuffklappen und Hitzeschutzschilden, die außerdem mit dem sogenannten Rüstsatz 6 und einem Empfänger vom Typ Naxos Z ausgestattet war. Die R6 führte an den Unterflügel-Waffenstationen zwei MG 151 vom Kaliber 20 mm mit; der Peilempfänger Naxos Z, der die Signale des H2S-Radarsystems der RAF-Bomber empfing, war in einem Radom unmittelbar hinter dem Cockpit untergebracht. Das zusätzliche Gewicht dieser ganzen Ausrüstung trug nicht gerade zur Verbesserung der ohnehin wenig temperamentvollen Eigenschaften der G6 bei, und eine unvertretbar hohe Zahl von Flugzeugen ging bei katastrophalen Landeunfällen verloren. Viele unerfahrene Piloten zogen es vor, per Fallschirm aus der Maschine auszusteigen als eine Landung unter ungünstigen Wetterbedingungen zu versuchen, und mehrfach war auch nach einem Orientierungsverlust in der ungewohnten Dunkelheit ein Absprung der letzte Ausweg.

Herrmann selbst schien als alterfahrener Bomberpilot die Erfahrungen aus der Operation „Wilde Sau“ in vollen Zügen zu genießen. Seine Bf109 mit einem Rassehengst vergleichend, schrieb er: „Wie leichtfüßig ich mich in die Luft erhob! Das war mein einziger Gedanke als ich durch die kugelsichere Frontscheibe den schlanken Hals entlangblickte, während eine bläuliche Flamme wie eine Mähne aus den Auspuffrohren wehte - ein wirkliches Rassepferd!“ Ähnlich enthusiastisch äußerte er sich über die Taktik, die Nacht zum Tag zu machen, und über die Auswirkungen der Bf109-Zusatzbewaffnung: „Ich sah unsere erste Leuchtrakete, dann die zweite, dann die dritte und noch viel mehr - phantastisch! Dann sah ich einen Bomberverband von Süden her anfliegen. Ich näherte mich ihnen von hinten, nahm das Gas heraus, ging in den Sturzflug und feuerte mehrere Sekunden lang in die Tragflächen und Cockpits der Bomber. Volltreffer! Ich riß meine Maschine vom Bomber weg, und Sekundenbruchteile später flog ein großes Trümmerteil an mir vorbei. 2.57 Uhr: Ich melde einen vermuteten Abschuß. Gleich darauf flog ich wieder in die in vielen Farben erstrahlende und hell erleuchtete Arena ein. Knapp unter mir, etwa 500 bis 1000 Meter entfernt, sah ich einen weiteren Bomber, dessen Silhouette sich gegen die hell erleuchtete Wolke abzeichnete. Einige Sekunden lang wurde ich durch unsere eigenen Leuchtraketen geblendet, dann aber gab ich Gas und feuerte. Der Bomber fing Feuer. Ich feuerte nochmals, und der Bomber stand in hellen Flammen. Um 3.05 Uhr konnte ich melden: Ein weiterer Bomber zerstört!“

Wenngleich Hajo Herrmann auch ein couragierter Taktiker war, so hätte er doch nie von sich behauptet, zu den erfolgreichsten Nachtjagdpiloten zu gehören. Er war einfach von Haus aus kein Scharfschütze und wurde bei nächtlichen Zweikämpfen zweimal vom Gegner getroffen, was ihn jedesmal zum Aussteigen zwang. Der überragende Pilot in der Operation „Wilde Sau“ war Friedrich-Karl Müller, dem insgesamt 140 Luftsiege zugeschrieben wurden. In nur 52 Nachteinsätzen konnte er 30 Abschüsse verbuchen, von denen wiederum 23 auf Einsätze im Rahmen der Operation „Wilde Sau“ entfielen.

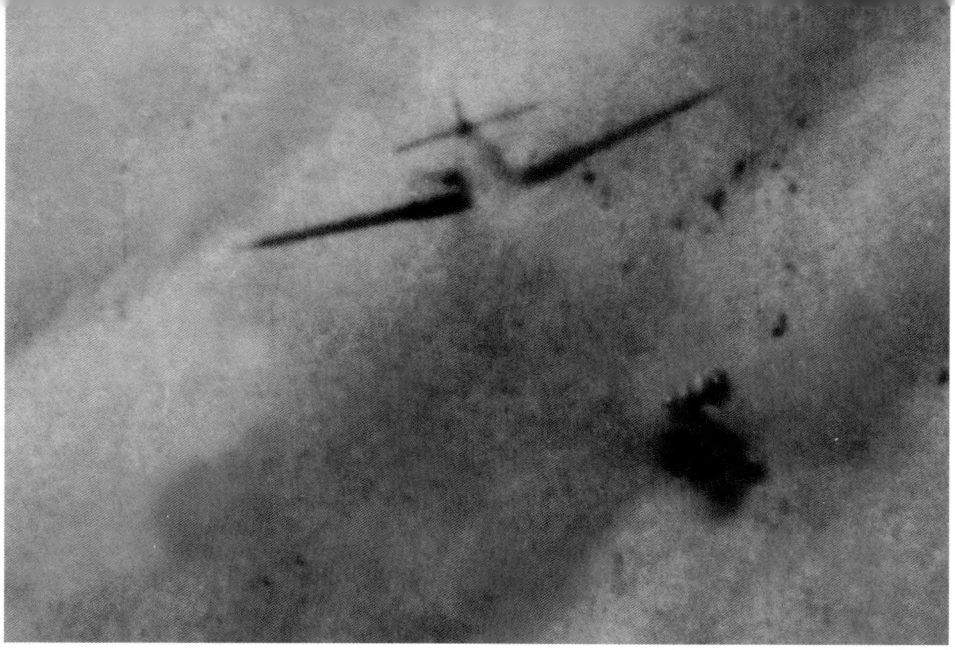

DIE ARMADA DER AMERIKANER

Die Probleme, mit denen sich die deutsche Flugabwehr durch die am Tage durchgeführten Angriffe B17- und der B24-Formationen der US Air Force konfrontiert sah, unterschieden sich grundlegend von denen, die durch die nächtlichen RAF-Angriffe verursacht wurden. Im engen Verband fliegend und bis an die Zähne mit Maschinengewehren vom Kaliber 0,5 bewaffnet, boten sie für jeden Jagdflieger einen furchterregenden Anblick. Einen Lösungsvorschlag machte Egon Mayer schon im November 1942, bevor die 8. Air Force überhaupt mit ihrem Schlag gegen Deutschland selbst begonnen hatte. Danach bestand das wirksamste Verfahren zur Überwindung der durch die Bomberformationen gebildeten Abwehrkette in einem Angriff direkt von vorn, wo die Feuerkraft der feindlichen Bomber am schwächsten war. Dazu flog Mayer die Formation aus einiger Entfernung an, suchte sich ein Ziel an deren Rand aus, wartete mit dem Beschuß bis zum letztmöglichen Moment und gab dann einen Feuerstoß von nicht mehr als zwei Sekunden Dauer ab, um anschließend nach unten auszuweichen, während die amerikanischen Bordschützen versuchen mußten, den Angreifer in nur wenigen Sekunden und bei einer Vorbeifluggeschwindigkeit von über 950 km/h zu treffen. Als Bf109-Pilot im JG2 entwickelte Mayer zusammen mit Georg-Peter Eder dieses Verfahren, das zur bevorzugten Taktik der Luftwaffe wurde, als die Offensive der 8. Air Force 1943 voll anlief.

Mayer und Eder waren außerordentlich erfolgreich im Kampf gegen viermotorige Flugzeuge. Bis Mayer im März 1944 von einer P-47 abgeschossen und getötet wurde, hatte er es auf insgesamt 102 Abschüsse gebracht, 25 davon Bomber der 8. Air Force. Eder dagegen überlebte den Krieg und genoß fortan einen Ruf als höchst erfolgreicher Killer, aber auch als ritterlichster Offizier der Luftwaffe. Zu seinen 78 anerkannten Abschüssen gehörten auch 36 viermotorige Bomber, aber Eder mußte seinen hartnäckigen Einsatz gegen die B17- und B24-Bomber teuer bezahlen, denn deren Bordschützen holten ihn nicht weniger als neunmal vom Himmel. Doch er war wohl ein notorischer Überlebender, der bei Kriegsende davon berichten konnte, insgesamt 17mal abgeschossen und 14mal verwundet worden zu sein. Weniger abgebrühte Piloten entwickelten indessen keine so bedingungslose Entschlossenheit. So beschreibt Albert Grislawski, der eine Bf109G im JG50 flog, den Schrecken seiner ersten Begegnung mit B17-Bombern: „Als ich zum ersten Mal eine amerikanische Bomberformation sah, waren es so viele, daß uns der Schreck in die Glieder fuhr. Wir begannen mit Frontalangriffen an der rechten Flanke der Formation und flogen jeweils zu viert an. Dabei bemerkte ich, daß einige unserer neuen Piloten zu früh abdrehten. Die haben wir nie wieder gesehen. Sie hatten einfach nicht die Nerven gehabt, um die kritischen Sekunden abzuwarten, bis wir durch den Kugelhagel hindurch waren."

Um die Effizienz der Bf109 gegen die USAAF-Bomber zu erhöhen, wurde ihre Feuerkraft verstärkt. Zu diesen G6-Modifikationen, mit denen beispielsweise die G-6/R2 ausgerüstet war, gehörten zwei 21-cm-Granatwerfer unter den Tragflächen und - wie in der G-6/R4 - zwei in Außenlastbehältern untergebrachte 30-mm-Bordkanonen. Zwar machte diese tödliche Zusatzausrüstung die Bf109 zu einer schlagkräftigen Waffe gegen die Bomberbesatzungen, aber sie wurden auch zu einem schweren Handicap, als die ersten USAAF-Jagdflugzeuge über Deutschland auftauchten. Denn die zu „Bomber-Killern" umgerüsteten Bf109 hatten ihre Fähigkeit eingebüßt, es mit den P-47 und P-51 der Amerikaner aufzunehmen. Die zusätzliche Bewaffnung hatte deutlich mehr Luftwiderstand und Gewicht zur Folge und machte die Bf109 relativ langsam, schwerfällig und damit zu einer leichten Beute für die USAAF-Bombereskorten.

Gegen Bomberformationen, die ohne Eskorte flogen, konnten die Tagjäger der Luftwaffe tödlich sein. Das herausragendste Beispiel dafür waren die Angriffe der 8. Air Force auf Regensburg und Schweinfurt am 17. August 1943, als sich eine schier unaufhörliche Heerschar von Bf109 und FW190 dem Feind entgegenwarf. Heinz Kemethmüller von der III/JG26, Teilnehmer bei einem der ersten Angriffe auf die B17-Verbände der 100. und der 385. Bombergeschwader, berichtet: „Mein Staffelkapitän wählte einen Pulk aus und führte uns von vorn an ihn heran. Dann entschied er, welchen Bomber er selbst aufs Korn nehmen wollte, während der Rest von uns ausschwärmte, um sich eigene Ziele zu suchen. Ich selbst hatte nur Zeit für einen einzigen Feuerstoß auf mein Ziel und sah gleich darauf Bruchstücke eines Motors davonfliegen. Ich zog nach rechts oben weg und drehte einen Kreis. Unter mir sah ich den Bomber, den ich beim ersten Anflug angegriffen hatte und dessen getroffenes Triebwerk nun eine schwarze Rauchfahne hinter sich herzog. Der Bomber hatte bereits stark an Höhe verloren und kurvte von der Formation weg. Mir war klar, daß diese Maschine nicht zurückkehren würde."

Auf der anderen Seite erinnert sich John Brady, ehemaliger Pilot im 100. BG:

„Sie flogen uns aus 12 Uhr an, einer nach dem anderen, ohne Ende. Als sie den Punkt zum Ausschwärmen erreichten, drückten sie ihre Maschinen an und fegten unter uns hindurch, wobei einige von ihnen eine Rolle flogen. So blitzschnell dies alles auch ging - die Sekunden schienen nicht enden zu wollen. Das war wieder einmal einer dieser Tage, an denen ich mir gewünscht hätte, Bordschütze zu sein und etwas tun zu können, anstatt einfach nur dasitzen und geradewegs in die Horden von anstürmenden Jägern hineinfliegen zu müssen."

In einer B17 zu sitzen, die bei einem solchen Frontalangriff getroffen, konnte ein Alptraum sein: „Sie griffen uns aus 12 Uhr an, von oben und noch dazu aus der Sonne, und flogen in Faßrollen durch unsere Formation hindurch. Im nächsten Augenblick gab es in der Nähe von mir eine Explosion, und ich wurde nach hinten geschleudert. Ein 20-mm-Projektil hatte das Dach durchschlagen und war im Boden explodiert. Dabei war ich von mehreren Metallsplittern getroffen worden. Durch ein Loch sah ich Flammen, die aus dem Vorderteil der Maschine schlugen. Ich erinnere mich aber nicht, dabei in Panik verfallen zu sein; es ging einfach alles viel zu schnell." (Albert van Pelt, Bordschütze, 390. BG)

Bilanz der B17-Angriffe auf Regensburg

und Schweinfurt: Von den 376 eingesetzten Bombern waren 60 abgeschossen worden, und mindestens 10 weitere waren infolge von Beschädigungen nicht mehr einsatzfähig. Über 80% dieser Verluste gingen auf das Konto der einmotorigen Jäger der Luftwaffe, mehr als die Hälfte davon Bf109G. Umgekehrt hatten die B17-Bordschützen 21 deutsche Jagdflugzeuge abgeschossen, 13 davon „Gustavs".

An manch einem anderen Tag des Jahres 1943 mußten die Besatzungen der USAAF-Bomber zähneknirschend einen regelrechten Spießrutenlauf bei der Luftwaffe absolvieren, um zu ihren Zielen weit im deutschen Hinterland vorzudringen. Dabei waren immer wieder schlimme Verluste zu beklagen, was schließlich zu der Erkenntnis führte, daß Bombenangriffe am Tage nicht sonderlich erfolgversprechend waren. 1944 allerdings schlug das Pendel endlich zugunsten der US Air Force aus: Die ersten P-51 Mustang trafen ein - Flugzeuge, die es nicht nur mit den Flugleistungen der deutschen Jagdmaschinen aufnehmen konnten, sondern auch über die Reichweite von strategischen Bombern verfügten. Nun stiegen die deutschen Verluste alarmierend - die Zerstörung der deutschen Luftstreitkräfte schritt unerbittlich voran. Im April 1944 berichtete Adolf Galland: „Die am Tag eingesetzten Jagdfliegerverbände haben in den letzten vier Monaten mehr als 1000 Flugzeuge verloren und mit ihnen einige unserer besten Offiziere. Diese Lücken sind nicht zu schließen. Bei jedem Feindangriff hatten wir Verluste von bis zu fünfzig Maschinen. Diese Entwicklung ist inzwischen so weit vorangeschritten, daß der Zusammenbruch unserer Streitkräfte droht." Allein während der fünf Monate vor der Invasion in der Normandie - dem „D-Day" - starben nicht weniger als 2262 deutsche Jagdflieger. Angesichts dieser Verluste schlitterte die Luftwaffe unwiderruflich auf die Niederlage zu.

Im gleichen Maße wie die Verluste stieg auch die Produktion neuer Flugzeuge. 1944 wurde von den deutschen Flugzeugwerken die erstaunliche Zahl von 13.842 Maschinen des Typs Bf109 an die Truppe übergeben, und weitere Maschinen wurden in Ungarn und Rumänien gefertigt. Das Problem war, Piloten zu finden, die gut genug ausgebildet waren, um diese Flugzeuge im Luftkampf zu beherrschen. Überdies mußten sich selbst die „Experten" eingestehen, daß die Bf109 - sicherlich ein reinrassiges Kampfflugzeug - an den Grenzen ihrer Entwicklungsmöglichkeiten angelangt war und ihre Flugleistungen mit denen von neueren Konstruktionen nicht mithalten konnten. 1944 konnte im Gegensatz zu 1939 niemand mehr behaupten, daß das Jagdflugzeug von Messerschmitt das beste der Welt war - aus dem technologisch führenden „Emil" war das Arbeitspferd „Gustav" geworden.

LETZTE EXPERIMENTE

Noch zu der Zeit, als die „Gustav" immer wieder für Spezialzwecke modifiziert wurde, wurden neue Versionen der Bf109 entwickelt. Doch obwohl dabei durchaus einige interessante Konstruktionen entstanden, gelangten sie nie in die Produktion. So war die Bf109H als Hochleistungs-Kampfflugzeug für große Höhen konzipiert Durch zusätzliche Sektionen im Rumpfbereich hatte diese Version eine um 3,5 m größere Spannweite und ein Fahrwerk mit fast verdoppelter Spurweite. Zwar wurden mehrere zur H-Version umgerüstete „Gustav"-Exemplare zur Flugerprobung ausgeliefert, wobei sich zeigte, daß diese Maschine Dienstgipfelhöhen von mehr als 14.000 Metern erreichte, doch das Programm wurde abgebrochen, nachdem erhebliche Flattererscheinungen bei einem Sturzflugversuch zum Verlust einer Tragfläche geführt hatten. Man entschloß sich daher, der Focke-Wulf Ta152H die Rolle als Höhenjäger zu überlassen.

Schon in früheren Phasen des Krieges waren Tests mit Bf109-Maschinen in ungewöhnlichen Konfigurationen durchgeführt worden. So entstanden z.B. Versionen mit Skis, mit Dreibeinfahrwerk und mit V-Leitwerk, und es wurden verschiedene Alternativmotoren erprobt, darunter der BMW801-Sternmotor und der mit einem Ringkühler ausgestattete Jumo 213. Für den sogenannten „Jabo-Rei" - den Jagdbomber mit vergrößerter Reichweite - wurde die zum Mitführen einer 500-Kilo-Bombe erforderliche größere Bodenfreiheit erzielt, indem unter der Rumpfmitte ein zusätzliches Spornrad angeordnet wurde. Nach dem Abheben wurde dieses nun überflüssige Rad durch Zünden von Sprengbolzen abgeworfen. (Man kann nur darüber spekulieren, was wohl passiert wäre, wenn die Bombe nicht abgeworfen werden konnte!) Ein noch dramatischerer Versuch, die Feuerkraft der Maschine zu steigern, war das Programm „Mistel", bei dem eine Bf109F auf dem Rumpf eines Ju88-Bombers mit einer Bombenlast von 4000 kg in der Flugzeugnase montiert wurde. Der 109-Pilot lenkte diesen Verband ins Zielgebiet, um seine tödliche Fracht in einem flachen Gleitflug ins Ziel zu steuern. Mehrere dieser Waffensysteme wurden für Angriffe gegen alliierte Schiffe eingesetzt, andere zum Sprengen von Brücken über die Neiße und den Rhein, als die Alliierten auf Deutschland vorrückten. Die Angriffe auf die von den Sowjets benutzten Brücken wurden von zehn Bf109 begleitet. In den Cockpits dieser Maschinen saßen Freiwillige, die sich mit ihren mit Bomben vollgepackten Flugzeugen bewußt ins Ziel stürzten. Diese Angriffe waren die einzigen, bei denen Luftwaffenpiloten geplante Selbstmordeinsätze flogen.

Zu Beginn des Zweiten Weltkriegs hatte die deutsche Militärführung die Absicht verfolgt, Flugzeugträger einzusetzen, von denen die Kriegsmarine 1944 zwei in Dienst stellte. Messerschmitt erhielt den Auftrag, eine Flugzeugträger-Version der Bf109 zu konstruieren, die sogenannte „Toni"-Version Bf109T, bei der es sich um eine modifizierte „Emil"-Version handelte. Die größere Spannweite sowie vergrößerte Vorflügel und Landeklappen verliehen dieser Maschine, die zudem mit Klappflügeln, Katapultvorrichtungen und Fanghaken ausgestattet war, bessere Langsamflugeigenschaften. Ein Auftrag zur Produktion von 60 „Tonis" ging an die Firma Fieseler, doch als das Flugzeugträgerprogramm eingestellt wurde, wurden diese Maschinen ohne die vorgesehene Marine-Zusatzausrüstung fertiggestellt. Diese Versionen mit der Bezeichnung T-2 wurden in Norwegen und auf Helgoland stationiert; aus einer davon mußte Hajo Herrmann während der Operation „Wilde Sau" aussteigen.

Die Bf109Z („Zwilling") war ein Versuch, ein schweres Langstrecken-Kampfflugzeug zu bauen, ohne alle Konstruktions- und Fertigungsphasen von Grund auf neu abwickeln zu müssen. Dazu wurden einfach zwei Bf109F zusammenmontiert. Das so entstandene Flugzeug machte einen vielversprechenden Eindruck, wurde aber just nach seiner Fertigstellung bei einem Luftangriff so schwer beschädigt, daß es nicht mehr zur Flugerprobung kam und das Projekt nicht abgeschlossen wurde. (Dieses Konzept wurde übrigens in einem ähnlichen Entwicklungsprojekt mit der P-51 Mustang realisiert, das zeitgleich abgewickelt wurde. Es führte zur F-82, die erfolgreich im Koreakrieg zum Einsatz kam.)

ENDE EINER FLUGZEUGKARRIERE

Die „Gustav" war die meistgebaute Version der Bf109-Familie, aber keineswegs die letzte, die in die Serienproduktion ging. In dem Bemühen, der verwirrenden Typenvielfalt Herr zu werden und ein standardisiertes 109-Basismodell zu schaffen, entstand die auf der G-10-Variante basierende Bf109K. Zu ihren augenfälligsten Veränderungen gehörten die „Galland"-Haube mit verbesserter Rundumsicht, ein vergrößertes Leitwerk und ein verlängertes Spornradfederbein, das der Maschine beim Starten und Landen einen weniger steilen Anstellwinkel verlieh. Unter der Cowling verbarg sich ein bulliger DB605ASCM, der es auf eine Startleistung von 2000 PS brachte. Doch trotz der Standardisierung der Zelle war es unvermeidlich, auch die Bf109K - einfach wegen unterschiedlicher Anforderungen im Einsatz - unterschiedlich auszustatten, so daß auch von dieser Maschine mehrere Spezialversionen entstanden. Die Versionen K-2 und K-4 beipielsweise waren für den Einsatz als Tagjäger, Jagdbomber und Langstrecken-Abfangjäger vorgesehen, wofür sie je nach Bedarf mit Bomben oder Abwurftanks bestückt werden konnten, und unterschieden sich nur insofern, als die K-4 mit einer Druckkabine ausgerüstet war. Die K-6 war ein schwerer bewaffneter Bomber bzw. Abfangjäger mit zusätzlichen Kanonen in den Tragflächen als Ergänzung zu den im Bugbereich untergebrachten Waffensystemen. Die K-14 wurde von dem lange erwarteten und mit einem Zweistufenlader ausgestatteten DB605L-Motor angetrieben. In dieser Ausführung erreichte die Bf109K eine Geschwindigkeit von bemerkenswerten 720 km/h in über 11.000 Metern Höhe.

Doch alle diese Entwicklungen, so positiv sie auch schienen, konnten die Uhr nicht zurückdrehen. Ende 1944, als die ersten K-Versionen vom Band liefen, waren die großen Tage der Bf109 bereits Geschichte. Geflogen von einigen übriggebliebenen „Experten" und von den in den Flugschulen der Reichsluftwaffe hastig und unzureichend ausgebildeten Nachwuchspiloten kamen sie zwar bis in die letzten Kriegstage hinein zum Einsatz, konnten aber keine Wende im Kriegsverlauf mehr herbeiführen. Zwei Operationen illustrieren beispielhaft das verzweifelte Aufbäumen der Reichsluftwaffe im Jahr 1945. Eine davon war die am 1. Januar 1945 gestarteten Operation „Bodenplatte", die sich gegen vorgeschobene Stützpunkte der alliierten Luftstreitkräfte in Belgien und Holland richtete, und an der rund 900 Flugzeuge beteiligt waren, die meisten davon Maschinen der Muster Bf109 und FW190. Ein erheblicher Anteil ihrer Piloten war nicht für Angriffe auf Bodenziele, sondern für den Luftkampf ausgebildet worden. Dennoch kam „Bodenplatte" für die Alliierten ziemlich überraschend und richtete große Zerstörungen an - mehr als 200 alliierte Flugzeuge wurden im Verlauf der Operation am Boden zerstört oder beschädigt. Trotzdem erwies sich die Operation für die Luftwaffe als Desaster, denn etwa ein Drittel aller an den Angriffen beteiligten Kampfflugzeuge ging verloren. 237 Jagdflieger kamen um, wurden vermißt oder kamen in Kriegsgefangenschaft, und 18 wurden verwundet. Zu den Gefallenen zählten drei Geschwader-, sechs Gruppen- und elf Staffelkommandeure, und diese Offiziere waren buchstäblich nicht zu ersetzen. Damit war das Rückgrat der Reichsluftwaffe gebrochen.

Als das unausweichliche Ende näherrückte, machte Hajo Herrmann nochmals von sich reden, diesmal mit seinem radikalen Vorschlag zur Bildung von „Rammjägergruppen". Sein Plan war, mit bis zu 800 Bf109 der Versionen G und K einen einzigen massiven Schlag gegen die Bomber der US Air Force zu führen. Dabei sollte jeder Bf109-Pilot versuchen, den Rumpf eines Bombers unmittelbar vor dem Heck mit der Tragfläche zu rammen. Wenn nur die Hälfte der eingesetzten Rammjäger auf diese Weise erfolgreich waren, so die Überlegung, mußte es möglich sein, in nur einem Kampfeinsatz rund 400 Bomber vom Himmel zu holen, und viele der Bf109-Piloten konnten damit rechnen, diesen Einsatz durch einen Absprung zu überleben. Die Amerikaner aber würde es Wochen kosten, sich von einem solchen Verlust zu erholen. So wurde das Sonderkommando „Elbe" gebildet, das zunächst aus drei Gruppen zu je 45 Piloten bestand. Die Geschwindigkeit, mit der die alliierten Streitkräfte vorrückten, zwang die Luftwaffenführung jedoch, das Sonderkommando zu früh einzusetzen: Am 7. April 1945 erhielten etwa 120 „Elbe"-Bf109 den Befehl, mehr als 1300 Bomber vom Typ B-17 und B-24 anzugreifen. Nach amerikanischen Berichten wurden dabei acht Bomber durch Rammen zerstört und 15 weitere beschädigt. Umgekehrt wurde der Abschuß von rund 100 Jagdflugzeugen der Luftwaffe gemeldet, viele davon Bf109 der Rammjägereinheit. Die Operation wurde nicht wiederholt.

Im Mai 1945, fast auf den Tag genau zehn Jahre nach dem Erstflug der Bf109, endete die militärische Laufbahn des Messerschmitt-Kampfflugzeugs. Mehrere hundert Maschinen dieses Typs befanden sich zu diesem Zeitpunkt noch auf Feldflugplätzen und in Hangars in Deutschland. In flugbereitem Zustand, aber infolge Treibstoffmangels nicht einsetzbar, konnten sie nur noch auf den Zusammenbruch des Dritten Reichs warten.

Die von Willy Messerschmitt konstruierte Maschine wurde noch einige Jahre lang von den Luftstreitkräften anderer Nationen geflogen. So baute die Tschechoslowakei unter der Bezeichnung CS199/S199 einige Exemplare der Bf109-Versionen G12 und G14 und hatte diese Maschinen bis Mitte der 50er Jahre im Einsatz. Israel beschaffte mehrere S199, die bis 1949 als Jagdflugzeuge in Dienst bleiben - gewissermaßen als „Lückenbüßer" bis zur Verfügbarkeit modernerer Maschinen. Hauptbetreiber nach dem Zweiten Weltkrieg allerdings war Spanien. Hispano Aviación baute die Bf109G-2 in Lizenz, war jedoch gezwungen, den nicht mehr verfügbaren DB605A-Motor durch einen nur 1300 PS starken Hispano-Suiza zu ersetzen. Das so entstandene Flugzeug - die HA-1109 - lieferte dementsprechend enttäuschende Leistungen, und erst 1953 schloß sich der Kreis für die Bf109, als die Entscheidung fiel, dieses Flugzeug mit einem 1600-PS-Merlin-Motor von Rolls-Royce zu bestücken. Die so modifizierte Version mit der Bezeichnung HA-1112 blieb bis 1967 bei den spanischen Jagdfliegerstaffeln in Dienst.

So war die Bf109, die ihren Werdegang einst mit einem Rolls-Roye Kestrel begonnen und ihre ersten Kampfeinsätze in Spanien absolviert hatte, sozusagen zu ihren Wurzeln zurückgekehrt. Damit verbunden war auch eine gewisse Ironie, denn das in den größten Stückzahlen produzierte Jagdflugzeug der Luftwaffe überlebte ausgerechnet mit einem Motor, der in Flugzeugen wie der Spitfire und der Mustang ein wesentlicher Faktor für die Niederlage der Bf109 im Zweiten Weltkrieg gewesen war.

GÜNTHER RALL

Günther Rall ist zweifellos der Topstar aller Kampfflieger des Zweiten Weltkriegs. Mit seiner beeindruckende Bilanz von insgesamt 275 abgeschossenen Feindflugzeugen rangiert er in der Weltrangliste der Fliegerasse auf dem dritten Platz - ein mehr als ausreichender Beweis für seine bemerkenswerten Fähigkeiten als Kampfpilot. Doch das ist es nicht allein: Noch in seinem 80. Lebensjahr ist dem hageren und aktiven Veteranen seine Rolle als Spitzenpilot auf den Leib geschrieben. Dieser Mann, von dem Energie und Enthusiasmus ausgehen, verfolgt alles um sich herum mit großer Aufmerksamkeit. Sein Gedächtnis ist präzise und detailliert, und wenn er von seinen Erfahrungen bei der Luftwaffe berichtet, werden die Geschichten durch seine agile Art des Erzählens lebendig. Und er hat viele Geschichten zu erzählen! Betrachtet man sowohl seine Kampfpilotenkarriere während des Zweiten Weltkriegs als auch seine militärische Laufbahn in der neugegründeten Bundesluftwaffe, so kann man wohl mit Fug und Recht behaupten, daß Günther Rall der erfolgreichste Kampfflieger aller Zeiten ist.

Günther Rall, geboren im badischen Gaggenau am 10. März 1918, verließ 1936 die Schule, um Heeresoffizier zu werden. Zwei Jahre später erkannte er, daß das ein Fehler gewesen war, und wechselte zur Luftwaffe. Sein Kommentar zu dieser Entscheidung: „Das Fliegen hatte Zukunft - und es holte einen raus aus dem Dreck!" Nach Abschluß seiner Pilotenausbildung 1939 kam er zum Jagdgeschwader 52. Seine erste Feindberührung hatte er in einer Messerschmitt Bf109E auf einem Einsatz gegen Frankreich, zu dem er von der in Mannheim stationierten III/JG52 gestartet war. Am 12. Mai 1940 errang er seinen ersten Luftsieg, als er im Luftkampf gegen eine französische Staffel eine Curtiss P-36 abschoß.

Nach dem Fall Frankreichs wurde seine Staffel zu einem Stützpunkt bei Calais verlegt, wo sie sich auf die Offensive gegen die Royal Air Force vorbereitete. Nach Beginn der Luftschlacht um England war das JG52 täglich an schweren Luftkämpfen beteiligt und verlor bald seinen Geschwaderkommandeur und zwei Staffelkommandanten. Da keine Nachfolger zur Verfügung standen, wurde Günther Rall mit 22 Jahren neuer Staffelführer. Nach der Luftschlacht um England wurde das JG52 zunächst von der Kanalküste fort verlegt, um sich neu organisieren zu können, und kam später in Südosteuropa zum Einsatz. Die JG52-Piloten kämpften über Rumänien und Kreta, bevor sie nach Südrußland verlegt wurden und die deutsche Krimoffensive unterstützten. Zu diesem Zeitpunkt, als bereits 36 Luftsiege auf sein Konto gingen, schrammte Günther Rall haarscharf am Ende seiner fliegerischen Laufbahn vorbei. Am 28. November 1941, so erinnert sich Rall, wurde er nachlässig und flog einem seiner sowjetischen Opfer hinterher, um dessen Absturz zu beobachten. Dabei wurde er von einem anderen Jagdflieger der Roten Armee angeschossen. Bei der anschließenden Bauchlandung kam er mit dem unebenen Boden in Berührung, geriet in ein kleines Tal und schlug auf dem gegenüberliegenden Hang auf. Dabei zog er sich einen dreifachen Wirbelsäulenbruch zu, um man teilte ihm mit, daß er nie wieder fliegen würde.

Doch mit dem eisernen Willen, den Ärzten das Gegenteil zu beweisen, gelang es Rall, im August 1942 wieder bei seiner Einheit zu sein. Nur einen Monat nach seiner Rückkehr wies seine Luftsiegbilanz schon stolze 65 Abschüsse auf, was ihm das Ritterkreuz einbrachte. Hinzu kam Ende Oktober das Eichenlaub für den 100. Abschuß. In den folgenden Monaten kämpfte das JG52 im Kaukasus, in Stalingrad, im Kuban-Gebiet und in Kursk. An all diesen Kriegsschauplätzen, wo das JG52 die deutschen Bodentruppen zunächst bei ihren Eroberungen und später bei ihrem Rückzug unterstützte, wurde die Liste von Ralls Luftsiegen stetig länger. Im April 1943 wurde er zum Kommandeur der III/JG52 befördert und erhielt im September für seinen 200. Luftsieg die Schwerter zum Ritterkreuz verliehen. Mit 40 Abschüssen allein im Oktober steigerte er seine Erfolgsbilanz rapide auf 250 - vor ihm hatte erst Walter Nowotny diese enorme Zahl von Abschüssen erreicht.

Luftwaffen-As Günther Rall, hier noch einmal im Cockpit einer Bf109. Alle seine 275 Abschüsse erzielte er als Pilot dieses Flugzeugmusters.

Im Frühjahr 1944 wurde Günther Rall an die deutsche Westfront versetzt, wo er Kommandeur der II/JG11 wurde und als Bf109G-Pilot gegen alliierte Jagdflugzeuge kämpfte, die Geleitschutz für die 8. Air Force während ihrer massiven Angriffe auf Deutschland flogen. In den letzten Kriegswochen wurde Rall zum Major befördert und erhielt das Kommando über das JG300. Seine endgültige Abschußbilanz von 275 erreichte er in rund 800 Missionen, von denen über 600 mit Kampfhandlungen verbunden waren. Seine Erfolgsrate war beeindruckend und steht der seiner Kameraden Hartmann (352 Abschüsse in 1405 Einsätzen) und Barkhorn (301 Abschüsse in 1104 Einsätzen) kaum nach. Doch Rall blieb nicht immer Sieger. Siebenmal mußte er notlanden, und einmal entging er nur knapp einer Katastrophe, als er im Kampf gegen Jagdflieger der 8. Air Force bei Berlin am 12. Mai 1944 von den Kugeln einer P-47 getroffen wurde, was ihn seinen linken Daumen kostete. Rall stieg aus, um von einem Bauer mit einer Heugabel bedroht zu werden, nachdem er, stark blutend, mit dem Fallschirm gelandet war. Bis zum Ende des Jahres flog er keine Kampfeinsätze mehr.

Günther Rall hat lebhafte Erinnerungen an andere Begebenheiten, die seiner Laufbahn fast ein Ende bereitet hätten. So führte ein Angriff auf eine P-39 in Rußland fast zu einer Brandkatastrophe, nachdem ein Feuerstoß aus seiner Bordkanone eine Explosion ausgelöst hatte. Es gab „...eine gigantische Flammenwand, fast hundert Meter lang, und mir blieb nichts anderes übrig als hindurchzufliegen. Zu dieser Zeit waren die Querruder der Bf109 noch mit Stoff bespannt, und als ich schließlich aus dem riesigen Feuerball herauskam, waren an den Querrudern nur noch die Metallrippen zu sehen. Die Lackierung meiner Maschine warf überall Blasen, als ob jemand sie von der Nase bis zum Leitwerk mit einer Lötlampe traktiert hätte..."

Bei einer anderen Gelegenheit schloß e irrtümlich zu einem russischen Jagdflugzeug auf, das er für eine FW190 hielt. Erst im letzten Moment erkannte er den roten Stern, hielt auf die Feindmaschine zu, und „...dann gab es einen ohrenbetäubenden, entsetzlichen Zusammenstoß. Ich kollidierte von oben mit der russischen Maschine, trennte ihr mit meinem Propeller eine Tragfläche ab, während sich ihr Propeller in den Rumpf meiner Maschine bohrte. Die russische Maschine war schwerer beschädigt als meine, denn mein Propeller ging durch ihre Tragfläche hindurch wie eine Kreissäge. Der Flügel brach ab, und die Maschine ging in eine Steilspirale über, die nicht zu beenden war. Ich selbst konnte gerade noch eine Bauchlandung machen, wobei der Rumpf endgültig zerstört wurde..."

Heinz Bär (220 Abschüsse) war ein außergewöhnlicher Zeitgenosse von Günther Rall. Seine Meinung über Rall: „Er war der beste und unübertroffene Schütze in Luftkämpfen, bei denen der Gegner nicht direkt, sondern unter einem bestimmten Winkel anvisiert werden mußte - einfach phantastisch. Entsprechend respektvoll äußerten sich seine Flügelmänner auch stets über seine Fähigkeit, versetzt kreisende Maschinen zu treffen. Anscheinend hatte er die Kunst, die Geschwindigkeit und den Abstand der Feindmaschine zu bestimmen, derart perfektioniert, daß er stets exakt vorhielt. Dann genügten ihm einige wenige Schüsse, und der Feind war erledigt. Kein Zweifel: Rall war der Beste!"

Jahre später, als die Bundesrepublik Mitglied der NATO wurde, kehrte Günther Rall in seinen früheren Beruf zurück. Er trat als Major in die Bundesluftwaffe ein, absolvierte eine Umschulung auf die neuen Kampfjets und gehörte zu dem Team, das die Lockheed F-104 „Starfighter" bei der Luftwaffe einführte. Von 1970 bis 1974 war er - im Range eines Generalleutnants - Chef der Bundesluftwaffe. Nur wenige Piloten haben so viel erreicht wie Günther Rall, ob in Kriegs- oder in Friedenszeiten.

(Nachtrag: Anläßlich seines Besuchs in Washington, DC, im Jahr 1996 wurde Günther Rall von der US Air Force eingeladen, sich einmal am Cockpitsimulator der F-22 zu versuchen. Kaum hatte er es sich im Sitz bequem gemacht, brannte er darauf, einige Manöver zu fliegen. Gesagt, getan: Vor das Problem gestellt, es mit vier von vorn anfliegenden „Bogies" aufzunehmen, erledigte er alle von ihnen mit enormer Geschwindigkeit und eiskalter Präzision. Was Rall mit breitem Grinsen so kommentierte: „Damit wären's dann 279!")

WALTER SCHUCK

Walter Schuck ist nicht so bekannt wie viele seiner damaligen Kameraden, was angesichts seiner fliegerischen Erfolge im Zweiten Weltkrieg verwundert. Er flog die Bf109 im JG5, das an den weiter nördlich gelegenen Ausläufern der Ostfront operierte. Schuck, der in der Luftwaffe für seinen Kampfgeist und seine Entschlossenheit im Kampf gegen den Feind bekannt war, brach-

te es gegenüber den sowjetischen Luftstreitkräften auf insgesamt 198 anerkannte Abschüsse. Auch Schuck wurde mit dem Ritterkreuz mit Eichenlaub ausgezeichnet.

Gegen Ende des Krieges schulte Schuck auf den ersten Kampfjet der Welt, die Me262, um und erzielte noch mindestens acht Luftsiege an der Westfront, vier davon gegen viermotorige Bomber. Vielleicht dreißig weitere Abschüsse blieben unbestätigt, was vor allem auf die Praxis von Schuck zurückzuführen ist, sehr schnelle Angriffe mitten durch die USAAF-Bomberverbände hindurch zu fliegen, eine Taktik, bei der Fragen der Bestätigung von Abschüssen sowohl für ihn selbst als auch für seinen Flügelmann aus verständlichen Gründen in den Hintergrund getreten sein dürften.

Walter Schuck streicht über die Rumpfoberfläche eines, wie er sagt, „guten Flugzeugs". Die meisten seiner 206 anerkannten Abschüsse konnte er als Bf109-Pilot verbuchen, nur die letzten acht stammen aus der Ära der Messerschmitt 262, dem weltweit ersten zu Kriegszwecken eingesetzten Düsenjäger.

Günther Rall und Walter Schuck reichen sich die Hände. Auf diese beiden Piloten allein entfielen fast 500 der deutschen Luftsiege des Zweiten Weltkriegs.

Folgeseiten: *Die „Schwarze Sechs", eine Bf109G-2, beim Warmlaufenlassen des Daimler-Benz 605 vor dem Rollen zur Startbahn. Die „Schwarze Sechs", die den Briten in Libyen in die Hände fiel, war eine für Wüstenoperationen ausgelegte Version, erkennbar an dem Lufteinlauf unmittelbar über der Profilnase, der mit einem Luftfilter ausgestattet ist, um ein Eindringen von Sand zu verhindern.*

Die Bf109G-10 war eine spätere Serienversion, die mit einer höheren Seitenflosse versehen war, um dem Piloten bei Start und Landung zu mehr Ruderwirkung zu verhelfen. Ebenfalls zu sehen ist die „Galland"-Haube, die die Rundumsicht erheblich verbesserte. Die G-10 hatte einen 2000-PS-Motor, eine beachtliche Leistung für ein so kleines Flugzeug.

Glycol / Wasser
50 / 50
Vorsicht beim

Vorsicht beim Öffnen
Kühler ist im Haubenteil eingebaut

Das Fahrwerk der Bf109 mit seiner markanten geringen Spurweite. Fast die Hälfte aller Maschinen, die während der fliegerischen Laufbahn dieses Typs verlorengingen, wurden bei Rollunfällen beschädigt. Die Hauptfahrwerksbeine sind nicht an den Tragflächen, sondern am Rumpf angebracht und fahren zur Außenseite hin ein. Die Fahrwerksschächte sind mit abnehmbaren Leinenabdeckungen versehen.

Die roten Markierungen an den Hauptfahrwerksbeinen der G-10 lassen den Druck in den Öldruckfederbeinen erkennen, die Stöße bei der Landung abfangen.

Das Spornrad-Fahrwerk der G-10 ist deutlich länger als bei früheren 109-Versionen. In Verbindung mit der größeren Seitenflosse trug diese Änderung zu einer besseren Steuerbarkeit der G-10 am Boden bei.

Die Seitenflosse der „Schwarzen Sechs". Die Bf109 besaß keine Seitenrudertrimmung. Die Seitenflosse ist sichtbar gegenüber der Flugzeuglängsachse versetzt und besitzt das Profil einer Auftriebsfläche, damit die so erzeugte seitwärts gerichtete Kraft das beträchtliche Drehmoment des Motors kompensiert.

Bei der Vorflugkontrolle überprüft der Pilot stets alle Ruder auf Gängigkeit. Zu den von Messerschmitt geschaffenen Innovationen bei der Entwicklung der Bf109 gehört auch das „fliegende Leitwerk": Die gesamte Höhenruder-Dämpfungsfläche läßt sich vom Cockpit aus um mehrere Grad nach oben und unten trimmen. Hinter dem Piloten sind die Spuren der Bf109 im Gras sichtbar.

Das kleine Seitenleitwerk der G-10

Von der F-Version an besaß die Bf109 serienmäßig ein komplexes System von untereinander verbundenen Klappen. Die kleineren innenliegenden Klappen waren längsgeteilt, wobei die untere Hälfte separat so verstellt werden konnte, daß sie als Kühlluftklappe wirkte. Auffällig auch die schwarzen Flecken hinter den Auspuffrohren - die Bf109 hatte nicht umsonst den Ruf, ein „schmutziges" Flugzeug zu sein. Im Luftkampf war für den Feind anhand der schwarzen Auspuffgase leicht erkennbar, wann ein 109-Pilot wesentliche Änderungen an der Motorleistung vornahm. Dies führte zuweilen zu der voreiligen Annahme, daß eine Bf109 abgeschossen worden war, da sie ja „zuletzt gesehen wurde, wie sie eine Rauchfahne hinter sich herzog". Und die Behauptung von Luftwaffenpiloten, sich mit seiner 109 von einer Spitfire davonstehlen zu können, wurde von einem Spitfire-Piloten so beantwortet: „Kein Problem - ich fliege einfach der Rauchfahne hinterher."

Die Funktion der Bf109-Vorflügel konnte zu keinem Zeitpunkt direkt vom Piloten beeinflußt werden. Sie fahren bei Erreichen eines hohen Anstellwinkels automatisch aus und bewirken eine Verlängerung der laminaren Strömung auf der Flügeloberseite, was bei der Landung oder in Steilkurven von Vorteil ist.

Hier eingreifen
WE

FRIEDRICH KARL MÜLLER
Hier eingreifen
Beim Schliessen der Kabine
auf Vorderteil-Gummirahmen achten

Cockpit und Haube der Bf109G-2 „Schwarze Sechs“. Fast alle Bf109 waren mit diesen schweren, engen Hauben ausgestattet, deren dicke Verstrebungen erhebliche tote Winkel zur Folge hatten und die dem Piloten kaum Platz ließ, um den Kopf zu drehen.

Die „Galland-Haube“, mit der die Bf109G-10 ausgestattet war, bot schon eine erheblich verbesserte Rundumsicht, die jedoch nicht an die Sicht der blasenförmigen Hauben heranreichte, mit denen alliierte Jagdflugzeuge wie die P-51D und die Typhoon ausgerüstet waren.

Die Panzerglas-Frontscheibe der Bf109 ist 90 mm dick.

Angesichts der drangvollen Enge in den Messerschmitt-Flugzeugen fragte sich ein Messerschmitt-Mechaniker einmal, ob sich Willy Messerschmitt jemals Gedanken über die Piloten gemacht hatte.

Folgeseite: *Diese Szene in einem Hangar in Duxford läßt etwas von der Atmosphäre jener Jahre erahnen, in denen es noch riesige Stückzahlen der Bf109 gab.*

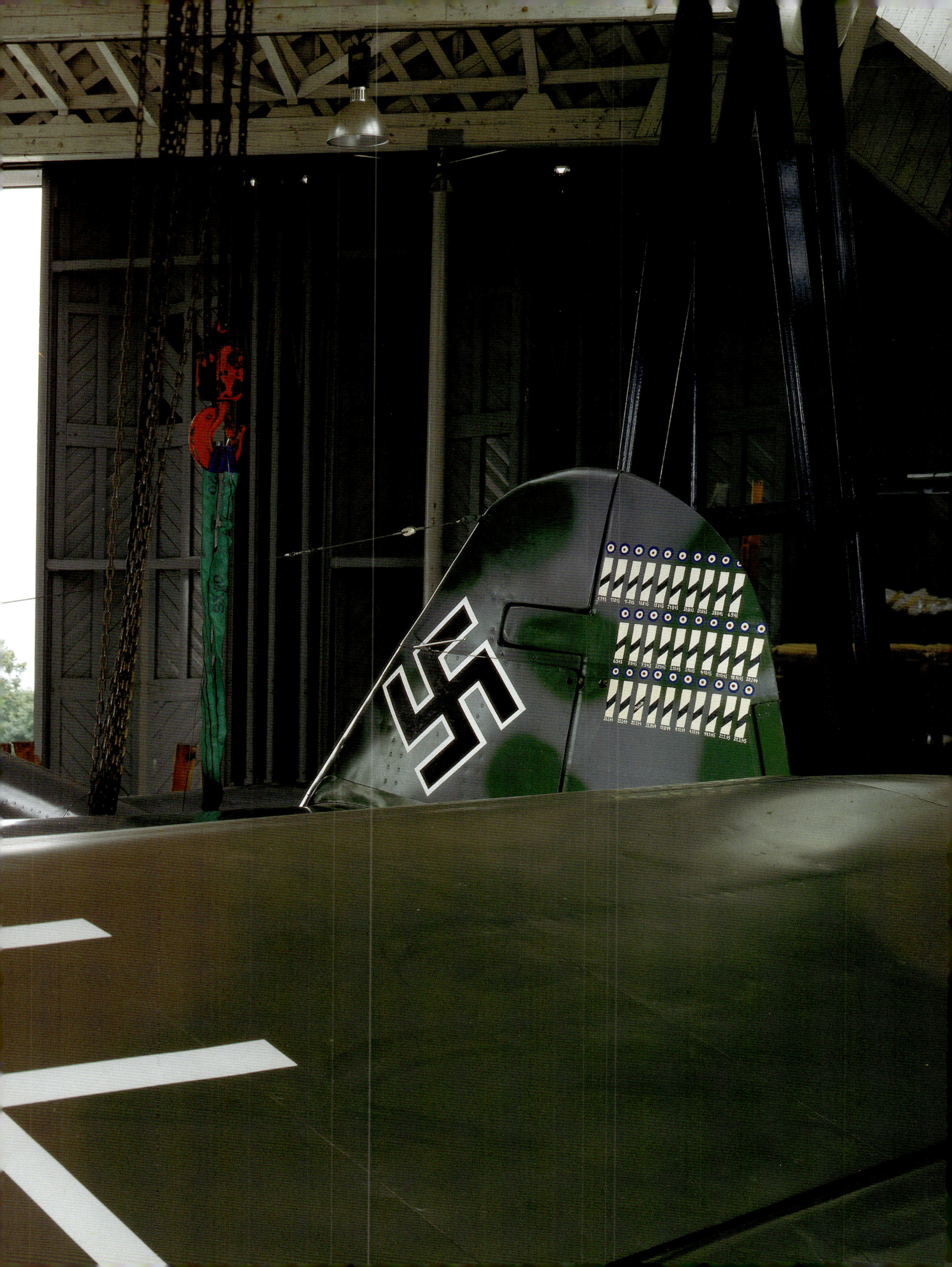

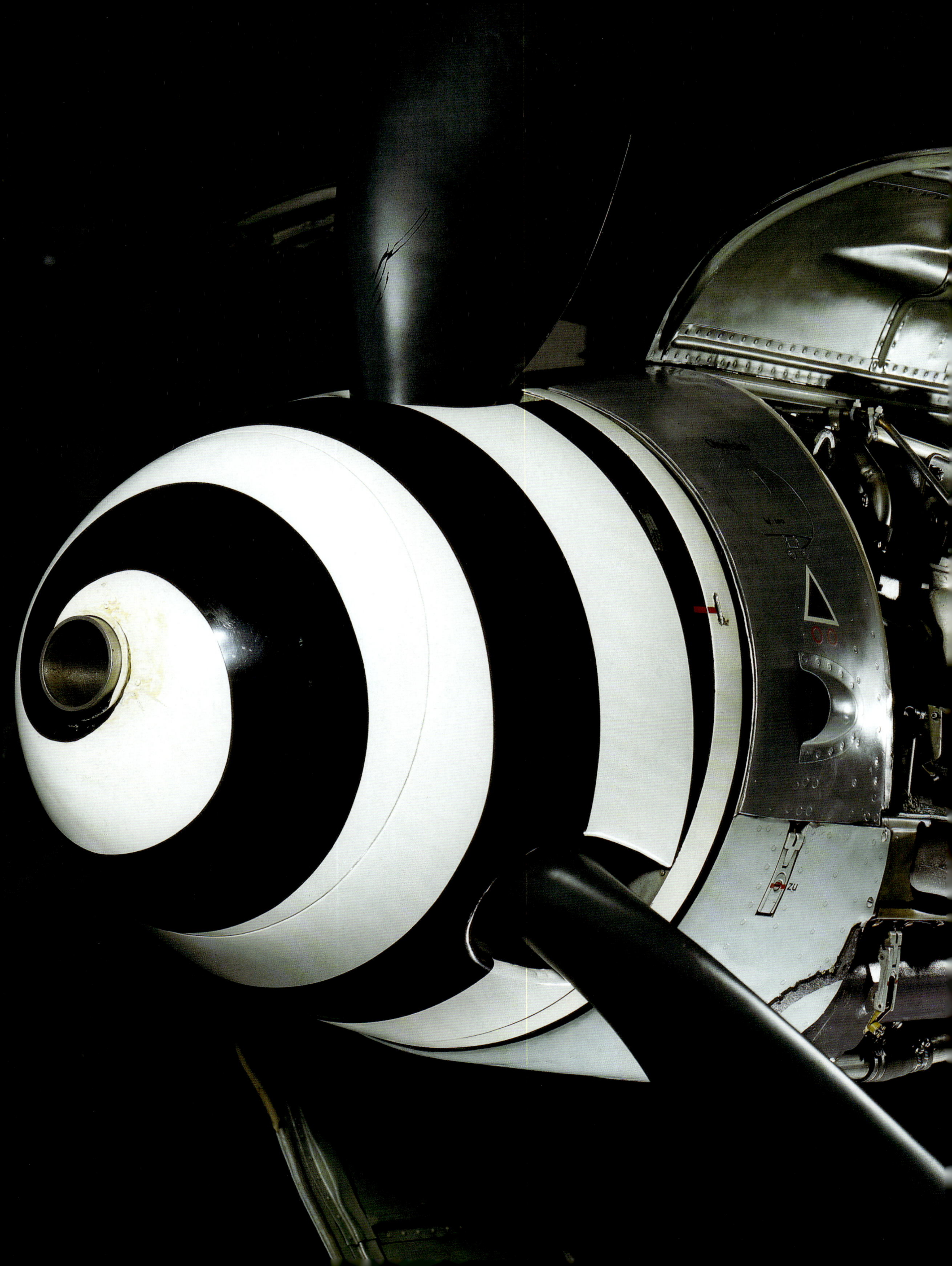
ZU

Der Daimler-Benz-Motor 605D der Bf109G-10. Dieses wuchtige Triebwerk in inverser V-Konfiguration war an einem gekrümmten Träger unmittelbar unter der Cowling aufgehängt und lieferte eine Startleistung von 2000 PS. Das runde Bauteil hinten am Motor ist ein Gebläse für den Turbolader, der im Bedarfsfall hochverdichtete Luft in den Motor pumpt und die Motorleistung in großen Höhen steigerte, wo Luftkämpfe häufig ausgetragen wurden. Die unter der offenen Cowling sichtbare Verkleidung gehört zu einem der beiden 13-mm-Maschinengewehre, die über dem Motor eingebaut waren und - mit dem Motor synchronisiert - durch die Propellerkreisfläche hindurch abgefeuert wurden. Der überraschend kleine Schaufelblattpropeller hatte einen bemerkenswert hohen Wirkungsgrad, setzte also einen sehr hohen Teil der vom Motor gelieferten Leistung in Schub um.

GLYKOL
FL-Druckol

In dieser Seitenansicht ist die eindrucksvolle Größe des Daimler-Benz 605D im Verhältnis zur Zelle gut erkennbar. Über der geöffneten Cowling ist der Lufteinlauf für das Ladergebläse zu sehen. Der am Motor festgeschnallte silberne Behälter ist der Kühlmittel-Ausgleichstank. Die geniale Zweischalen-Cowling kann mit nur vier Halteklammern sicher befestigt werden, eine wesentlich bedienungsfreundlichere Lösung als die schier endlos scheinenden Reihen von Bajonettverschlüssen, mit denen die Cowling einer Mustang oder Spitfire montiert wurde.

Das Ladergebläse entwickelt sehr hohe Drehzahlen. Das dadurch verursachte Heulen verleiht dem Daimler-Benz-Motor seinen unverkennbaren Sound, der sich grundlegend vom markanten Brummen eines Rolls-Royce Merlin oder dem Grollen eines Sternmotors unterscheidet. Die Auspuffrohre des inversen V-Motors sind zum unteren Bildrand gerichtet. Unten links ist ein Teil des Steuergestänges zu sehen, das durch das Brandschott hindurch in Cockpitinnere verläuft.

Ein Techniker bei der Arbeit an der G-10 unter einem Hebezeug, mit dem der Motor ein- und ausgebaut wird. Die Bf109 war auch auf Feldflugplätzen einfach zu warten: Eine eingespielte Bodenmannschaft konnte einen Motor in nur zwei Stunden wechseln.

Ölpeilstab

Der Daimler-Benz 605D in der Bf109G-2 entwickelt beim Start eine Leistung von 1475 PS. Dieser Originalmotor der „Schwarzen Sechs" wurde im Rahmen der langwierigen Arbeiten grundüberholt, mit denen dieses Flugzeug wieder in einen flugfähigen Zustand versetzt wurde. Geplant ist, die „Schwarze Sechs" nach Ablauf der höchstzulässigen Betriebsstundenzahl bis zur nächsten Grundüberholung nur noch als flugunfähiges Exponat auszustellen.

Die „Schwarze Sechs" steht mit geöffneten Cowlings hinter der Seitenflosse der Bf109G-10 des Luftfahrtmuseums Duxford.

Zum Anlassen einer Bf109 muß ein Mitglied der Bodenmannschaft zuerst das Schwungrad des Trägheitsanlassers ankurbeln. Dazu muß die hier abgebildete rote Kurbel mit hohem Kraftaufwand betätigt werden. Sobald das Schwungrad die erforderliche Drehzahl erreicht hat, betätigt der Pilot den Starter, woraufhin der Motor - sofern genügend Anlaßkraftstoff eingelassen wurde - anspringt. Oben rechts ist das Abzeichen der Einheit (II/JG77) zu sehen, wo die „Schwarze Sechs" in Dienst stand, bevor sie 1942 in britische Hände fiel.

Die Cowling des Motors und eine der vorderen Halteklammern. Durch die kleinen Lufteinläufe gelangt Kühlluft in den Motorraum, während der Spinner - viel größer als diejenigen, die bei früheren Bf109-Versionen eingebaut wurden - dazu beiträgt, die Luft möglichst verwirbelungsarm über die Flugzeugnase zu leiten.

Typenschild des Herstellers direkt hinter dem Motorraum

Die Hauptbewaffnung der Bf109G-10, eine 20-mm-Kanone mit 150 Schuß Munition, ist in die umgekehrte V-Form des Motors integriert und ermöglicht das Feuern durch die Propellerkreisfläche. (Einige Exemplare der Bf109G waren mit einer schwereren Bordkanone vom Kaliber 30 mm ausgerüstet und führten nur 60 Schuß Munition mit.) Rechts neben dem oberen Propellerblatt ist die Mündung des linken 13-mm-Maschinengewehrs zu sehen. Kanonengeschosse waren für das getroffene Feindflugzeug in aller Regel tödlich. Zwar hatten diese Geschosse eine geringere Mündungsgeschwindigkeit als Maschinengewehrkugeln, aber sie konnten verheerende Schäden anrichten. So genügten schon einige gut plazierte Schüsse aus der Bordkanone, um beispielsweise eine B-17 - die „Fliegende Festung" - abzuschießen.

Die Bordwaffen der Bf109 waren in der Nähe der Flugzeuglängsachse angeordnet. Da sie keine große Streubreite hatten, mußte der Pilot das Ziel sehr genau anvisieren. Die meisten Messerschmitt-Fliegerasse flogen vor dem Schuß sehr dicht an ihr Ziel heran, um trotz des Problems der geringeren Mündungsgeschwindigkeit der Kanonengeschosse erfolgreich zu sein.

Die 13-mm-Maschinengewehre mit je 300 Schuß Munition, befinden sich über dem Motor. Auf diesem Foto ist das links eingebaute Maschinengewehr der „Schwarzen Sechs" zu sehen.

Der Verschluß der Kanone war zwischen den Seitenruderpedalen angeordnet, so daß der Pilot gewissermaßen rittlings auf der Kanone saß. Hier ist die Kanone unmittelbar vor dem Steuerknüppel zu sehen; links daneben das linke Seitenruderpedal.

G-USTV
COM
L1
L2
P103
Fest
U/min
Reststand-
warnlampe
Liter
Zu
SAUERSTOFFDUSCHE

Das Cockpit der Bf109 „Schwarze Sechs“ läßt ahnen, wie eng der Platz für einen durchschnittlich großen Piloten bemessen war. Obere Reihe: Kreiselkompaß, künstlicher Horizont, Ladedruckanzeige. In der Reihe darunter: Höhenmesser, Fahrtmesser, Drehzahlmesser, Borduhr und die kombinierte Kühlmittel- und Öltemperaturanzeige. Gleich darunter liegen die Treibstoff- und Ölstandsanzeigen; der silberne Griff links ist die Kurbel, mit der das Fahrwerk bei einem Ausfall des Fahrwerksantriebs ausgefahren werden konnte. In der Mitte der Steuerknüppel mit der Bombenabwurftaste auf der Oberseite und dem Bordkanonenabzug auf der Vorderseite des Griffs. Auf dem Cockpitboden unmittelbar vor dem Steuerknüppel befindet sich die Abdeckung, unter der der Verschluß der Bordkanone liegt.

Das Cockpit der im Museum der US Air Force ausgestellten Bf109. Diese restaurierte Bf109 ist mit der Reflektor-Zielvorrichtung „Revi“ ausgestattet, die oben rechts im Instrumentenbrett untergebracht ist. Gut zu sehen ist auch die Abdeckung für den Bordkanonenverschluß zwischen den Seitenruderpedalen. Über die gelbe Rohrleitung links wird dem Motor Treibstoff aus dem Abwurftank zugeführt. Der gelb gestreifte Griff rechts ist der Gashebel.

In Reichweite der linken Hand des Piloten befinden sich zwei Räder. Das äußere von beiden dient zum behelfsmäßigen Einfahren des Fahrwerks im Notfall, das innere ist die Trimmung für das „fliegende Leitwerk“.

Die rechte Bordwand. Oben befinden sich die Sicherungen für das Bordnetz, darunter die Bedienungselemente für die Sauerstoffanlage, unabdingbar für die von der Bf109 so häufig in großer Höhe geflogenen Einsätze.

Vor jedem Flug führt der Pilot eine sorgfältige Kontrolle seiner Maschine durch. Hier überprüft er gerade die Vorflügel auf Gängigkeit.

Die Kontrolle der Vollausschläge und der Gängigkeit aller Ruder ist von großer Bedeutung. Der Pilot trägt eine Schwimmweste, eine Vorschrift für alle Flüge, die eine bestimmten Strecke über Wasser führen. Aufgeblasen wurde die Weste, indem der Pilot eine CO_2-Patrone aktivierte, die unten an der West befestigt war. Daneben konnte er sie auch über ein Mundstück aufblasen, das sich in der Weste unter seinem Kinn befand. Das runde Instrument an dem Mundstück ist ein Kompaß.

Das Ausgleichsgewicht auf der Querruderunterseite sorgt für den Massenausgleich zwischen den einzelnen Querruderkomponenten.

Eine gewissenhafte Inspektion des Fahrwerks ist von großer Wichtigkeit. Dabei werden Räder und Bremsen sorgfältig kontrolliert, und die Reifen werden auf Risse, schleichenden Druckverlust und Verschleiß überprüft, da die Bf109 leicht zu Unfällen beim Rollen neigt. Der Pilot trägt eine „Ärmelkanalhose" mit großen Taschen für das viele Zubehör, das für den Flug und als Überlebenshilfsmittel benötigt wird. Am Stiefel ist ein Gurt mit verschiedenfarbigen Signalraketen angebracht.

Der Propeller wird auf Kerben, Kratzer oder andere Defekte kontrolliert. Größere Beschädigungen können zu erheblichen Problemen führen, denkt man an die hohe Propellerdrehzahl und die enorme Leistung des Daimler-Benz-Motors.

Die Antennen müssen auf Bruch- und Knickstellen untersucht werden. Die rote Sperre hält das Seitenruder in der Mitte, wenn die Maschine zwischen den Einsätzen abgestellt wird. Selbstverständlich ist auch das Entfernen dieser Sperre ein wichtiger Punkt der Vorflugkontrolle.

Vor dem Einsteigen kontrolliert der Pilot nochmals das Cockpit. Das Aufsteigen auf die Tragfläche vom Boden aus ist für den Piloten geradezu eine Streckübung. Die ovalen Verkleidungen unter der Frontscheibe dienten übrigens zur Anbringung eines Sonnenschirms, um die Temperatur im Cockpit unter der Sonne Nordafrikas wenigstens um einige Grad zu senken. Diese Bf109, die „Schwarze Sechs", stand in Libyen in Dienst, bis sie von den Briten erbeutet wurde.

Der Pilot schwingt zuerst das Bein über die Bordwand, um sich anschließend am Rahmen der Frontscheibe festzuhalten und sich dann in das enge Cockpit herabzulassen.

Die Haube ist an Scharnieren in der rechten Bordwand aufgehängt und enorm schwer. Um sie zu schließen, greift der Pilot nach oben und zieht sie über seinen Kopf, wobei er tunlichst darauf achten sollte, die andere Hand nicht auf die Cockpitschiene zu legen. Hinter dem Piloten befindet sich eine Panzerplatte zum Schutz gegen Beschuß von hinten.

6

Vor dem Start der Bf109 „Schwarze Sechs" wird ein Motorprobelauf durchgeführt. Bei allen Hochleistungs-Kolbenmotoren ist das Erreichen der vorgeschriebenen Betriebstemperatur eine wichtige Maßnahme, die dazu beitragen kann, die Motorlebensdauer zu verlängern. Andererseits können zu lange Wartezeiten am Boden mit laufendem Motor zu unzulässig hohen Temperaturen führen.

Die „Schwarze Sechs" rollt an den Start.

Mit der vollen Startleistung des Daimler-Benz-Motors hebt die Maschine von der Grasbahn ab. Nach den Vorschriften des britischen Verteidigungsministeriums müssen die - handverlesenen! - Piloten der „Schwarzen Sechs" stets Graspisten benutzen, sofern nicht besondere Umstände - etwa eine Luftnotlage - eine Landung auf einer befestigten Piste erfordern.

Die Bf109 im tiefen Überflug. 1942 war dies ein ermutigender Anblick für die in Nordafrika kämpfenden Soldaten der Wehrmacht, für ihre Gegner indessen ein Anblick, der die Nervosität steigerte.

***Nächste Seite:** Die saubere Linienführung von Willy Messerschmitts legendärstem Jagdflugzeug wird auf diesem Foto besonders deutlich: Das kleine Cockpit ragt nur minimal in die Luftströmung. Das gelbe Dreieck über der schwarzen „6" kennzeichnet den Einfüllstutzen für den Rumpftank.*

Vorsicht beim Öffnen

87
6

Die „Schwarze Sechs" über einem Dorf in der südenglischen Grafschaft Kent. Vor dem Cockpit sind die Verkleidungen für die beiden 13-mm-Maschinengewehre zu sehen; die Mündung der 20-mm-Kanone befindet sich in der Spitze des weißen Spinners.

Im Gegenlicht der Septembersonne überfliegt die „Schwarze Sechs" eine kleine Flußmündung am Ärmelkanal - ein Anblick, der den Piloten der Luftwaffe während des Zweiten Weltkriegs, besonders im Jahr 1940, sehr vertraut gewesen sein dürfte.

Die Bf109G-2 mit Wüsten-Tarnanstrich, vielleicht ein etwas zu krasser Kontrast zu den grünen Feldern von Südengland.

DANKSAGUNGEN

Die im vorliegenden Band enthaltenen Fotos wären ohne die tatkräftige Unterstützung der nachstehend genannten Personen und Organisationen nicht möglich gewesen:

Clive Denney von der Firma Historic Flying Limited. Die Bemühungen und der Enthusiasmus von Clive haben mir den Weg zu den richtigen Ansprechpersonen auf dem Flugplatz Duxford und zur „Schwarzen Sechs" geebnet. Clive war es auch, der mir die Möglichkeit gab, die Messerschmitt über dem Ärmelkanal und der englischen Landschaft aus der Luft zu fotografieren, wobei er selbst eine Spitfire Mark IX flog, die in demnächst erscheinenden Bildbänden vorgestellt werden wird. Clives Ehefrau Linda und seine Söhne Glenn und Andrew haben während der Aufnahmen für mein leibliches Wohl gesorgt und mir das Gefühl vermittelt, zu Hause zu sein.

Martin Sergeant, Goudhurst, Kent (England). Martin fliegt von seinem eigenen Grasplatz aus eine tadellos restaurierte North American Harvard mit dem Kennzeichen G-BGOR. Er hat viele Talente, aber seine Spezialität ist die Restaurierung und Instandhaltung von Bentley- und Rolls-Royce-Automobilen. Martin und ich haben gemeinsam das einzigartige Erlebnis genossen, das Battle of Britain Memorial in Folkestone in Formation mit zwei klassischen Jagdflugzeugen zu überfliegen, noch dazu genau an dem Wochenende, an dem der Luftschlacht um England gedacht wurde.

Flt. Lt. Charlie Brown, RAF Cranwell. Dieser talentierte Pilot und RAF-Fluglehrer ist einer der wenigen Auserwählten, die die „Schwarze Sechs" fliegen dürfen.

Russ Snadden und das Betreuerteam der Messerschmitt „Schwarze Sechs", bestehend aus Graham Snadden, Paul Blackah, Frank Aldridge, John Elcome, Chris McKay, Ian Mason und Audrey Kinghorne. Diese engagierte Gruppe wendet weiterhin sehr viel Zeit und Können auf, den einzigartigen Veteranen flugfähig zu halten. Wann immer sie ihre Arbeit für eine Teepause unterbrochen haben, haben sie mich in ihren Kreis einbezogen.

Mark Hanna und sein Spezialistenteam, dem Chefingenieur Roger Shepherd, Martin Thompson, Tim Fane und Ray Caller von der Old Flying Machine Company in Duxford angehören. Sie halten die Bf109G-10 als fliegendes Exemplar der gegen Kriegsende gebauten Bf109-Version instand. Mark hat mir außerdem während meines Aufenthalts in Großbritannien sein Büro für meine Arbeiten zur Verfügung gestellt, ein Zeichen besonderer Gastfreundschaft, für die ich mich an dieser Stelle herzlich bedanke.

Victor Vick, der mit seiner unglaublich umfangreiche Sammlung von Luftwaffenuniformen und Fliegerartikeln aller Art sowie mit seinen vertieften Kenntnissen darüber die Collage am Anfang dieses Bandes ermöglicht hat.

David Henchie, Flugplatzleiter in Duxford. Mr. Henchie hat es mir ermöglicht, die „Schwarze Sechs" im Detail und bei Bodenmanövern zu fotografieren. Er hat mir manches Mal zu einem Zugang zum Flugzeug verholfen, der nicht jedermann offensteht.

Meine Kinder Nate, Brigitta und Joe, ferner meine Eltern Bill und Jane Patterson, in deren Obhut ich meine Kinder geben konnte, während ich mit der Kamera auf der Pirsch nach Motiven war, und die mich auch sonst nach Kräften unterstützt haben.

Ross und Elinor Howell, Howell Press. Ross unterstützt mich nach wie vor bei meinen Projekten und vertraut auf die Art und Weise, wie ich diese Projekte angehe.

Ron Dick, mein Landsmann, Freund und Partner. Zusammen werden wir auch in Zukunft Themen finden, über die zu schreiben sich lohnt

Cheryl Terrill, eine verständnisvolle Freundin.

Überdies möchte ich folgenden Personen danken, die das vorliegende Buch möglich gemacht haben: Kurt Wiedner, David Farnsworth, David Hake und Paul Perkins.

MUSTANG P-51

FLIGHT MANUAL
P-51D AIRPLANE
NORTH AMERICAN AVIATION
RESTRICTED
Report No. NA-5914
UNITED STATES ARMY AIR FORCES
WRITING KIT
U.S.

TYPE A-2
DRAWING No 30-1415
REAL McCOY MFG. CO.
STINSON BEACH, CAL.
AIR FORCE PROPERTY
U.S.A.
40
RESTRICTED
PILOTS'
Information
WAR DEPARTMENT
IDENTIFICATION CARD
AIR CORPS
UNITED STATES
ARMY
U. S. ARMY AIR FORCES
TRAINING DETACHMENT
DOS PALOS, CALIF.
ARMY AIR CORPS
WEST FRISIAN ISLANDS
53°N.
AMSTERDAM
HOLLAND
G.S. G.S. No 2758

Vorwort

Die P-51 Mustang war das leistungsfähigste propellergetriebene Kampfflugzeug des Zweiten Weltkriegs. Diese Flugzeuge und ihre Besatzungen nahmen entscheidenden Einfluß auf den Verlauf des Luftkrieges über Europa. Die Mustang war hinsichtlich Motorleistung, Feuerkraft und Reichweite allen feindlichen Flugzeugtypen weit überlegen. Sie flog meist Begleitschutz für die Bomberverbände, wurde aber auch für Angriffe auf die Jagdflieger der Reichsluftwaffe eingesetzt, wobei sie manch einen Luftsieg errang.

Solch ein einmotoriges, einsitziges Kampfflugzeug stellt den Fotografen gleich vor mehrere interessante Probleme: Wie kann ich dem Leser die Eindrücke vermitteln, die damals auf den Piloten im Cockpit einstürmten, und wie die Arbeit der Bodenmannschaften, die diese Maschinen ständig einsatzbereit halten mußten?

Der Klang des Merlin-Motors gehört für alle, die ihn einmal vernommen haben, zu den unauslöschlichen Erinnerungen aus der Zeit des Zweiten Weltkrieges. Er wird nur durch eins übertroffen: Das Dröhnen mehrerer Mustangs, die gerade unter Vollgas abgehoben haben.

Dan Patterson, 7. März 1995

USAFM

Seite 150/151: Einige der persönlichen Gegenstände der Luftwaffenangehörigen, die die P-51 Mustang flogen und warteten. Von links nach rechts zu sehen: Eine schaffellgefütterte D-1-Jacke und ein Overall, wie ihn die Bordmechaniker trugen; eine Fahne mit einem blauen Stern, die die Familien der Piloten zu Hause in den Vereinigten Staaten ins Fenster hingen (wenn ein Pilot im Luftkampf fiel, ersetzte die Familie diese Fahne durch eine Fahne mit einem goldenen Stern); Briefpapier für die wichtigen Briefe nach Hause; das P-51-Flughandbuch von North American Aviation; RAF-Fliegerhaube und -Fliegerbrille, Sauerstoffmaske und Lederhandschuhe, die Pilotenarmbanduhr, die für das richtige Timing bei Start, Rendezvous und Rückflug zur Basis benötigt wurde; das Piloten-Informationshandbuch mit Hinweisen zum Flugbetrieb innerhalb der USAAF. Ganz rechts eine A-2-Pilotenlederjacke. Unten rechts sind die Fliegerkarten sowie einige einfache Navigationshilfsmittel zu sehen.

MUSTANG

Die P-51 Mustang wird zwar allgemein als das führende amerikanische Kampfflugzeug angesehen, das im Zweiten Weltkrieg entwickelt wurde, doch sowohl ihr Entstehen als auch der größte Teil ihrer ständig verbesserten Flugleistungen gründeten sich im wesentlichen auf die Arbeit britischer Konstrukteure. Ende 1939 arbeitete die britische Flugzeugindustrie rund um die Uhr, um die Staffeln der Royal Air Force (RAF) zur Verteidigung der Britischen Inseln mit Flugzeugen zu versorgen. Zu diesem Zeitpunkt war die deutsche Kriegsmaschinerie bereits im Begriff, ganz Westeuropa in einen Blitzkrieg zu überrennen. Auch zur Wahrung seiner politischen Interessen im Mittleren und Fernen Osten war England auf moderne Jagdflugzeuge und Bomber aus den Vereinigten Staaten angewiesen.

So wurde die Beschaffungsabteilung des britischen Militärs (British Purchasing Commission, BPC) damit beauftragt, ein Kampfflugzeug zu kaufen, das speziell für die Bekämpfung von Bodenzielen optimiert war. Am liebsten wäre den Briten die Curtiss P-40 Tomahawk gewesen, doch Curtiss hatte schon Probleme, die US-Heeresfliegerverbände (United States Army Air Corps, USAAC) mit genügend Maschinen dieses Musters zu beliefern. Das USAAC hatte die XP-46, den Nachfolger der P-40, bereits am 29. September 1939 bestellt, und es war natürlich völlig ausgeschlossen, daß man die Serienproduktion der P-40 unterbrechen würde, um die Betriebsstätten auf die Fertigung eines neuen Kampfflugzeugs umzustellen.

Am 25. Februar 1940 trat die BPC an James „Dutch" Kindelberger, damals Präsident von North American Aviation (NAA), mit dem Vorschlag heran, NAA solle doch die Curtiss P-40 im Rahmen eines Lizenzabkommens für die BPC bauen. An einer Lizenzfertigung war Dutch Kindelberger jedoch nicht interessiert.

Sowohl Kindelberger als auch NAA-Chefkonstrukteur Edgar Schmued waren davon überzeugt, daß die NAA ein Flugzeug konstruieren und bauen konnte, das die Leistungen der Curtiss P-40 deutlich übertraf. Schmued legte Kindelberger zur Präsentation bei den Briten ein Konzept vor, das aus dem vorgesehenen Profilquerschnitt, einem Dreiseitenriß, den geschätzten Flugleistungen und Gewichten, verschiedenen technischen Spezifikationen sowie einigen Detailzeichnungen der Bewaffnung bestand.

Das von Schmued vorgeschlagene Flugzeug war dafür optimiert, mit einem 1,78 m großen und 74 kg schweren „Standardpiloten" ein Höchstmaß an Geschwindigkeit zu erzielen. Die Bewaffnung bestand aus vier 20-mm-Kanonen, von denen je zwei in einer Tragfläche untergebracht waren. Die Zelle erfüllte hinsichtlich der Konstruktionsstabilität sämtliche Anforderungen des USAAC.

Dutch Kindelberger kehrte zwar ohne den erhofften Vertrag aus England zurück, war aber immerhin so zuversichtlich, die Briten überzeugt zu haben, daß er sogleich die Anfertigung eines Demonstrationsmodells in Auftrag gab. Am NA-73. Am 23. Mai 1940 folgte ein formaler Vertrag, in dem die Vertragsbedingungen, die Stückzahl (300) und der zeitliche Ablauf festgelegt waren. Zu diesem Zeitpunkt ging man davon aus, daß der Prototyp im Januar 1941 fliegen würde.

Übermenschliche Anstrengungen waren notwendig, um die Konstruktion und den Bau des Flugzeugs innerhalb des vorgegebenen Zeitraums zu bewältigen. Arbeitszeiten von 16 Stunden pro Tag waren die Norm. Zur vorläufigen Konstruktionsabteilung von North American gehörten erfahrene Ingenieure, die mit den neuesten Entwicklungen auf dem Gebiet der Konstruktionswerkstoffe ebenso vertraut waren wie mit allen damals bekannten Konzepten des Motorenbaus einschließlich der Kühlsysteme, der Aerodynamik, der Propellertechnologie und zahlreichen anderen technologischen Innovationen. Oberingenieur war Raymond H. Rice. NAA-Chefkonstrukteur Edgar Schmued sollte später unter dem Spitznamen „Mr. Mustang" bekannt werden.

Eine North American XP-51

»An irgendeinem Märznachmittag kam Dutch Kindelberger in mein Büro und fragte mich: „Was meinst Du, Ed, sollen wir die P-40 hier bei uns bauen?" Der Tonfall verriet sofort, welche Antwort er erwartete. Ich sagte: „Weißt Du, Dutch, wir sollten kein veraltetes Flugzeug bauen, sondern lieber ein besseres konstruieren und produzieren."«

Edgar Schmued, Chefkonstrukteur von North American Aviation

11. April 1940, also etwa zwei Wochen nach Kindelbergers Rückkehr in die USA, ging bei NAA auch tatsächlich ein Schreiben ein, in dem die Briten die Absicht äußerten, 400 einsitzige Jagdflugzeuge des Typs North American „N.A.-50B" zu beschaffen. Dieses Flugzeug sollte mit einem Allison-Triebwerk ausgestattet sein und nicht mehr als 40 000 Dollar pro Stück kosten.

Am 24. April 1940 wurde schließlich der offizielle Auftrag Nr. NA-73 erteilt, mit der Konstruktion eines „von einem Allison-Motor angetriebenen Jagdflugzeugs" zu beginnen. Damit war die Mustang geboren.

Am 4. Mai 1940 unterzeichneten NAA und das USAAC ein Abkommen über die Ausfuhr und den Verkauf des vierten und zehnten Exemplars aus der laufenden Produktion der (wie sie damals hieß)

Wie schon bei der B-24 Liberator, so lag auch bei der NA-73 das große Geheimnis in der Konstruktion der Tragflächen. Hierfür hatte das National Advisory Committee for Aeronautics (NACA) – das 1958 in der NASA aufging – in Langley (Virginia) Windtunneltests durchgeführt. Im Juni 1939 wurden die Ergebnisse der NACA-Studien veröffentlicht, bei denen man Laminarprofile untersucht hatte. Wesentlicher Vorteil dieser Profile war, daß sich der Luftwiderstand, der auf der Flügeloberseite durch das Umschlagen der laminaren in eine turbulente Strömung entstand, bedeutend verringern ließ, wenn man den Profilquerschnitt so wählte, daß der Umschlagpunkt möglichst weit nach hinten wanderte. Bei herkömmlichen Profilen begann die Turbulenz der Grenzschicht im Bereich unmittelbar über der Tragfläche, in dem die Luft noch nicht mit der vollen Geschwindigkeit strömt, meist schon sehr dicht hinter der Profilnase. Entsprechend groß war bei diesen Profilen auch der Luftwiderstand. Bei Laminarprofilen hingegen konnte der Luftwiderstand durch Rückverlagerung des Umschlagpunktes erheblich herabgesetzt werden, so daß man bedeutend höhere Fluggeschwindigkeiten erzielen konnte.

Ed Horkey, ein junger Aerodynamiker, arbeitete mit seinem Konstruktionsteam gerade einmal zwei Monate am Entwurf der NA-73, als sie sich mit einigen NACA-Ingenieuren zusammenschlossen, um eine möglichst optimale Tragflächenkonstruktion für die NA-73 zu entwickeln. Natürlich gab es damals noch keine Computer, und so mußte eine kleine Armee von Technikern Hunderttausende von numerischen Berechnungen nur mit Hilfe elektrischer Rechenmaschinen durchführen. Parallel dazu führten North American, das California Institute of Technology und die Universität Washington Windtunneltests durch.

Squadron Leader C.E. Stout von der 414th RCAF Squadron vor seiner Mustang I Fotosammlung von Clyde East

Aufgrund dieser Tests fielen einige wichtige Entscheidungen bezüglich der konstruktiven Auslegung der NA-73. So entschied man sich beispielsweise für hydraulisch betriebene Fahrwerks- und Klappenantriebe. Sowohl der Ölkühler als auch der Glykol-Wärmetauscher wurden auf der Maschinenunterseite hinter dem Cockpitbereich in einem sorgfältig ausgelegten Luftkanal untergebracht, der stromlinienförmig in den Rumpf integriert war. Dieser Kanal war mit einer eigenen verstellbaren Lufthutze und einer hinter dem Wärmetauscher angeordneten Kühlluftklappe ausgestattet. Rein theoretisch hätte der zusätzliche Luftwiderstand des Luftkanals zumindest teilweise dadurch kompensiert werden müssen, daß sich die angesaugte kühle Luft beim Durchströmen der Wärmetauscher erwärmte, sich dabei ausdehnte und beim Austritt aus dem Luftkanal Schub lieferte. Praktische Versuche zeigten jedoch, daß sich dieser theoretische Vorteil im Flug so gut wie gar nicht bemerkbar machte. Leider zeigte sich auch, daß die Rohrleitungen zwischen den Wärmetauschern und dem Triebwerk dem Beschuß durch feindliche Flugabwehr praktisch schutzlos ausgesetzt waren.

Der gesamte vor dem Brandschott liegende Teil der Maschine einschließlich der Triebwerksaufhängung wurde von einem Piloten namens Art Chester konstruiert, der zuvor Luftrennen geflogen war. Beim ersten für die Mustang vorgesehenen Triebwerk handelte es sich um einen Motor des Typs Allison V-1710-F36, den damals leistungsfähigsten Flugmotor, der in den USA produziert wurde. Dieser V-12-Motor hatte in 11 800 Fuß eine Nennleistung von 1150 PS und verlieh der Mustang somit einen optimalen Antrieb in geringen bis mittleren Höhen.

Der Anforderungskatalog des britischen Luftfahrtministeriums hatte für die Mustang ursprünglich eine Bewaffnung vorgesehen, die — ähnlich wie bei den britischen Spitfires und Hurricanes — aus acht Bordkanonen bestehen sollte. Die Konstrukteure von North American hingegen schlugen eine Bewaffnung mit nur vier Bordkanonen vor, und zwar entweder vier 20-mm-Kanonen oder je zwei Kanonen der Kaliber 0,3 bzw. 0,5. Die Entscheidung hierüber muß wohl einem Komitee überlassen worden sein, denn die NA-73 wurde schließlich mit acht Bordkanonen in einer höchst ungewöhnlichen Konfiguration ausgestattet. Sie erhielt zwei Bordkanonen vom Typ Browning MG 53, Kaliber 0,5, die im Rumpf — genauer gesagt, auf dem Kurbelgehäuse — angeordnet und mit dem Motor synchronisiert waren, so daß der Pilot durch die Propellerkreisfläche feuern konnte. In jeder Tragfläche befanden sich eine weitere MG 53 sowie ein Paar MG-40-Bordkanonen des Kalibers 0,3, die allesamt an der Propellerkreisfläche vorbeifeuerten. Die Cockpitscheibe war kugelsicher; zudem war der Pilot durch eine Panzerstahlplatte hinter seinem Sitz geschützt.

Konstruktion und Bau der NA-73 schritten schnell voran, und die Zelle des Prototypen wurde schon nach 102 Tagen fertiggestellt. Nach dem Roll-out des Prototypen mußten die Techniker 18 Tage auf ein Allison-Triebwerk warten. Schließlich — man schrieb inzwischen den 26. Oktober 1940, also mehr als ein Jahr vor dem Kriegseintritt der USA — hob der Prototyp mit der Bezeichnung NA-73X erstmals vom kalifornischen Flugplatz Mines Field ab. Zu diesem Zeitpunkt hatte die BPC bereits einen zweiten Auftrag über die Lieferung weiterer 320 Maschinen erteilt. Beim fünften Testflug flog der Pilot einen der Treibstofftanks leer, ohne rechtzeitig auf einen anderen Tank umzuschalten, was zu einer Bruchlandung auf einem frischgepflügten Acker führte, bei der das Flugzeug schwer beschädigt wurde. Dieser Crash hatte jedoch keinerlei konstruktionsbedingte Ursachen. Im Gegenteil: Die Leistungen der NA-73X waren so gut und der Bedarf der Briten so groß, daß das gesamte Projekt zu keinem Zeitpunkt gefährdet war.

Die Briten waren nicht nur die ersten, die die NA-73 beschafften; ihnen verdankte die Maschine auch ihren berühmten Namen. In einem an North American gerichteten Brief des BPC vom 9. Dezember 1940 hieß es: „Wir haben ihnen mitzuteilen, daß die obengenannten Flugzeuge (Vertrag NA-73) die offizielle Bezeichnung „Mustang" erhalten sollen, und daß dieser Name in der gesamten künftigen Korrespondenz zu verwenden ist."

Zwei Mustangs aus der laufenden Produktion wurden von der United States Army Air Force (USAAF) übernommen und auf Wright Field in Dayton (Ohio) umfangreichen Flugerprobungen unterzogen. Hier erhielten die Maschinen die Typenbezeichnung XP-51. Als die erste XP-51 am 24. August 1941 auf Wright Field eintraf, wurde ihr in der Hierarchie der militärischen Projekte nur eine niedrige Priorität zugewiesen. Diese niedrige Priorität, verbunden mit schlechten Wetterbedingungen, verzögerte den offiziellen Beginn der Flugerprobung bis zum 6. Oktober 1941. Als das Pursuit Board — der für Jagdflugzeuge zuständige USAAF-Ausschuß — vom 11. bis zum 30. Oktober 1941 zusammentrat, um das laufende Programm zur Entwicklung von Jagdflugzeugen zu erörtern, wurde die XP-51 nicht einmal erwähnt. Offenbar war die USAAF der Auffassung, über so viel Auswahlmöglichkeiten zu verfügen, um die XP-51 nicht in Betracht ziehen zu müssen. Fest steht jedenfalls, daß die Mustang nicht nach USAAC- oder USAAF-Spezifikationen gebaut worden war; vielmehr handelte es sich um eine ausschließlich für die Royal Air Force bestimmte Sonderentwicklung.

Im Verlauf der USAAF-Tests beeindruckte die Mustang durch ihre hervorragenden Flugleistungen. Der Fighter erreichte in 13 000 Fuß eine Höchstgeschwindigkeit von 382 Meilen pro Stunde (mph)

P-51A beim Überflug USAFM

und übertraf damit deutlich die von NAA garantierten 375 mph. Bei einer Reisegeschwindigkeit von 325 mph betrug die Reichweite der Mustang 750 Meilen. Was die Wendigkeit anging, stellte die Mustang alle anderen Maschinen ihrer Zeit — mit Ausnahme der Vultee P-66 — weit in den Schatten. Das Laminarprofil der Mustang wies eine höhere kritische Machzahl auf als die älteren NACA-Profile, die bei der P-38 und der P-39 verwendet worden waren. Dies verschaffte dem Mustang-Piloten den enormen Vorteil, sich mit weitaus höheren Sturzfluggeschwindigkeiten aus einem Luftkampf befreien zu können als jeder seiner Gegner.

Die erste Mustang I aus der laufenden Produktion traf am 21. Oktober 1941 in Großbritannien ein und absolvierte dort ihren Erstflug nicht einmal einen Monat vor dem Überraschungsangriff der Japaner auf Pearl Harbor am 7. Dezember 1941, dem Tag, an dem die USA in den Zweiten Weltkrieg eintraten. Die Briten waren von den Flugeigenschaften und der Cockpitgestaltung der Mustang so begeistert, daß sie an der Maschine nur noch geringfügige Modifikationen vornahmen. Nach Auffassung der RAF war die Mustang ein exzellentes Jagdflugzeug für geringe bis mittlere Höhen. In der Tat war die Mustang zu dieser Zeit der beste amerikanische Fighter, der für die RAF verfügbar war. In einer Reihe von Vergleichsflügen zwischen der Spitfire VB und der Mustang I, bei denen für beide Maschinen dasselbe Luftkampfszenario vorausgesetzt wurde, zeigte sich, daß die Spitfire unterhalb von 25 000 Fuß wendiger als die Mustang war. Die Spitfire konnte nicht nur enger kurven, sondern erzielte auch bessere Steigraten als die Mustang; dafür lag die Sturzfluggeschwindigkeit der Mustang höher, und auch im Reiseflug, bei dem es die Mustang in 15 000 Fuß auf 382 mph brachte, war die amerikanische Maschine der Spitfire deutlich überlegen. Zwar war dieser letztgenannte Vorteil für die Jägerstaffeln, die typischerweise unterhalb von 15 000 Fuß operierten, ohne große Bedeutung, aber dennoch war die Mustang für die Briten ein idealer Nachfolger für die bis dahin vom RAF Army Co-operation Command verwendeten Maschinen des Typs Westland Lysander und Curtiss P-40 Tomahawk.

Als erste RAF-Einheit erhielt die 26. Staffel im Februar 1942 die Mustang I. Am 5. Mai 1942 flog diese Einheit über der französischen Atlantikküste ihren ersten Kriegseinsatz.

Bis Juli 1942 setzte die RAF die Mustang am Tage für Fotoaufklärungsmissionen in geringer Höhe — die sogenannten „Ranger"-Missionen — ein. Bei diesen Einsätzen wurden die Flugzeuge mit einer einzelnen Kamera vom Typ K-24 ausgerüstet, die hinter dem Pilotensitz angeordnet war. Der Blickwinkel dieser Kamera war abwärts und nach hinten gerichtet, und zwar genau so, daß der Pilot exakt die Objekte am Boden fotografieren konnte, die im Geradeausflug links neben ihm vorüberzogen.

Außerdem setzten die Briten Mustangs der Serien I und II zu Angriffsflügen auf das europäische Festland am Tage ein. Diese Missionen wurden unter dem Codenamen „Rhubarb" abgewickelt. Im Gegensatz zum später verwendeten Merlin-Motor zeichnete sich das Allison-Triebwerk durch hohe Laufruhe bei niedriger Drehzahl aus, so daß die Briten mit dieser Motorisierung überraschend niedrige Verbrauchswerte erzielen und die Mustang in einem Umkreis einsetzen konnten, der die Reichweite aller anderen britischen Kampfflugzeugtypen deutlich überstieg.

Der Reiseflug bis zu Küste wurde mit 200 Knoten bei einer Drehzahl von nur 1 100 U/min durchgeführt. Anschließend überquerten die Mustangs die Küstenlinie in Höhen von sage und schreibe 25 bis 50 Fuß! Über dem vorgesehenen Einsatzgebiet auf dem Kontinent wurde dann normalerweise mit 270 bis 275 Knoten und 2 600 U/min weitergeflogen. Dabei änderten die Maschinen planmäßig alle sechs Minuten ihren Kurs, um den feindlichen Abfangjägern die Ortung zu erschweren. Zugleich flogen die Mustangs niemals geradeaus, sondern versuchten ständig dem Beschuß durch Flugabwehrstellungen zu entgehen, indem sie S-Kurven flogen. Während ihrer ersten Einsätze zeigte die Mustang noch eine Besonderheit, die sich die Piloten zunutze machen konnten: Mit einer Klappenstellung von knapp 5 Grad senkte sich die Flugzeugnase ohne nennenswerten Geschwindigkeitsverlust etwas, was das Suchen und Erkennen der Zielobjekte deutlich erleichterte.

Bevorzugte Ziele der Mustangs waren Züge, denn eine beschädigte Lokomotive auf einer eingleisigen Bahnstrecke blockierte den gesamten Eisenbahnverkehr, bis das Wrack beseitigt war. Gelang es dann auch noch, die Maschine zur Explosion zu bringen, wobei auch die Gleise und der Bahndamm zerstört wurden — um so besser. Bei diesen Aktio-

»Die allererste Mustang-Version mit dem Allison-Triebwerk war extrem schnell. Nach meiner Einschätzung erreichte sie die gleiche Höchstgeschwindigkeit wie die zuletzt gebauten Versionen. Allerdings ließ die Leistung in Höhen ab 5 000 Fuß deutlich nach. Damit war die Mustang ausschließlich für Einsätze in geringen Höhen geeignet.

Mit der Mustang konnten wir allen Maschinen der Reichsluftwaffe davonfliegen. Mehr als einmal nutzten wir diesen Vorteil, um uns vor großen FW-190- oder Me-109-Formationen in Sicherheit zu bringen. Sie kamen einfach nicht hinterher. Nur die Typhoon war noch schneller als wir, hatte jedoch auch einen erheblich leistungsstärkeren Motor.

Wir waren einhellig der Meinung, daß wir für unsere Aufgabe das beste Flugzeug der RAF zur Verfügung hatten.«

Clyde East, 414th RAF Squadron

nen taten sich besonders die Piloten der 400. RAF-Staffel hervor. Ihnen gelang es, innerhalb von nur sechs Monaten mehr als 100 Lokomotiven zu zerstören oder schwer zu beschädigen.

Den ersten Sieg im Luftkampf erzielte eine Mustang am 19. April 1942 auf einem Einsatz über der Nordwestküste Frankreichs in der Nähe von Dieppe. Geflogen wurde sie von einem amerikanischen Freiwilligen, der in der Royal Canadian Air Force (RCAF) diente und in der der 414. RAF-Staffel flog. Diesem Piloten namens Hollis H. Hills gelang es, eine FW 190 abzuschießen. Bezeichnenderweise stammte er aus dem kalifornischen Los Angeles, dem Geburtsort der Mustang.

Im Oktober 1942 überflog eine Mustang während eines Aufklärungseinsatzes den Dortmund-Ems-Kanal. Damit war sie das erste einmotorige Flugzeug der RAF, das im Verlauf des Zweiten Weltkriegs deutsches Hoheitsgebiet überflog.

Die Allison-Triebwerke der frühen Mustang-Versionen waren äußerst robust. Die Briten betrieben sie ständig jenseits ihrer höchst zulässigen Leistung, und es war keine Seltenheit, daß die Mustang-Piloten bis zu 20 Minuten lang mit Vollgas flogen. Doch selbst diese Tortur überstand das Allison-Triebwerk schadlos. Mehr noch: Sie erreichten im Durchschnitt Betriebszeiten von 1 500 Stunden zwischen zwei Ausfällen, womit sie dem späteren Merlin-Motor, der es nur auf 500 bis 600 Stunden brachte, klar überlegen waren. Das Allison-Triebwerk erwies sich als so zuverlässig, daß es den Piloten selbst mit völlig ruinierten Lagern noch sicher nach Hause brachte.

Bei den ersten beiden Mustang-I-Serien, die von den Briten beschafft wurden — insgesamt mehr als 620 Maschinen -, handelte es sich um Direktbestellungen. Während der Zeit von der dritten Bestellung bis zum 7. Dezember 1941 erhielten die Briten jedoch ihre Mustangs nur noch auf der Basis von Leihabkommen — insgesamt 527 Stück. Weniger als sechs Monate vor Eintritt der USA in den Zweiten Weltkrieg bestellte das britische Militär nochmals 150 Maschinen der Version Mustang IA (NA-91). Der einzige Unterschied zwischen dieser Version und der Mustang I bestand darin, daß die acht Maschinengewehre durch vier 20-mm-Bordkanonen ersetzt worden waren. Es wurden jedoch nur 93 Exemplare dieser ersten Serie der Mustang IA an die RAF ausgeliefert, denn unmittelbar nach dem Angriff der Japaner auf Pearl Harbor meldete die USAAF Bedarf für die restlichen Maschinen aus diesem Vertrag an und gab zugleich bei North American Aviation die Umrüstung dieser Flugzeuge zum bewaffneten Aufklärer F-6A in Auftrag. Diese Mustang-Version wurde mit zwei schräg eingebauten F-24-Bordkameras bestückt. Die F-6A war die erste von der USAAF eingesetzte Mustang-Version; sie wurde im April 1943 bei der 12. Air Force (68th Observation Group, 154th Observation Squadron) in Dienst gestellt. Am 23. April 1943 verlor die USAAF während eines Bombenangriffs über Tunesien ihre erste Mustang durch Beschuß von feindlichen Flugabwehrstellungen.

Kurz vor dem Auslauf der Serienproduktion der von den Briten bestellten Mustang IA wurde General Henry „Hap" H. Arnold darauf aufmerksam gemacht, daß ein beträchtlicher Teil der Fertigungsanlagen und Mitarbeiter von NAA in Kürze wohl nicht mehr ausgelastet sein würde. Trotz des geringen Interesses, daß die USAAF-Beschaffungsabteilung zunächst gezeigt hatte, wirkte Arnold so lange auf die USAAF-Entscheidungsträger ein, bis es ihm schließlich gelang, diese zur Beschaffung der Mustang zu bewegen. Damit begann die Massenproduktion des größten strategischen US-Kampfflugzeugs des Zweiten Weltkriegs, das nun die Luftunterstützung der eigenen Infanterie und Panzertruppen übernehmen sollte.

Im April 1942 begann NAA mit der Entwicklung der A-36A, einer Sturzkampfbomberversion der P-51A (Mustang I). Die A-36A war mit sechs Maschinengewehren vom Kaliber 0,5 (zwei davon im Rumpf und je zwei in den Tragflächen) bewaffnet und mit hydraulisch angetriebenen Sturzflugbremsen auf der Ober- und Unterseite der Tragflächen ausgestattet. An zwei Unterflügelstationen konnte diese Maschine außerdem je eine Bombe (250, 300 oder 500 Pfund) oder einen Abwurftank mitführen. Die Motorisierung der A-36A bestand aus einem 1 325 PS starken Allison-Triebwerk vom Typ V-1710-87 (F-21R), das der Maschine bei Bestückung mit zwei Bomben eine Geschwindigkeit von 310 mph in 5 000 Fuß Höhe verlieh. Ohne Bombenlast erreichte die A-36A sogar 356 mph. Von der A-36A „Invader", die im darauffolgenden September ihren Erstflug absolvierte, bestellte die USAAF 500 Exemplare. Im April 1943, also unmittelbar vor der Invasion auf Sizilien, wurde die A-36A von der USAAF in Dienst gestellt.

»In Nordafrika hatte die A-36A das Problem, daß der Auslösemechanismus zum Abwerfen der Bomben zuweilen versagte. Dies konnte leicht durch eine zusätzliche 3/8-Zoll-Spiralfeder behoben werden, von denen jedoch keine auf Lager waren. Dann fand man heraus, daß die Federn, die unter dem Sattel eines bestimmten deutschen Motorrades eingebaut waren, für diesen Zweck ausgezeichnet geeignet waren. So wurde kurzerhand jedes erbeutete Motorrad zerlegt, und die Federn wurden zum Modifizieren der A-36A-Bombenabwurfvorrichtung verwendet.«
AAF

P-51B-Maschinen auf dem Vorfeld des Werksflugplatzes der North American Aviation. Im Vordergrund ist eine B-25 erkennbar.
USAFM

Die Sturzflugbremsen senkten die Sturzfluggeschwindigkeit von rund 500 mph auf 390 mph. Als problematisch erwies sich jedoch, daß die Sturzflugbremsen zum unsymmetrischen Ausfahren neigten, was einen instabilen Sturzflug zur Folge hatte, zum Verlust der Steuerbarkeit führte und schließlich mit einem unkontrollierten Aufschlag endete. Um diesem Problem zu begegnen, blockierten die Bodenmannschaften kurzerhand die Sturzflugbremsen bei einem großen Teil der Maschinen. Durch das Fehlen der Sturzflugbremsen und die Bedrohung durch die deutschen Flugabwehrgeschütze war man nun

»Als wir die P-51 zum ersten mal zu Gesicht bekamen, waren wir etwas skeptisch. Beim Rollen hörte sich der Motor an, als ob gar nicht alle Zylinder arbeiteten. Schließlich waren wir bis dahin die P-40 mit ihrem rund laufenden und satt klingenden Motor gewöhnt. Gab man bei der Mustang jedoch Gas, so stellte sich auch beim Merlin ein runder und gleichmäßiger Motorlauf ein. Bald erwies sich die Mustang als das weitaus beste Flugzeug- sowohl für die Piloten als auch die Bodenmannschaften. Der Motor war sehr zuverlässig und überschaubar. Entweder lief der Merlin einwandfrei, oder er lief überhaupt nicht!«

Ralph Annala, P-51-Crewchef, 337th Fighter Training Group, Sarasota, Florida

gezwungen, den Sturzflugwinkel von ursprünglich 90 auf 70 Grad zu reduzieren. Zugleich wurden die Höhen für das Einleiten und Abfangen des Sturzfluges von 8 000/2 000-4 000 Fuß auf 10 000/ 4 000-5 000 Fuß vergrößert.

Die A-36A-Version der Mustang erwies sich als hervorragende Maschine für die Luftunterstützung der Bodentruppen. Flugzeuge dieses Typs flogen insgesamt 23 373 Kampfeinsätze, bei denen sie über 8 000 t Bombenlast abwarfen, 84 feindliche Maschinen abschossen und weitere 17 am Boden zerstörten. Die Verluste durch Feindeinwirkung beliefen sich auf 177 Maschinen. Die Produktion der von den Piloten sehr geschätzten A-36A endete im März 1943.

Noch im selben Monat begann NAA mit der Auslieferung der ersten Exemplare einer Serie von 310 Maschinen des Typs P-51A. 50 von ihnen gingen als Mustang II an die RAF. Damit wurde der Fehlbestand von 55 Maschinen des Typs Mustang IA ausgeglichen, die zur Version F-6A umgerüstet und an die USAAF ausgeliefert worden waren. 35 Maschinen der neuen Serie P-51A wurden mit F-24-Kameras ausgerüstet und gingen als F-6B an die USAAF.

Die P-51A erreichte eine Spitzengeschwindigkeit von 390 mph. Ihre Bewaffnung bestand aus vier Maschinengewehren vom Kaliber 0,5, die paarweise in den Tragflächen untergebracht waren. Außerdem konnte die Maschine als Unterflügel-Außenlast entweder Bomben oder Zusatztanks mitführen. Später gebaute Maschinen der Serie P-51A erhielten einen verbesserten Allison-Motor des Typs V-1710-81 (F20R), der eine Nennleistung von 1 125 PS in 15 000 Fuß Höhe bzw. eine Spitzenleistung von 1 200 PS beim Start lieferte.

Fünf P-51A wurden in der USAAF School of Applied Tactics in Orlando (Florida) der Flugerprobung unterzogen. In Vergleichstests und simulierten Luftkämpfen mit anderen amerikanischen Maschinen aus jener Zeit fand man heraus, daß die P-51A in Höhen bis zu 22 000 Fuß von allen amerikanischen Kampfflugzeugen die besten Gesamtleistungen erzielte.

Mit der großen Umrüstung der P-51 wurde die Firma Rolls-Royce Limited beauftragt. Rolls-Royce erhielt vier Mustang I der RAF, die für das Umrüstungsprogramm als Mustang X bezeichnet und mit dem Merlin-61-Triebwerk sowie einer Vierblatt-Luftschraube ausgestattet wurden. Propeller und Getriebe der Mustang X stammten von der Spitfire. So ausgerüstet, war die Maschine in 30 000 Fuß bis zu 441 mph schnell. Für die den Steigflug auf 20 000 Fuß benötigte sie nur 5,9 Minuten, also erheblich weniger als die P-51A, die diese Höhe erst nach 9,1 Minuten erreichte.

Bei North American Aviation nahm man einige Modifikationen an der P-51 vor, um die Maschine an den mit 1 520 PS erheblich leistungsstärkeren Packard V-1650-3 anzupassen, einen in Lizenz hergestellten Merlin-68 mit zweistufigem Supercharger (Vorverdichter) und Nachkühler. Um die Kräfte des neuen Motors aufnehmen zu können, mußten die Zelle verstärkt und die Einbaulage der Kühler geändert werden. Außerdem erhielt die Maschine neue Querruder, und es wurde ein Paar Unterflügel-Außenlaststationen installiert, an denen Langstreckentanks oder 500-Pfund-Bomben angebracht werden konnten. Später wurde die Bombenlast auf zwei 1 000-Pfund-Bomben erhöht.

General Arnold forderte 2 200 mit Merlin-Triebwerken bestückte P-51 an, die mit erhöhter Priorität ausgeliefert werden sollten. 71 Maschinen der Version P-51B sowie 20 P-51C-Versionen wurden zu Fotoaufklärern vom Typ F-6C umgerüstet. Bis zum Sommer 1943 wurden die Flugzeuge in Inglewood, Kalifornien, (P-51B) bzw. Dallas, Texas, (P-51C) hergestellt.

Am 15. Januar 1944 flogen Mustangs vom Typ P-51B, mit Abwurftanks ausgestattet, ihre erste Langstreckenmission als Jagdschutz für Bomber der 8. Air Force über Deutschland. Die Mustangs waren gerade rechtzeitig einsatzbereit, denn die Reichsluftwaffe hatte den ohne Jagdschutz fliegenden Bombern bereits arg zugesetzt. Die Bomber brauchten ganz einfach die Begleitung der Jäger, um ihre Angriffe auf die industriellen Kernzonen des Dritten Reichs mit der nötigen Schlagkraft durchführen zu können. Dazu muß man wissen, daß es der Mitwirkung mehrerer hundert Personen bedurfte, um nur einen einzigen Fighter in die Luft zu bekommen. Heute, im Zeitalter der computerunterstützten Flugplanung und Luftkampfsimulation, kann man sich nur noch schwer vorstellen, wie kompliziert die Planung und Ausführung auch nur eines einzigen solchen Einsatzes war.

Frühjahr 1944, 22.45 Uhr

Der diensthabende Nachrichtendienstoffizier der Abteilung S-2 wirft einen Blick auf das gelbe Formular, das soeben per Fernschreiber eingetroffen ist, zeichnet die Meldung ab und entfernt sich wieder. Dies ist ein Alarmzeichen — ein offizieller Hinweis darauf, daß eine übergeordnete Führungsabteilung des Militärs vermutlich für den nächsten Morgen eine Bombereskorte für einen Angriff auf Erkner, einen Vorort von Berlin, anfordern wird. Noch ist es sehr früh; der Angriffsplan kann sich noch etliche Male ändern, bis die Jagdflugzeuge tatsächlich aufsteigen.

01.00 Uhr morgens: Ein Soldat aus der Fernschreiberabteilung weckt den „Intelligence Officer" (IO) und händigt ihm eine weitere Meldung aus — den Einsatzbefehl. Nun wird es also ernst: Heute wird die Jägerstaffel für die Bomber Jagdschutz fliegen. Zu diesem Zweck weckt der IO den diensthabenden Offizier der Funkbetriebsstaffel. Während die Piloten noch schlafen, beginnen der IO und der Einsatzleitoffizier damit, die Pläne für die Rolle der Jägerstaffel innerhalb des gesamten Einsatzes auszuarbeiten. Anschließend informiert der IO den Staffelführer, die Piloten, die technische Abteilung, den Wetterdienstoffizier und alle anderen Personen, deren Mitwirkung im Vorfeld des geplanten Einsatzes benötigt wird.

Zuerst plant der IO die voraussichtliche Abflugzeit (09.30 Uhr). Von diesem Zeitpunkt an rechnet er rückwärts, d. h. er legt den Beginn des Briefings fest (etwa eine Stunde vor dem Anlassen der Motoren, das um 09.20 Uhr erfolgen soll), anschließend den Zeitpunkt, zu dem sich die Männer in der Messe einfinden (07.30 Uhr), dann die Uhrzeit, zu der die Bodenmannschaft aufsteht (05.30 Uhr oder 06.00 Uhr), und schließlich die Uhrzeit, zu der die Piloten geweckt werden (07.00 Uhr).

Die Nachrichtendienstoffiziere stellen die wichtigsten Einzelheiten zur bevorstehenden Mission zusammen, über die sie die Piloten während des Briefings informieren. Dazu zählen die Beschreibung des Ziels, die Frequenzen und Verfahren für den Funkverkehr, Notverfahren, erwartete Reaktionen des Feindes, Bedrohungen durch Flakstellungen sowie die Verteilung der Bodentruppen. Außerdem wird auf dem Briefing versucht, dem Staffelführer ein möglichst vollständiges Bild der Lage zu vermitteln.

Eine ausführliche Karte bedeckt eine ganze Wand des Briefingraumes. Über diese Karte spannen sich rote Fäden, die den Kurs der Jäger kennzeichnen, während blaue Fäden für den Flugweg der Bomber stehen. In diese Karte sind außerdem der für den Jagdschutz vorgesehene Bereich und mögliche Bombardierungsziele eingezeichnet. Außerdem zeigt die Karte die Silhouette eines mit der Nummer „78" gekennzeichneten Jagdflugzeuges unmittelbar neben einer B-17-Silhouette mit der Bezeichnung „94". Damit wird veranschaulicht, daß die 78. Jägerstaffel die 94. Bomberstaffel auf ihrer Mission eskortieren wird. Die Leitwerke und Tragflächen der 94. Bomberstaffel sind gesondert dargestellt; sie tragen die Staffelmarkierung, ein schwarzes Quadrat mit einem weißem „A".

Auf einer großen Tafel steht der Einsatzzeitplan, aus dem exakt hervorgeht, wann die Triebwerke angelassen werden, wann der Start erfolgt, wann die Piloten auf Kurs gehen, wann sie mit den Bombern zusammentreffen und vieles mehr. Wenn der Beitrag der Staffel zur gesamten Mission ein Erfolg werden soll, muß dieser Zeitplan auf die Minute genau eingehalten werden.

Während die S-2-Offiziere noch mit den Tafeln für das Briefing beschäftigt sind, verlassen die kommandierenden Offiziere (Commanding Officers, COs) der Staffel ihre Schreibstuben, um die Mechaniker, Waffentechniker, Funker und das übrige Personal zu wecken. Die für die Technik und die Bewaffnung zuständigen Gruppen treten an.

Noch vor dem Frühstück begeben sich pro Flugzeug zwei Mann — ein Mechaniker und ein Waffentechniker — entweder per Jeep oder per Fahrrad hinaus zu den wartenden Mustangs. Die anderen Mechaniker und Waffentechniker lösen gleich nach dem Frühstück ihre Kameraden ab, die ihnen schon vorausgegangen sind, um auch ihnen Gelegenheit zum Frühstücken zu geben.

Von den Fernmeldesoldaten sind noch nicht viele zu sehen; nur eine Handvoll von ihnen hat Bereitschaftsdienst, um bei eventuell auftretenden Problemen Maßnahmen treffen zu können. Die anderen Angehörigen der Funkabteilung schlafen jedoch noch; sie haben am Vorabend die Sende- und Empfangsanlagen der Flugzeuge nach der gestrigen Mission überprüft und getestet.

Draußen auf dem Vorfeld klettert der Leiter der Bodenmannschaft im Rahmen seiner Vorflugkontrolle in das Cockpit der P-51, die du fliegen wirst. Er startet den Motor und läßt ihn probeweise hochlaufen. Derweil wartet schon der Waffentechniker auf seinen Einsatz. Kaum sieht der Propeller, öffnet er die Verschlußklappen der Bordkanonen in den beiden Tragflächen, um eine schnelle Sichtkontrolle der Maschinengewehre vom Kaliber 0,5 sowie der Munitionszuführungen und Magazine vorzunehmen. Danach faßt er mit der Hand hinein, um sich zu vergewissern, daß die Waffen fest sitzen und sich beim Feuern nicht verschieben können. Dann lädt er die Waffe, schließt die Klappe wieder und kontrolliert die Zielvorrichtung.

Kurz bevor der Crewchef und der Waffentechniker mit ihrer Arbeit fertig sind, treffen die Leute ein, die schon mit dem Frühstück fertig sind. Nun übernimmt der stellvertretende Crewchef die weiteren Vorbereitungen. Er erwartet die Kameraden, die mit dem Sauerstoffbehälter und dem Tankwagen eine Maschine nach der anderen versorgen und gleich auch bei diesem Flugzeug angelangt sein werden. Da

Der Instandhaltungschef der 8th Air Force läßt eine Mustang warmlaufen USAFM

der Einsatz in großer Höhe geflogen werden soll, wird nicht nur die Maschine vollgetankt; auch die Sauerstoffflaschen werden aufgefüllt. Einer der Mechaniker reinigt die Haube mit einem Fensterleder, denn schon kleinste Flecken oder Schlieren in der Haube könnten dazu führen, daß der Pilot einen Angreifer der Reichsluftwaffe übersieht.

Nur einer der Flugzeugwarte bleibt bei der Maschine; die anderen kehren in ihre Baracken zurück, um etwas Schlaf nachzuholen oder vielleicht Karten zu spielen.

Waffentechniker mit seinem Handwerkszeug USAFM

Die Nachrichtendienstoffiziere der Staffeln S-2 und S-3 sammeln weiter wichtige Informationen (z.B. Berichte über Flak-Aktivitäten) und vermerken sie auf der Briefingkarte. Ein letztes Mal stimmt die Einsatzleitung mit der Flugbetriebsstaffel ab, welche Flugzeuge für die Mission zur Verfügung stehen, wer welche Maschine fliegen wird und welche Flugzeuge von den Mechanikern während der vorangegangenen Nachtschicht wieder für einsatzklar erklärt wurden. Da ja die Einsätze am Tage geflogen werden, müssen alle Wartungs- und Reparaturarbeiten nachts durchgeführt werden. Während du und die anderen Piloten schlafen, geht es also auf dem Flugplatz recht betriebsam zu.

Die Wartungsabteilung meldet 24 Mustangs deiner Staffel einsatzklar. Die S-3-Leute geben diese Information an den Briefingleiter weiter und können sich anschließend noch etwas ausruhen, bis es an der Zeit ist, die Piloten zu ihren Maschinen zu bringen.

»Damals hattest du einige höchst private Besitztümer, z.B. deine maßgeschneiderte „Ike Jacket". Diese Jacke war immer etwas Individuelles mit ihren aufgestickten Schwingen und Rangabzeichen – jedenfalls keine Standardausrüstung. Jeder hatte seine Ration an Schokolade, Whiskey und Eiern, die bei den Bauern in der Umgebung eingekauft wurden. Jeder hatte auch ein „Testament", das üblicherweise mündlich einem Kameraden anvertraut wurde: „Wenn ich's nicht schaffe, kannst du meine Ration und meine Jacke haben."«

Dick Gross, 350th Fighter Squadron

Pilot beim Abbremsen des Merlin-Motors einer P-51B USAFM

Die S-2-Staffel bereitet die Kursberechnungen und Karten vor, nach denen du fliegen wirst. Hier kommt es auf höchste Präzision an: Stimmt der für eine Strecke berechnete Kompaßkurs nicht, oder wird der Punkt für das Rendezvous mit den Bombern falsch in die Karte eingezeichnet, ist das Chaos in der Luft vorprogrammiert.

07.00 Uhr: Eigentlich bleiben dir noch ein paar Minuten Nachtruhe. Doch an Schlaf ist jetzt nicht mehr zu denken, denn schon donnern die ersten schweren Bomber über den Flugplatz hinweg, um sich am vereinbarten Punkt zur Angriffsformation zusammenzuschließen. Bevor du die Nissenhütte verläßt, in der außer dir noch neun weitere Offiziere untergebracht sind, nimmst du alles aus den Taschen, was auf deine persönliche Identität hindeuten könnte — Brieftasche, Notizbuch, den letzten Brief aus der Heimat. Dann ziehst du die langen Unterhosen und die dicken Socken an, darüber die Hosen aus grobem, olivfarbenem Wollstoff, ein Hemd mit dem Abzeichen der 8th Air Force und schließlich einen Schal. Über all dieser Kleidung wird

»Noch heute kenne ich die Startcheckliste auswendig:
Gurtzeug angelegt
Steuerung freigängig
Alle Anzeigen im grünen Bereich
Vollgasprobe
Propellerblattverstellung
Gashebel
Landeklappen
Langsam Gas geben"
Dick Gross, 350th Fighter Squadron

natürlich noch die schwere Fliegerkombi aus Wolle angezogen. Dann kontrollierst du sorgfältig dein „Überlebenspaket": Bargeld in Reichsmark und Franc, auf Leinentücher aufgedruckte wasserfeste Karten, Notverpflegung aus Lebensmittelkonzentrat, zwei Tafeln Schokolade und einen zusätzlichen Patronengurt mit Munition für deinen 45er Colt. All das stopfst du in die Beintaschen deiner Kombi, dann schnallst du das Schulterholster mit dem schweren Colt um, und schließlich ziehst du deine lederne A-2-Fliegerjacke an.

Du denkst über dein „Testament" nach: Wer sollte im Falle eines Falles wohl deine Whiskey- und Schokoladenration bekommen?

Zusammen mit den anderen Staffelkameraden trottest du dann den matschigen Weg entlang, um zum Frühstück zu gehen. Bloß nicht zu viel trinken — dieser Jagdschutzeinsatz könnte ohne weiteres fünf oder sechs Stunden dauern.

08.30 Uhr: Gleich nach dem Frühstück gehst du mit den anderen Staffelkameraden zum Briefing. Als erstes trägt der Offizier vom Met Office vor, mit welchen Wetterbedingungen die Staffel bei diesem Einsatz zu rechnen hat. Schon die ganze Nacht hat der Wetterdienst regelmäßig Temperatur, Windgeschwindigkeit und Luftdruck registriert. Aufgabe des Wetteroffiziers ist es nun, diese Daten in Verbindung mit den Wetterbeobachtungen anderer Stationen zu einer Vorhersage zu kombinieren, die Aufschluß darüber gibt, welche Windeinflüsse und Wolken die Einheit auf ihrem vorgesehenen Flugweg in den einzelnen Höhen zu erwarten hat. Eine Information ist dabei besonders wichtig, nämlich die Höhe, in der der Kondensstreifen sichtbar wird und dem am Boden lauernden Feind die Anwesenheit eurer Flugzeuge verrät.

Nach dem Vortrag des Wetteroffiziers setzt der Einsatzleitoffizier das Briefing fort. Heute ist dies der CO der Staffel. Ihm obliegt die gesamte Last der Staffelführung; bei ihm liegt auch die volle Verantwortung für die erfolgreiche Teilnahme der Staffel an der gesamten Mission. Noch einmal macht er euch auf die Flakstellungen und die feindlichen Flugplätze aufmerksam, die der eine oder andere vielleicht übersehen hat. Du notierst dir das heutige Angriffsziel — eine Kugellagerfabrik — und denkst unwillkürlich darüber nach, wie weit es wohl bis Dänemark zu laufen wäre, falls etwas schiefgeht.

Zum Schluß des Briefings bekommt ihr eure Einsatzbefehle und Fliegerkarten ausgehändigt. Dann gehst du hinüber zum Schrank mit den persönlichen Ausrüstungsgegenständen, wo dir der Sergeant deinen Fallschirm, ein zusammenlegbares Rettungsfloß und die gelb-orange leuchtende Schwimmweste — die „Mae West" — aushändigt. Der Kurs führt zwar nur wenige Minuten über die Nordsee, aber im Falle eines Abschusses oder einer Notwasserung hätte der Pilot dennoch eine ziemlich lange Strecke durch das kalte Meer schwimmend zurückzulegen. All diese Ausrüstungsgegenstände sind vor der Übergabe an die Piloten von der zuständigen Abteilung der Basis und speziell ausgebildeten Fallschirmpackern geprüft worden.

Du packst deine Ausrüstung auf die Ladefläche eines Jeeps und fährst hinaus zu deiner Maschine. Es ist eine Mustang P-51B, die du nach deiner Freundin zu Hause *Jeane Rose* genannt hast. Dabei fällt dir ein, daß die Jeane Rose, die du am Bahnhof der Union Pacific zurückgelassen hast, brünett war; der Künstler, der deine Maschine gestaltet hat, hat ihr allerdings eine knallrote Nase verpaßt.

Ein Mechaniker hilft dir beim Herunterklappen der Einstiegsleiter und begleitet dich anschließend auf deinem kurzen Rundgang um die Maschine. Dabei berichtet er, welche Reparaturen seit dem letzten Flug ausgeführt wurden und wo es noch immer Probleme geben könnte. Du siehst dir den Zustand der Reifen an, kontrollierst den Federweg der Fahrwerksbeine, entfernst die Schutzabdeckung vom Staurohr und überprüfst die Verschlußdeckel der Treibstofftanks, der Rumpftanks, der beiden Flächentanks und der beiden Abwurftanks mit je 108 zusätzlichen Gallonen Sprit.

Ohne fremde Hilfe schaffst du es nicht, den korrekten Dreß für diese Party anzulegen, also hilft dir der Mechaniker in deine Mae West. Er schnürt den Fallschirm und das Rettungsfloß zu einem einzigen Paket zusammen und hilft dir, auch dieses Bündel anzulegen. Nach dieser Prozedur wiegst du gute 15 Kilo mehr. Und so stolperst du los, sorgfältig darauf achtend, daß dir das Survival-Paket dabei nicht dauernd in die Kniekehlen schlägt.

Der Mechaniker steigt auf eine der Tragflächen, um dir ins Cockpit zu helfen. Du selbst kletterst über den Reifen des linken Hauptfahrwerks, die Flügelnase und den Abwurftank zwischen den beiden offenen Rohren der Bordkanonen ins Cockpit. Dazu setzt du erst das eine Bein ins Cockpit, um anschließend das Rettungsfloß unten am Sitz zu verstauen und schließlich das zweite Bein nachzuziehen. Der Mechaniker beobachtet sorgfältig, wie du deinen Sauerstoffschlauch, das Mikrofon und die Kopfhörergarnitur anlegst.

Der Chef der Bodencrew gibt dir noch ein paar letzte Worte mit auf den Weg — die übliche Ermahnung, den Vogel möglichst in einem Stück wieder zurückzubringen.

Da leichter Nieselregen eingesetzt hat, läßt du die Haube ein Stück geöffnet, während du auf das Startsignal wartest. Der Mechaniker springt von der Tragfläche und stellt sich neben die Maschine, den Feuerlöscher griffbereit in der Hand.

Merkwürdig: Ausgerechnet auf einem Flugplatz mit drei Mustang-Staffeln und einem Bodenpersonal von mehreren tausend Personen bist du in diesem Moment mit deinen Gedanken ganz allein. Du versuchst, etwas Ablenkung zu schaffen, indem du noch einmal die Checkliste zum Anlassen des Motors durchgehst: Gemischhebel auf Leerlauf, Propellerverstellhebel ganz nach vorn, Gashebel ein Zoll nach vorn, Tankwahlschalter auf Rumpftank.

09.30 Uhr: Endlich kommt vom Kontrollturm das langerwartete Lichtsignal.

Du betätigst den Batteriehauptschalter, überzeugst dich, daß der Propellerbereich frei ist, schaltest die Kraftstoff-Hilfspumpe ein und drückst die Anlassertaste. Die vier Blätter des Hamilton-Standard-Propellers setzen sich in Bewegung, und als nächstes schaltest du die Zündung ein. Das Rattern und Knallen aus den Auspuffrohren verrät, daß der Motor gezündet hat. Du stellst das Treibstoff-Luft-Gemisch auf „Normal" ein und regulierst die Drehzahl mit dem Gashebel auf 1 300 U/min.

Auf dem Vorfeld steigert sich das knatternde Stakkato von fast 80 Merlin-Motoren allmählich zu einem ohrenbetäubenden Getöse, doch hier im Cockpit kannst du nur das dumpfe Brummen deiner eigenen Maschine hören. Und natürlich fühlen.

Beim Geradeausrollen hast du aus der Mustang keine Sicht direkt nach vorn, also rollst du wie deine Kameraden in S-Schleifen den Taxiway entlang in Richtung Startpunkt. Dort stellen sich die Fighter exakt nebeneinander zum Start auf — sozusagen „in Linie angetreten".

Jetzt gehst du die Checkliste durch, die unmittelbar vor dem Start abzuarbeiten ist: Magnetcheck — Drehzahlabfall 100 U/min rechts, 130 U/min links; Hochlaufenlassen des Motors bis zu einem Ladedruck von 30 Zoll für eine Minute, kontrollieren, ob dabei die Kühlmittel- und Öltemperaturen im zulässigen Bereich bleiben; erneuter Magnetcheck; Kontrolle von Propeller und Supercharger; Einstellen der Kühlmittel- und Ölschalter auf AUTOMATIC; Gemischverstellung auf AUTO RICH; Propellerverstellung auf kleine Steigung; Kraftstoff-Hilfspumpe ein; kontrollieren, ob der Hydraulikdruck zwischen 800 und 1 100 psi liegt, während der Motor mit 2 300 U/min dreht; Kontrolle des Gurtzeugs; zum Schluß noch ein prüfender Blick auf alle Triebwerksüberwachungsinstrumente einschließlich der Batterieladekontrolle.

Auf deinem Flugplatz sind insgesamt drei Staffeln beheimatet. Viermal sind bereits zwei P-51 gestartet. In einem Kontrollturm auf der gegenüberliegenden Seite des Platzes ruft ein Corporal, ausgerüstet mit einem Fernglas, die Buchstabenmarkierungen jeder einzelnen Maschine auf, die abgehoben hat, während ein Mannschaftsdienstgrad die Startzeiten auf einer Tafel notiert. Dein Blick fällt auf die Feuerwehr- und Rettungsfahrzeuge, die neben dem Tower geparkt sind. Hoffentlich bekommen sie heute nichts zu tun, denkst du, während du auf deine Startfreigabe wartest.

Mustang-Staffel beim Warmlaufenlassen der Motoren kurz vor einem Einsatz USAFM

Es geht los! Du löst die Bremsen, um die Maschine auf der Startbahn in Position zu bringen. Haube schließen und verriegeln. Neben deiner linken Tragfläche steht ein Helfer, der eine Signalflagge schwenkt.

Du ziehst den Steuerknüppel bis hinter die Neutralstellung zurück und blockierst das Spornrad. Die Höhenrudertrimmung steht auf „Start", während das Seitenruder sechs Grad nach rechts ausgerichtet ist, um die Kräfte von Motor und Propeller zu kompensieren, die das Flugzeug beim Erhöhen der Drehzahl nach links ziehen. Du löst die Bremsen und schiebst den Gashebel möglichst gleichmäßig nach vorn, bis bei einem Ladedruck von 61 Zoll eine Drehzahl von 3 000 U/min erreicht ist. Bis der Motor einen Ladedruck von 30 Zoll erreicht, macht er einen Höllenlärm, und man spürt, wie sich die Leistung aufbaut. Nach 2 000 Fuß Startrollstrecke sind du und der Staffelführer in der Luft. Das Fahrwerk wird eingefahren und der Hydraulikdruck stellt sich allmählich wieder auf einen Wert von 1 000 psi ein. Mit der Höhenrudertrimmung bringst du die Nase leicht nach unten, während du gleichzeitig die Seitenrudertrimmung immer weiter verringerst. Dann kontrollierst du die Funkgeräte, solange du noch in geringer Höhe fliegst — schließlich brauchen die Deutschen noch nichts von eurer Mission zu erfahren. Sie werden schon früh genug auf euch aufmerksam werden.

Während der Staffel-CO eine Platzrunde geflogen hat, ist die gesamte Staffel gestartet. Noch zwei Runden um den Flugplatz, und alle drei Staffeln sind in der Luft und bereit zum Abflug nach Osten. Während das kollektive Donnern der Formation allmählich abebbt, sammelt die Bodenmannschaft alles noch herumliegende Werkzeug und Gerät ein, um dann in die Baracken zurückzukehren und dort etwas wohlverdienten Schlaf nachzuholen. Manchmal sind sie auch zu aufgekratzt, um zu schlafen; dann setzen sie sich zusammen, um Karten zu spielen oder sich zu unterhalten.

Die Fighter formieren sich zu Vierergruppen, um anschließend im Steigflug Kurs auf den Punkt zu nehmen, an dem sie mit den Bombern zusammentreffen werden. Das Wetter heute ist ziemlich typisch für mitteleuropäische Verhältnisse: Bis in eine Höhe von 15 000 Fuß verläuft der Steigflug vollständig in Wolken. Du nimmst die Leistung zurück, bis sich bei 46 Zoll Ladedruck und 2 700 U/min eine Steigfluggeschwindigkeit von 175 mph einstellt. Danach stellst du den Schalter für die Kühlluftklappen auf AUTOMATIC und den für die Treibstoff-Zusatzpumpe auf NORMAL. Anschließend schaltest du auch den Supercharger auf AUTOMATIC. Du konzentrierst dich auf den künstlichen Horizont und die Fahrtmesseranzeige und versuchst gleichzeitig, deine Staffelkameraden nicht aus den Augen zu verlieren. In 10 000 Fuß aktivierst du die Sauerstoffzufuhr, um in der kalten, dünnen Luft über Westeuropa noch atmen zu können. Irgendwann zwischen 14 500 und 19 500 Fuß schaltet das Gebläse des Superchargers auf hohe Drehzahl um. Dabei ist ein kurzer Einbruch des Ladedrucks und der Motorleistung spürbar, was aber durch die Regelung schnell wieder ausgeglichen wird. Eigentlich ein ganz normaler Vorgang, der aber dennoch spannend werden kann, wenn man versuchen muß, bei schlechter Sicht nicht aus der Formation zu geraten, da natürlich niemals zwei Supercharger gleichzeitig umschalten. Den Rumpftank hast du deshalb ausgewählt, weil du versuchen mußt, mindestens die Hälfte der 85 Gallonen Treibstoff hinter deinem Sitz zuerst aufzubrauchen. Vorher nämlich ist die Mustang alles andere als eine gut

P-51D über geschlossener Wolkendecke USAFM

ausbalancierte Schußplattform; jede scharfe Kurve birgt die Gefahr eines Strömungsabrisses mit anschließendem Trudeln, das nicht leicht zu beenden ist. Erst nachdem die Anzeige für den Rumpftank knapp unter der Halbvoll-Markierung steht, schaltest du auf die Abwurftanks um.

09.58 Uhr: Endlich raus aus den Wolken! Von hier sieht alles schon viel angenehmer aus. Überall um dich herum steigen Dutzende von schwarzen Punkten aus den Wolken heraus, um von jetzt an durch einen kobaltblauen Himmel auf den vereinbarten Sammelpunkt zuzufliegen.

Über dem Kontinent – du bist noch immer im Steigflug – kommt das Bombergeschwader in Sicht. Dieser Strom von schweren Maschinen, fast 50 Meilen lang, ist wirklich ein unglaublicher Anblick. Hunderte von Bombern mit Tausenden von Besatzungsmitgliedern, die alle dasselbe Ziel verfolgen, nämlich die Zerstörung der Kugellagerfabrik in Erkner. Deine Gruppe fliegt schneller als die Bomber und überholt eine Flying-Fortress-Gruppe nach der anderen, bis sie bei einer Abteilung angelangt ist, deren Maschinen die auffällige Markierung aus einem schwarzen Quadrat mit einem weißen „A" auf dem Seitenleitwerk tragen.

»Einige Kameraden bekamen Treffer ab und konnten ihre Maschine nicht mehr unter Kontrolle halten. Einen hatte es besonders übel erwischt: In seinem Cockpit war eine Granate explodiert, wobei ihm offenbar ein Bein abgerissen worden war. Trotzdem unterhielt er sich mit uns in aller Seelenruhe – bis zur Landung.«

Dick Gross, 350th Fighter Squadron

Jede der Jägergruppen ist einer Abteilung des Bombergeschwaders zugeordnet. Heute haben 75 Mustangs die Aufgabe, 21 Bombern Jagdschutz zu geben. Deine Staffel ist in zwei Hauptgruppen unterteilt, die jeweils die linke bzw. rechte Flanke der Bomberabteilung sichern. Die zweite Staffel begleitet den Bomberverband ebenfalls, fliegt aber 4 000 Fuß höher. Die dritte Staffel schließlich fliegt dem Bomberverband voraus. Zusammen mit deinem Leader wirst du die rechte Flanke schützen.

Die Maschinen der Luftwaffe greifen heute in großer Zahl an. Während die Me 109 G von oben Deckung geben, greifen die FW 190 im Geradeausflug an. Die Focke-Wulf fliegen in einer Frontformation – fünf Reihen zu je acht bis zehn Maschinen. Im Funk hörst du, daß sich eure vorderste Staffel bereits voll im Luftkampf mit einer wildentschlossenen Me-109-Horde befindet. Die FW 190, die dir jetzt entgegenkommen, haben eure erste Jagdfliegerstaffel also durchbrochen.

11.22 Uhr: Per Funk kommt der Angriffsbefehl. Du schaltest also auf einen der Innentanks um, drückst die rote Taste oben auf dem Steuerknüppel, und die Abwurftanks lösen sich von der Maschine, wobei sie eine kurze Fahne von Resttreibstoff hinter sich her ziehen. Dann noch ein flüchtiger Blick auf die Schalter für die Bordkanone und die Bordkamera. Plötzlich wird dir klar, wofür der ganze Aufwand getrieben wurde, wofür Tausende von Kameraden ausgebildet wurden und gearbeitet haben, und warum du jetzt hier bist: Einzig und allein zum Schutz eurer B-17-Bomber.

Die Annäherungsgeschwindigkeit an die feindlichen Maschinen überschreitet jetzt 500 mph. Die FW 190 kommen nur für wenige Sekunden in Schußweite, so daß du nicht zögern darfst, einen ersten Schuß abzugeben. Du mußt versuchen, den Angriff zu sprengen, um die massive Feuerkraft zu brechen, die den Bombern von oben droht. Du und dein Leader eröffnen gleichzeitig das Feuer und erzielen auch einige Treffer, von denen aber keiner kampfentscheidend ist. Die FW 190 ziehen nach oben weg, um dem Beschuß auszuweichen.

Nachdem die Focke-Wulf erstmals durch die Bomberformation hindurchgeflogen sind, verläuft der weitere Luftkampf ungefähr so planmäßig wie eine Wirtshausschlägerei. Die wohlgeordneten Gruppen der Mustang-Staffeln lösen sich auf, um in Zweiergruppen Jagd auf die feindlichen Maschinen machen.

Du legst die Maschine in eine leichte Linkskurve und gibst ein paar kurze Feuerstöße auf zwei anfliegende FW 190 ab. Als du erkennst, wie die Geschosse vom Kaliber 0,5 die Außenhaut einer der feindlichen Maschinen durchbohrt und dabei Funken schlägt, führst du die Zielvorrichtung nach und hältst den Abzug gedrückt. Die beiden Focke-Wulf rasen vorbei, tauchen hinter dir nach unten weg.

Dein Leader zieht seine Maschine zu einem Looping nach oben. Als er den Zenit erreicht, kommen links von dir wieder die beiden FW 190 in Sicht. Sie kurven auf dich zu und feuern, noch bevor du ausweichen kannst. Der Leader gibt dir die Anweisung, die FW 190 rechts von dir zu übernehmen. Die ist genau unter dir, so daß du von oben feuern kannst. Wieder mehrere Treffer. Nur nicht in den Sturzflug übergehen – hier in 26 000 Fuß könnte die Mustang allzu schnell ihre höchstzulässige Geschwindigkeit überschreiten. Und das würde bedeuten, daß der Fighter in einer Steilspirale erdwärts stürzen würde.

Du legst dich in eine harte Rechtskurve und siehst gerade noch die beiden Feindmaschinen, die unter dir vorbeirasen und in eine Linkskurve drehen. Die enormen Beschleunigungen pressen dich in den Sitz. Im Kopfhörer hörst du dich selbst mühsam atmen. Du rollst die Maschine um 180 Grad und ziehst den Steuerknüppel durch, bis du spürst, wie sich das „Buffeting", der Strömungsabriß bei hohen Geschwindigkeiten, ankündigt. Nachdrücken!

Die deutschen Jagdflugzeuge bewegen sich noch immer in Spiralen nach unten und ziehen dich dabei immer weiter vom Bomberverband weg. Du nimmst die höhere der beiden Maschinen ins Visier und feuerst. Daneben! Obwohl du direkt über ihm bist, entgeht er dem Beschuß, indem er ständig im Zickzack fliegt.

Du kurvst enger, fährst die Klappen eine Raste aus und fliegst die Focke-Wulf von links hinten an. Auch dein Gegner fliegt den Kreis jetzt enger, und du kannst sehen, wie Wasserdampffahnen von den Flügelspitzen seiner Maschine ausgehen. Mit einem dumpfen Schlag fliegt die Mustang durch den Propellerstrahl des Gegners. Du bist zu schnell! Also ziehst du deine Linkskurve noch etwas enger und ziehst an der Focke-Wulf vorbei!

Jetzt ist er hinter dir. Du reißt den Steuerknüppel auf die andere Seite und ziehst gleichzeitig, gerade noch früh genug, um die Leuchtspurgeschosse an deiner linken Tragfläche vorbeischießen zu sehen. Auch daneben! Die FW 190 kann nicht so eng kurven wie du und taucht nach links ab.

Als er wieder in Sicht kommt, dreht er immer noch Sinkflugkreise. Diesmal triffst du ihn richtig. Die Geschoßeinschläge verteilen sich über die Flügelwurzel und den vorderen Teil des Rumpfes gleich vor dem Cockpit. Es sieht aus, als würden Feuerwerkskörper im Dunkeln reihenweise explodieren. Schließlich bricht die getroffene Tragfläche ab, und die FW 190 stürzt mit wilden Trudelbewegungen ab.

Unterdessen rückt dein Leader der anderen FW 190 auf den Leib. Zusammen fliegt ihr sie jetzt von hinten an, und kurz darauf zerlegt sich der glücklose Fighter, nachdem er von acht Browning-Bordkanonen des Kalibers 0,5 getroffen wurde.

Urplötzlich seid ihr beide allein. Die ganze Aktion hat kaum drei Minuten gedauert. Jetzt die Nase nach oben und zurück zum Bomberverband.

Weitere unmittelbare Feindberührungen gibt es heute nicht mehr.

12.40 Uhr: Zwar hat eure Staffel ganze Arbeit geleistet, was den Schutz der Bomber von deutschen Jagdfliegern betrifft, doch über dem Ziel müßt ihr hilflos mit ansehen, wie sich die B-17-Bomber mühsam durch den Beschuß der Flugabwehrstellungen hindurchquälen. Immerhin schaffen es die meisten, diesem Beschuß zu entgehen und ihre Bombenlast über dem Ziel abzuladen.

Der Rückflug ist ruhig. Zusammen mit deinem Leader hängst du dich an einen Nachzügler, eine einsame B-17G, die anhand ihrer Markierung — einem schwarzen Quadrat mit einem weißen „J" auf dem Seitenleitwerk — leicht als Maschine des 390. Bombergeschwaders zu erkennen ist. Natürlich fliegst du nicht direkt von hinten an — der Heckschütze könnte dich aus Versehen abschießen. Statt dessen schließt du langsam von links auf, so daß dich die Besatzung in Ruhe identifizieren kann. Der Bomber sieht ziemlich mitgenommen aus. Motor Nr. 4 ist außer Betrieb, der Propeller in Segelstellung. Motor Nr. 3 läuft zwar noch, zieht aber eine ziemlich übel aussehende Rauchfahne von verbranntem Öl hinter sich her. Fast glaubst du, das Grinsen auf den Gesichtern der Piloten und des Bordschützen zu erkennen, während du deine Begleitposition neben der Flying Fortress einnimmst.

Der Sinkflug gestaltet sich heute ganz angenehm. Die Wolken sind zeitweise so dicht, daß du extrem tief fliegen mußt, um Erdsicht zu behalten, was aber andererseits die Gefahr einer Kollision mit einem Sendemast, einem Kirchturm oder einem anderen Hindernis heraufbeschwört. Wieder so ein Tag, an dem du hoffst, daß sich der Luftdruck seit deinem Abflug nicht nennenswert verändert hat und der Höhenmesser folglich einigermaßen korrekte Werte anzeigt. Per Funk nach dem aktuellen Luftdruck zu fragen, um den Höhenmesser nachzustellen, hat überhaupt keinen Sinn. Die Deutschen werden dir nur zu gern einen Luftdruck nennen — den falschen natürlich.

15.00 Uhr: Great Yarmouth an der Nordostküste von England kommt in Sicht. Du bist also genau auf Kurs zu deinem Heimatflugplatz. Je näher du der Basis kommst, desto mehr Mustangs sammeln sich in Zweiergruppen zum Anflug. Unten wartet schon alles auf eure Rückkehr: Die Chefs der Bodenmannschaft mit ihren Assistenten, die Waffentechniker, die Kameraden von der Funkabteilung, die Treibstoff- und Ölmannschaft, die Kommandanten der einzelnen Geschwader, die Leute vom flugmedizinischen Dienst und die Feuerwehr. Alle, die dir geholfen haben, in die Luft zu kommen, warten jetzt auf dich, horchen gespannt, bis das erste schwache Summen eurer Motoren zu hören ist.

Es wäre höchst blamabel, ausgerechnet am Schluß dieser präzise geplanten und durchgeführten Aktion (und dann auch noch vor versammelter Mannschaft!) die Landung zu verpfuschen. Also gehst du stur nach deiner Landecheckliste vor: Tankwahlschalter auf den vollsten Tank, Treibstoff-Zusatzpumpe auf ON, Gemischverstellung auf AUTO RICH, Propellerblattverstellung auf kleine Steigung, Gurtzeug festziehen.

15.25 Uhr: Mit einer Motordrehzahl von 2 700 U/min und etwa 250 mph am Stau kommst du über dem Flugplatz an. Du und dein Leader verlangsamen dann auf 210 mph, und nacheinander macht ihr den Abschwung zur Landung. Als die Fahrt nur noch 170 mph beträgt, fährst du das Fahrwerk aus. Zweimal ist ein Rumpeln zu hören, und ein grünes Licht leuchtet auf: Das Fahrwerk ist also ordnungsgemäß ausgefahren und verriegelt.

Mit der Trimmung gleichst du die Abwärtstendenz der Maschine aus, dann setzt du die Landeklappen etwa zur Hälfte und trimmst die Maschine schließlich für die endgültige Landekonfiguration aus.

Major James Goodson von der Fourth Fighter Group nimmt seinen Platz neben einer B-17 ein. USAFM

»Wenn du erst einmal in der Luft warst, hattest du alle Hände voll zu tun. Die Belastungen waren extrem, und extrem hoch war auch der Adrenalinspiegel. Du wußtest ganz genau, was du zu tun hattest – und du wußtest, daß du dir keinen Fehler leisten konntest, wenn du wieder nach Hause kommen wolltest."
Dick Gross, 350th Fighter Squadron

Beim Eindrehen in den Queranflug kontrollierst du nochmals, ob Fahrwerk und Landeklappen in die richtige Position gefahren wurden, und läßt gleichzeitig die Fahrt auf 140 mph sinken. Die Endanflugkurve wird etwa eine Viertelmeile vor der Landebahnschwelle in 250 Fuß über Grund geflogen. Jetzt fährst du die Landeklappen ganz aus und trimmst sofort nach. Über der Schwelle — du bist jetzt noch 120 mph schnell — nimmst du den Gashebel ganz nach hinten und läßt die Maschine ausschweben. Nur noch wenige Sekunden, und das entspannende Rumpeln einer Dreipunktlandung geht durch die Maschine.

Am Ende der Landebahn rollst du ab auf die Grasfläche. Dabei schiebst du die Haube nach hinten, öffnest beide Kühlluftklappen, fährst die Landeklappen ein, bringst alle Trimmhebel in Neutralstellung und schaltest die Kraftstoff-Hilfspumpe aus. Unterdessen rollst du zum Abstellplatz, wo deine Maschine verankert wird, und gehst deine letzte Checkliste durch. Propellerverstellhebel ganz nach vorn, Drehzahl 1 500 U/min, Gemischhebel auf IDLE CUT-OFF. Beim Unterschreiten einer Drehzahl von 700 U/min schiebst du den Gashebel nach vorn und bringst die Schalter für Batterie und Zündung in die Stellung OFF. Dann ziehst du den Hydraulikdruck-Bedienhebel heraus, der sich auf dem Cockpitboden zwischen deinen Beinen befindet. Jetzt noch die Rudersperre anbringen und alle Schalter auf „AUS". Während der Propeller allmählich ausläuft, hörst du, wie die anderen Mustangs über dem Flugplatz ankommen.

Kaum steht der Motor, beim Abkühlen leise vor sich hin tickend, stehen dein Mechaniker und dein Crewchef auch schon auf der Tragfläche, um dich mit Fragen zu bombardieren: „Alles glatt gegangen? Lief der Motor problemlos? Irgendwelche Ladehemmungen bei den Bordkanonen?". Aber dann helfen sie dir erst einmal aus dem Cockpit — nach sechs Stunden Flug fällt das Aussteigen schwer. Der Chef der Bodenmannschaft nimmt beruhigt zur Kenntnis, daß sich „seine Maschine" keine Einschußlöcher eingefangen hat. Dann will er wissen, ob „wir" irgendwelche Abschüsse zu vermelden haben. Einen ganzen und einen halben FW-190-Abschuß, erklärst du. Und als du noch hinzufügst, daß deine Maschine sämtliche Erwartungen erfüllt hat, quittiert er das mit einem breiten Grinsen.

Endlich kannst du dein Übergewicht von 30 Pfund — Fallschirm, Rettungsboot und Schwimmweste — loswerden, um dich gleich anschließend auf den Rücksitz des nächstbesten Fahrzeugs fallen zu lassen, das dich zu den Umkleidekabinen mitnehmen kann, von wo aus du anschließend zur Nachbesprechung gehst. Schon wieder drehen die Treibstoff- und Öltanklastzüge unablässig ihre Runden. Kameraspezialisten nehmen die in der Flügelwurzel untergebrachten Kameras heraus, die beim Betätigen der Bordkanonen ausgelöst werden, und bauen gleichzeitig neue Kameras ein. Die Waffentechniker beginnen damit, die Bordkanonen zu reinigen und jedes Rohr auszutauschen, das Verschleißerscheinungen zeigt. Die Triebwerkmechaniker nehmen die Motorabdeckung ab und kontrollieren den Motor auf Undichtigkeiten in den Schmier- und Kühlsystemen. Wieder andere Spezialisten überprüfen die Reifen auf ordnungsgemäßen Zustand und kümmern sich um zahllose andere Kleinigkeiten, die zur routinemäßigen Wartung gehören. Neue Abwurftanks werden montiert und befüllt, und der Munitionsvorrat aller Maschinen wird ergänzt. Die Funktechniker überprüfen die Sende- und Empfangsanlagen.

Ein Flugzeug auf dem benachbarten Abstellplatz wird von der technischen Abteilung eingehender untersucht. Die linke Tragfläche weist ein Loch auf, das von einem 20-Millimeter-Geschoß gerissen wurde. Diese Tragfläche muß höchstwahrscheinlich ausgewechselt werden. Außerdem hat der Pilot — wie er auf dem Formular 1A vermerkt hat — während des Einsatzes die Motornotstufe (WAR EMERGENCY) aktiviert. Bei dieser absoluten Höchstleistung, die nur für wenige Minuten zur Verfügung steht und auch nur im äußersten Notfall genutzt werden darf, wird das Triebwerk stark überbeansprucht. Es sieht ganz so aus, als ob die Technik den Motor ebenfalls auswechseln muß.

Anschließend stimmen die technischen Abteilungen der einzelnen Staffeln zusammen mit den Einsatzleitern ab, welche Maschinen einer fälligen Routineinspektion unterzogen werden müssen, an welchen in der kommenden Nacht kleinere Reparaturen durchzuführen sind und bei welchen große Reparaturen anstehen. Diese Informationen werden vom Betriebsdienst der Staffel an die einzelnen Einsatzgruppen weitergeleitet. Die Einsatzgruppen melden dies wiederum ihren Vorgesetzten, und diese werden darüber entscheiden, wieviele Flugzeuge für den morgigen Einsatz zur Verfügung stehen.

Auf dem Nachbriefing wirst du über jede Einzelheit deines Einsatzes ausgefragt. War das Wetter so wie vorhergesagt? Waren auf den deutschen Jagdflugzeugen irgendwelche neuen oder untypischen Markierungen zu sehen? Haben sie nur aus einer Richtung oder aus mehreren Richtungen angegriffen? Waren auch mehrmotorige Flugzeuge an den Kampfhandlungen beteiligt? Zwei Piloten melden, daß sie ein zweimotoriges Flugzeug gesichtet haben, dessen Fluggeschwindigkeit offenbar außergewöhnlich hoch war. Vielleicht war es eine Me 410? Der Nachrichtendienstoffizier rollt nur mit den Augen, schenkt beiden Piloten noch einen Whiskey ein. Sämtliche Abschußberichte und sonstige verwertbaren Angaben werden von den Nachrichtendienstoffizieren gesammelt und an den Offizier der S-2-Gruppe weitergeleitet. Dieser stellt alle Teilinformationen zu einem Gesamtbericht für das Hauptquartier zusammen. Einige Mannschaftsdienstgrade sammeln eure Fliegerkarten ein und legen sie zurück in die Aktenschränke.

Drei Wochen später wirst du erfahren, daß die unglaublich schnellen Flugzeuge der Deutschen sogenannte „Jets" waren — Maschinen vom Typ Messerschmitt Me 262.

Zusammen mit deinen Staffelkameraden hastest du aus dem Briefingraum, um in der Kantine Essen zu fassen. Immer wieder mußt du in allen Einzelheiten über den zurückliegenden Luftkampf berichten; allmählich laufen die Ereignisse aus diesem Einsatz vor deinem geistigen Auge wie in Zeitlupe ab.

Jedenfalls gehörst du zu den Glücklichen, die zurückgekommen sind. Rechtschaffen müde nach diesem langen Tag, legst du dich in die Falle. Und diesmal schläfst du sofort ein.

Frühjahr 1944, 22.45 Uhr

Manch ein Mustang-Pilot, der im Luftkampf fiel, bekam seinen Gegner überhaupt nicht zu Gesicht. Ursache dafür war der tote Winkel, der bei den frühen P-51-Versionen dadurch verursacht wurde, daß das Cockpit in den Rumpf eingestrakt war und dem Piloten somit keine Sicht direkt nach hinten bot. Diesen Nachteil hatte die P-51D nicht mehr. Bereits die zehnte Maschine der Serie P-51B erhielt eine gewölbte Haube, und zugleich wurde die Rumpfoberseite unmittelbar hinter dem Cockpit zur Verbesserung der Rundumsicht tiefer gelegt. Die P-51D absolvierte ihren Erstflug am 10. November 1943. Sie erhielt eine stärkere Bewaffnung in Form von sechs Maschinengewehren vom Kaliber 0,5, die allesamt in den Tragflächen untergebracht waren. Bei späteren Exemplaren der Serie D wurde die Seitenleitwerkswurzel zur Erhöhung der Richtungsstabilität leicht nach vorn verlängert. Die D- und K-Versionen der P-51 wurden in größeren Stückzahlen produziert als jede andere Mustang-Version.

P-51B nach einer Bruchlandung USAFM

Der Propeller der P-51K unterschied sich deutlich von dem der P-51D. Statt mit dem üblichen Propeller vom Typ Hamilton-Standard war die P-51K mit einem hohlen Vierblatt-Stahlpropeller der Firma Aeroproducts ausgerüstet. Bis zum Ende des Zweiten Weltkriegs entfiel der größte Teil aller in den USAAF-Staffeln eingesetzten Jagdflugzeuge auf Maschinen der P-51-Versionen D und K.

Die TF-51D, eine doppelsitzige Version der P-51D, war das erste Kampfflugzeug, das für eine zweiköpfige Besatzung ausgelegt war und für die Umschulung, die Waffensystemausbildung und das taktische Training eingesetzt wurde. Entwickelt wurde die TF-51D auf Anforderung des Air Technical Service Command der US-Luftwaffe. Sowohl im vorderen als auch im hinteren Cockpit waren alle Flugüberwachungsinstrumente und Steuerelemente vorhanden. Das Fahrwerk konnte vom vorderen wie auch vom hinteren Sitz ausgefahren werden; das Einfahren allerdings nur vom vorderen Sitz aus. Die Flugerprobung zur Abnahme des neuen Musters wurde bei der Texas Engineering and Manufacturing Company in Dallas (Texas) vom 2. bis zum 7. Juli 1951 durchgeführt. Im Geradeausflug verursachte die größere Haube einen Höchstgeschwindigkeitsverlust von lediglich acht bis zehn Knoten.

Die von den Amerikanern während des Zweiten Weltkriegs eingesetzten Kampfflugzeuge waren im Vergleich zu vergleichbaren britischen und japanischen Maschinen ausgesprochen schwer. So behielt denn auch in simulierten Luftkämpfen zwischen der Mustang und der Spitfire letztere stets die Oberhand. Die Spitfire erzielte höhere Steigraten, konnte schneller beschleunigen und war wendiger als die P-51. Lediglich in der Höchstgeschwindigkeit sowie in den Sturzflugeigenschaften war die P-51 der Spitfire überlegen. Diese Verhältnisse entsprachen voll und ganz den Voraussetzungen, die man bei der Konstruktion beider Maschinen zugrundegelegt hatte. Die Spitfire war als Abfangjäger konzipiert worden, der in der Lage sein sollte, in kürzester Zeit seine Einsatzhöhe zu erreichen und ein kleines geographisches Gebiet zu verteidigen. Die Mustang dagegen hatte man so ausgelegt, daß sie bis zum Einsatzgebiet noch eine relativ lange Strecke zurücklegen konnte. Das hatte natürlich seinen Preis: Die B-Version der Mustang war mit einem 85 Gallonen fassenden Treibstofftank ausgestattet, der hinter dem Pilotensitz eingebaut war und der Mustang diese große Reichweite verlieh. Solange dieser Tank voll war, war die Mustang so träge, daß sie im Luftkampf stets ins Hintertreffen geriet.

Im Januar 1943 begann man bei North American mit der Entwicklung einer leichteren Mustang-Variante, die als Abfangjäger eingesetzt werden sollte und bei der man sich an der Spitfire orientierte. Diese Version — die sogenannte XP-51F — war die erste von drei leichten Mustang-Varianten, die allesamt dafür ausgelegt waren, große Entfernungen zurückzulegen und sämtliche in Frage kommenden feindlichen Maschinen zu besiegen.

Beim Bau der XP-51F ging man nach der britischen Philosophie vor: Kein allzu großes Lastvielfaches, kleinere Flugzeugkomponenten und neue Werkstoffe, vor allem Kunststoff. All diese Maßnahmen sollten die Konstruktion eines Flugzeuges mit geringstmöglichem Gewicht und optimalen Flugleistungen ermöglichen. Dazu mußte North American eine stark abgespeckte Mustang-Version bauen. Im Gegensatz zu den Amerikanern hatten die Briten sich niemals die Mühe gemacht, die auf die Triebwerke wirkenden Querkräfte exakt zu berechnen. Das Fahrwerk der britischen Maschinen war so konstruiert, daß es einen Landeaufprall mit 4 g schadlos überstand, während die Amerikaner auf einer Konstruktion beharrten, die Stöße bis zu 6 g verkraften konnte. Die Tragflächen der amerikanischen Maschinen waren geringfügig stabiler und schwerer als die der britischen Flugzeuge.

Bei der XP-51F handelte es sich um eine komplett überarbeitete Mustang-Version. Nicht ein einziges Bauelement aus der Flugzeugstruktur war mehr mit denen aus früheren P-51-Maschinen identisch. Die XP-51F erhielt ein deutlich dünneres Laminarprofil, strömungsgünstigere Rumpf- und Kühlerverkleidungen sowie Motoraufhängungen und ein deutlich leichteres Fahrwerk. Vereinfacht wurden auch das Hydrauliksystem und die Anordnung der Bedienungselemente im Cockpit. So ließ sich das Leergewicht der Maschine um fast 800 Kilogramm reduzieren. Auch die Bewaffnung und die Treibstofftanks wurden einer „Abmagerungskur" unterzogen: Die neue Mustang-Version hatte nur noch vier Bordkanonen vom Kaliber 0,5 und konnte statt 269 nur noch 105 Gallonen Treibstoff mitführen. Die XP-51F flog erstmals am 14. Februar 1944 und erzielte wenig später während der Flugerprobung eine Höchstgeschwindigkeit von 491 mph in 21 500 Fuß. Bei NAA wurden lediglich drei XP-51F gebaut, die ausschließlich für Testzwecke bestimmt waren. Die Folgeversionen XP-51G und P-51J waren im wesentlichen F-Versionen, bei denen man lediglich einige Modifikationen an Triebwerk und Propeller vorgenommen hatte.

Die XP-51G, die nächste Leichtversion der Mustang, war die schnellste Ausführung, die noch während des Krieges flog. Ein Fünfblattpropeller der Firma Rotol, angetrieben von einem nur in wenigen Exemplaren gebauten Merlin-Motor vom Typ RM. 14. SM (2 200 PS bei 120 Zoll Ladedruck) verlieh der XP-51G eine Höchstgeschwindigkeit von 498 mph. Eine zweite XP-51G, ausgerüstet mit einem Merlin 145 mit 2 080 PS Nennleistung in 20 000 Fuß, brachte es in 20 700 Fuß auf 492 mph und brauchte für den Steigflug auf 20 000 Fuß ganze 3,85 Minuten. (Die P-51A benötigte für denselben Steigflug noch mehr als 9 Minuten.) Die XP-51G erzielte mit ihrem 105 Gallonen Treibstoff fassenden Innentank bei einer Reisegeschwindigkeit von 315 mph eine Reichweite von 510 Meilen.

Genau genommen, war die letzte mit einem Allison-Motor ausgerüstete Mustang die XP-51J. Bei dieser Version wurde der Allison vom Typ V-1710 in Verbindung mit einem Merlin-Supercharger-System betrieben. Die P-51J erfüllte alle Erwartungen ihrer Konstrukteure, hob aber erst am 23. April 1945, also kurz vor Kriegsende, zu ihrem Erstflug ab und kam nicht mehr zum Einsatz.

Die drei Leichtversionen bildeten den Grundstein für die letzte Serienversion der Mustang. Diese Version mit der Typenbezeichnung P-51H basierte auf einer modifizierten P-51F und startete am 3. Februar 1945 zu ihrem Erstflug. Das Cockpit dieser Maschine war so überarbeitet worden, daß Steuerknüppel und Pilotensitz näher zusammenlagen, was den Vorteil hatte, daß der Pilot auf Langstreckenmissionen nicht so schnell ermüdete. Die P-51H wog 350 Kilogramm weniger als die P-51D, verfügte nur über vier Bordkanonen vom Kaliber 0,5 und war meßbar schneller. Sie erreichte eine Höchstgeschwindigkeit von 487 mph, stieg um 26 Prozent schneller als die P-51D und hatte eine Dienstgipfelhöhe von 41 200 Fuß. Bis zum Ende des Zweiten Weltkriegs im Pazifik wurden 370 Exemplare der Version P-51H gebaut. Die Mustang-Produktion in Inglewood wurde am 9. November 1945 mit dem Roll-out der 555. Mustang, einer P-51H, eingestellt.

Bis zu diesem Zeitpunkt jedoch hatten die Luftstreitkräfte aller kriegführenden Länder bereits mit der Umstellung ihrer Jagdfliegerverbände auf Kampfjets begonnen. Bis 1948 wurden die P-51H-Maschinen an Einheiten der Air National Guard (ANG) in Indiana, Ohio und Texas übergeben. Im Vorfeld des Koreakrieges wurden Mustangs der Version P-51D von ANG-Einheiten aus den gesamten Vereinigten Staaten zusammengezogen und der regulären US-Luftwaffe überstellt. Ihren Platz bei den ANG-Einheiten nahmen P-51H-Mustangs ein, die bis dahin auf Kelly Field in Texas eingelagert worden waren. Man kann nur spekulieren, wie sich die P-51H gegen die mit Strahltriebwerken bestückten nordkoreanischen MiG-15-Jäger wohl durchgesetzt hätten. Wie auch immer: Es standen zu wenig Ersatzteile zur Verfügung, um die Kampfhandlungen über längere Zeit mit den P-51H-Mustangs fortzusetzen. So verpaßte ausgerechnet die leistungsfähigste Serienversion der Mustang die Gelegenheit, gegen Jets anzutreten.

Die P-51L war, abgesehen vom Triebwerk, identisch mit der P-51H. Die L-Version war für den Einbau eines von Packard gebauten Merlin-Triebwerks vom Typ V-1650-11 ausgelegt, das bereits über eine Treibstoff-Direkteinspritzung verfügte. Gebaut wurde diese Mustang-Version jedoch nie.

Nach den Unterlagen von North American Aviation wurden in den Werken Los Angeles und Dallas insgesamt 15 486 Mustangs in neun verschiedenen Serienversionen produziert. Die Mustang war geradezu ein Paradebeispiel für eine gelungene Konstruktion: Sie war kostengünstig und bot dennoch absolute Spitzenleistungen. Der Durchschnittspreis für eine Mustang betrug 1945 50 985 Dollar, was ihr

»Die meisten der alten Mustang-Piloten, die bei Ausbruch des Koreakrieges noch immer in der USAF waren, wurden fast magisch von ihren Mustangs angezogen. Ich ebenfalls: Nachdem ich die Hälfte meiner Zeit auf der RF-80 (Kampfjet) absolviert hatte, trafen die P-51-Aufklärer ein, sie stellten eine neue Staffel auf, und ich gehörte zu den ersten, die sich dorthin meldeten ...

Wir hatten starken Flakbeschuß und verloren dabei eine Menge guter Leute. Fast jeder von uns kehrte mit Einschußlöchern in der Maschine zurück. Aber immerhin war man dann zurückgekehrt – nicht alle hatten dieses Glück.«

Clyde East, 45th Tactical Reconnaissance Squadron, Korea

im Vergleich zur 97 147 Dollar teuren Lockheed P-38 und der für 83 000 Dollar angebotenen P-47 deutliche Wettbewerbsvorteile verschaffte.

Dutch Kindelberger und Lee Atwood blieben auch weiterhin an der Spitze von NAA und führten das Unternehmen mit der F-86 Sabre und der überschallschnellen F-100 Super Sabre – den ersten beiden Exemplaren der „Century"-Kampfjetserie – ins Jetzeitalter. Kindelberger starb am 27. Juli 1962.

Seinen Platz nahm Atwood ein, der bis 1969 Präsident von NAA blieb. In diese Zeit fiel auch der Zusammenschluß von NAA und der Rockwell Standard Corporation zur North American Rockwell Corporation. Zum Zeitpunkt der Drucklegung dieses Buches lebte Atwood noch immer in Kalifornien.

Edgar Schmued, Chefkonstrukteur während des NA-73X-Projekts, starb am 1. Juni 1985 im kalifornischen Oceanside. Seine Asche wurde höchst standesgemäß von einer P-51-Mustang aus über dem Meer verstreut.

Blickt man auf den Werdegang der Mustang, so sieht es aus, als sei dieses Flugzeug nur durch eine Verkettung glücklicher Zufälle und kriegsbedingte Notwendigkeiten jemals von der Nation in Dienst gestellt worden, in der sie entstanden war. Die Mustang wurde schließlich nach britischen Spezifikationen gebaut und entfaltete ihr volles Leistungspotential erst, nachdem sie einen ebenfalls britischen Motor, den Rolls-Royce Merlin, erhalten hatte. Zwar gebührt der Spitfire der Ruhm, das überlegenste Jagdflugzeug des Zweiten Weltkriegs zu sein, doch dafür zeichnete sich die Mustang durch ihre enorme Reichweite aus. Somit war die Mustang ein strategisches Waffensystem, das in der Lage, seine Kampfkraft auch hinter den feindlichen Linien zu entfalten, und das machte die Mustang, wenn auch nur für kurze Zeit, zum perfekten Jagdflugzeug.

Lil' Margaret
5M

Vorhergehende Seite: Die frühen Versionen der Mustang hatten noch einen geraden Rumpf mit eingestrakter und verstrebter Haube. Daß es sich bei der abgebildeten Maschine um eine P-51A handelt, ist außerdem leicht am Vergaser-Lufteinlaß oben auf der Motorhaube und an dem Dreiblattpropeller zu erkennen. Fahrräder waren übrigens ein gängiges Verkehrsmittel zur Beförderung des Personals auf den Feldflugplätzen, die während des Zweiten Weltkriegs wie Pilze aus dem Boden schossen.

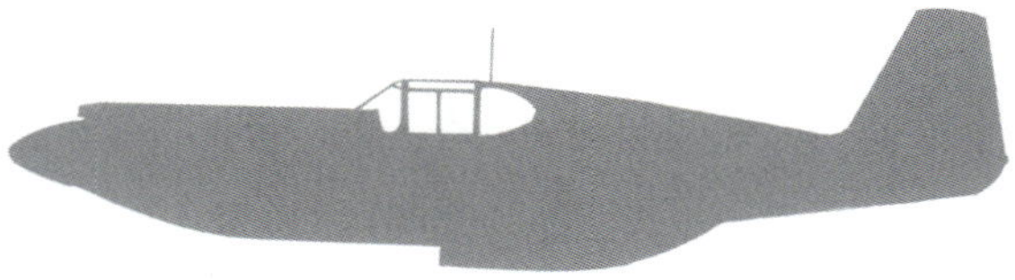

Als die Mustang mit dem Merlin-Motor von Rolls-Royce ausgerüstet wurde, erhielt sie zugleich einen Vierblattpropeller, der die höhere Leistung besser in Schub umsetzte. Ab der Version P-51D erhielt die Mustang eine gewölbte Kanzelhaube. Zwar hatte diese Modifikation einen leichten Verlust an Endgeschwindigkeit zur Folge, doch dieser Nachteil wurde nach einhelliger Meinung der Piloten durch die erheblich bessere Rundumsicht mehr als ausgeglichen.

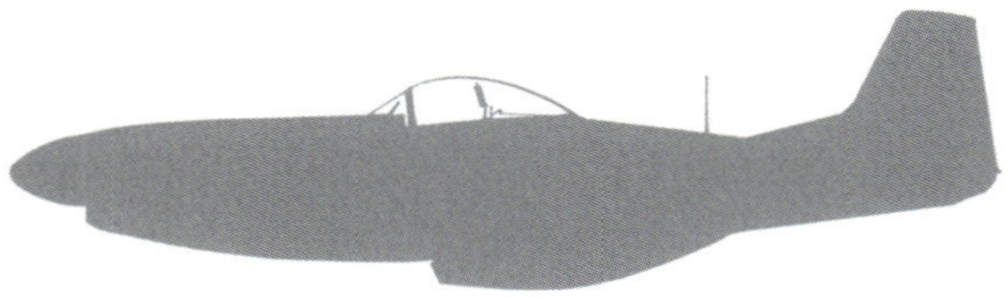

USAFM

USAFM

A

A Die konventionelle Auslegung als Spornradflugzeug verleiht der Mustang das charakteristische breitschultrige Erscheinungsbild. Durch die große Spurweite des Fahrwerks konnte die Maschine von den Grasbahnen der Feldflugplätze aus ebensogut operieren wie von befestigten Pisten weit hinter den eigenen Linien. Der Scheinwerfer wird beim Ausfahren des Fahrwerks nach unten geklappt und eingeschaltet. Dahinter ist die Lufthutze zu sehen, über die dem Motor die Luft für die Schmier- und Kühlsysteme sowie für die Supercharger-Nachkühler zugeführt wird.

B Das Seitenleitwerk der P-51 ist gegenüber der Rumpflängsachse um ein Grad gedreht, um dem Drehmoment entgegenzuwirken, das durch den von dem kraftvollen Merlin angetriebenen 12-Fuß-Propeller verursacht wird. Doch selbst diese Maßnahme reicht nicht immer aus. So heißt es im Flughandbuch von North American Aviation: „Vor dem Start ... ist die Seitenrudertrimmung auf 5 Grad nach rechts einzustellen."

USAFM

Fotosammlung von Clyde East

B

A

PILOT CAPT. C.B. EAST
CREW CHIEF C.F. WARD
ASST. C. CHF. J.E. NASLUND
ARMORER E.R. PETERSON
AAF SPEC. PROJ. NO. 3121
U.S. ARMY F-GD-25NT
SERIAL NO. AAF 44-84786
CREW WEIGHT 200 LBS.
SERVICE THIS AIRPLANE WITH
GRADE 100/130 FUEL. IF NOT
AVAILABLE T.O. 06-5-1 WILL BE
CONSULTED FOR EMERGENCY ACTION
SUITABLE FOR AROMATIC FUEL
5M
B

A Bei den frühen Mustang-Versionen war das Cockpit durch eine Mehrsegmenthaube geschlossen, die über Scharnierbefestigungen am Rumpf und am rechten Rand der Frontscheibe weggeschwenkt werden konnte. Gesichert wurde sie über zwei Verschlußriegel. Grund für die in den Rumpfquerschnitt integrierte Haube war, daß sich so der Widerstand auf ein Minimum reduzieren ließ. Als Nachteil dieser Konfiguration machte sich allerdings bald der genau nach hinten gerichtete tote Winkel bemerkbar. Daher wurden einige P-51B/C und F-6C mit einer einteiligen, gewölbten Schiebehaube ausgerüstet, die der Haube der Supermarine Spitfire ähnelte. Diese neue Haube verbesserte die Sicht enorm, wirkte sich aber praktisch nicht auf die Flugeigenschaften der Maschine aus.

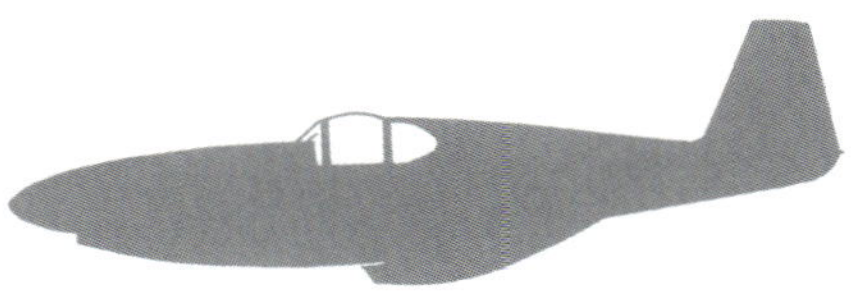

C

B Die einteilige Haube, mit der alle Mustangs ab der Version P-51D ausgestattet wurden, verschaffte dem Piloten eine fast uneingeschränkte Rundumsicht, also – anders als bei den Vorgängerversionen – auch direkt nach hinten. Sie ist auf einen Metallrahmen aufgezogen, der zum Ein- und Aussteigen auf Schienen nach hinten geschoben wird.

C Die Zielvorrichtung dieser P-51A ist typisch für die ersten Kampfflugzeuge, die das Army Air Corps im Zweiten Weltkrieg einsetzte. Dabei hatte der Pilot einiges zu tun, um die verschiedenen Ablenkungs- und Drifteffekte zu berücksichtigen und die Zielvorrichtung auf die Ausrichtung der Bordkanonen abzustimmen.

D Die rechnergesteuerte Zielvorrichtung vom Typ K-14 war eine gewaltige Verbesserung gegenüber der einfachen Vorgängerversion. Dieses Präzisionsinstrument rechnete beim Anvisieren des Ziels die einzustellenden Ausrichtwinkel für die Bordkanone sowie die relative Fluggeschwindigkeit ein und ermittelte außerdem die unterschiedlichen Flugwege, auf denen der Pilot sich bewegen konnte, um das rhombusförmige Zielsymbol innerhalb eines Kreises zu halten, der in die Glasscheibe vor dem Piloten eingespiegelt wurde. Laut Flughandbuch von North American Aviation „sind die Berechnungen des Kreiselinstruments nur dann fehlerfrei, nachdem das Zielobjekt mindestens eine Sekunde lang anvisiert und mit der Zielvorrichtung verfolgt wurde".

D

TRACER M10
LBS.
1.5 CU.FT.
LOT D.M.

A

Vorhergehende Seite: Der Mustang-Prototyp und die Versionen P-51 und P-51A waren mit Allison-Motoren bestückt. Dieses Triebwerk, das auch in der P-40 und der P-38 zum Einsatz kam, zeichnete sich durch seine exzellenten Leistungen in niedrigen Höhen aus. Allerdings verfügte es nicht über einen Supercharger, der dem Merlin-Motor sein Leistungspotential in großen Höhen verlieh. Genau das war jedoch von entscheidender Bedeutung, wenn es um die Sicherung der hoch fliegenden Bomberverbände über Europa ging.

A Die Motorhaube der P-51 lag fast auf dem Motor auf, um eine möglichst niedrige und somit widerstandsgünstige Rumpfhöhe zu erzielen. Befestigt war die Cowling mit DZUS-Schnellverschlüssen, die von den Bodenmannschaften auf den Feldflugplätzen in kürzester Zeit gelöst und wieder befestigt werden konnten.

B Eine Viertelumdrehung genügte, und der DZUS-Schnellverschluß sorgte für einen sicheren Halt der Cowling – selbst bei Geschwindigkeiten über 400 mph.

C Die P-51A flog mit einem Dreiblattpropeller von Curtiss Electric.

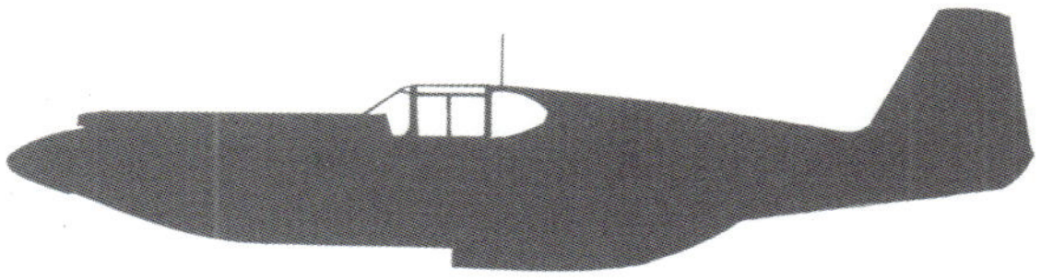

USAFM

DWG. NO. 65474-6
MFG. NO. 497474
LOW 23 HIGH 65

LLS-ROYCE
GUN CAMERA

ROLLS-ROYCE

Vorhergehende Seite: Der Rolls-Royce Merlin war ein außergewöhnlicher Motor, der seine Kampftauglichkeit in der Luftschlacht um England in den Hurricanes und Spitfires der Royal Air Force hundertfach unter Beweis stellte. Und auch die P-51 entfaltete ihr volles Leistungspotential erst, nachdem sie mit dem Merlin ausgerüstet wurde. Im Gegensatz zum Allison-Motor war der Merlin mit einem zweistufigen Supercharger-System versehen, mit dem der Motor die notwendige Leistung auch in großen Höhen lieferte, wo die Luftkämpfe über Europa zumeist ausgetragen wurden. Den Vierblattpropeller lieferte die Firma Hamilton-Standard.

A Ein scheinbar unerschöpflicher Nachschub an Motoren, Flugzeugzellen, Munition und Ersatzteilen versetzte den Mustang-Piloten in die Lage, seine Maschine bis an die Grenzen ihrer Leistungsfähigkeit zu belasten. Bei den im Kampfeinsatz befindlichen Einheiten beispielsweise wurden die Zündkerzen nach jeder Mission gewechselt. Kehrte ein Pilot mit einem defekten Motor zurück, so wurde dieser über Nacht ausgetauscht.

B Rolls-Royce Merlin mit abgenommener Cowling

C Dieses Typenschild stammt von einem bei Packard in den USA in Lizenz gebauten Merlin. Mit diesen Motoren wurden zwei Mustang-Baureihen ausgestattet, eine im kalifornischen Inglewood, die andere in Dallas (Texas).

B

USAFM

C

A

B

A Die ständig steigende Zahl von Bombern, die verlorengingen, weil sie ohne Jagdschutz flogen, wurde für die alliierten Luftstreitkräfte zu einem immer bedrohlicheren Problem. Die P-47 und auch die Spitfire verfügten nicht über die erforderliche Reichweite für solche Einsätze. Die Reichweite der P-38 hätte zwar für einen Jagdschutzeinsatz ausgereicht, doch diese Flugzeuge waren dem Feind im Luftkampf in großen Höhen unterlegen. Die Lösung für dieses Dilemma war die von einem Merlin angetriebene und mit Unterflügel-Abwurftanks versehene P-51. Durch die Kombination aus einer ausgeklügelten Aerodynamik und exaktem Treibstoffmanagement war die Mustang in der Lage, auch die entferntesten Ziele hinter den feindlichen Linien zu erreichen.

B Bei den hier abgebildeten Abwurftanks handelt es sich um 75-Gallonen-Überdrucktanks. Solche Tanks gab es auch in einer Version mit 105 Gallonen Fassungsvermögen. Bereits vor dem Anlaufen der industriellen Fertigung dieser Tanks hatten die Briten Überdruck-Abwurftanks aus Hartpapier entwickelt. Der Überdruck war notwendig, um die ununterbrochene Treibstoffzufuhr zu gewährleisten, während die Maschine auf die vorgesehene Einsatzhöhe stieg.

TRACER M10
IN CARTONS
20163
CAL.50
350 CARTRIDGES
ARMOR PIERCING
CALIBER 50M2
IN CARTONS
AMMUNITION LOT NO.4575
TWIN CITIES ORDNANCE

A

A Zu den Bodenmannschaften gehörten unter anderem die Waffentechniker, die für die Bordkanonen und die an den Unterflügelstationen mitgeführten Waffensysteme der Mustang zuständig waren. Die P-51A verfügte in jeder Tragfläche über zwei Bordkanonen vom Kaliber 0,5. Die Munition war in den Waffenschächten untergebracht, die zu den Flügelspitzen hin verliefen. Für jede Bordkanone waren 400 Schuß vorhanden, was für eine ununterbrochene Feuerdauer von etwa 30 Sekunden ausreichte. Links unten einige Holzkisten mit Munition vom Kaliber 0,5 und Ersatzrohren für die Bordkanonen.

B Die Waffentechniker verstauen die Patronengurte in den Munitionszuführungen. Jedes 50. Geschoß war an Hand einer roten Spitze erkennbar. Die Verbindungen zwischen den Geschossen werden gelöst, während der Gurt die Munitionszuführung durchläuft; gleichzeitig werden die leeren Messingpatronenhülsen ausgeworfen.

USAFM

BORE SIGHTING INFORMATION
SIGHT LINE
℄ AIRPLANE
50 1/8
CAMERA
25 1/2
CONVERGENCE AT 250 YDS. - AT 300 YDS.
68 7/8 - 70 1/4
76 1/2 - 77 1/2
82 1/4 - 83 3/8
38 1/8 37 1/2 37 1/8
90% MAX. INDICATED AIR SPEED AT LOWER BLOWER CRITICAL ALTITUDE 301 M. P. H.; SET AIRPLANE LEVEL LUGS 0° 35' NOSE UP.
DISTANCE FROM ℄ OF GUN SIGHT RETICLE TO TARGET = 1000 IN.
THIS VIEW FOR SIGHTING GUNS IN R. H. WING.
L. H. OPPOSITE
CAUTION
LOAD SINGLE END OF LINK INTO BOX
DOUBLE END OF LINK FEEDS INTO GUN
LOADING DIAGRAM - SIX GUN INSTAL. FORWARD BAY
START
OUT'B'D. GUN 270 RDS. MAX.
START
CENTER GUN 270 RDS. MAX.
LOADING DIAGRAM - FOUR GUN INSTAL. FORWARD BAY
OUT'B'D. GUN 500 RDS. MAX.
REMOVE CENTER GUNS, CENTER GUN LINK AND FEED CHUTES, AND FWD. AMM. BOX TRAYS.
LOADING DIAGRAM - REAR BAY
IN'B'D. GUN 500 RDS. MAX.
CAUTION
DO NOT LOAD AMM. ABOVE RED LINE
SPECIAL INSTRUCTIONS
1. GUNS MUST HAVE OIL BUFFER CYLINDER FILLED WITH OIL OF U. S. ARMY SPEC. 2-36 D "OIL RECOIL LIGHT."
2. GUNS MUST BE SPARINGLY LUBRICATED WITH OIL OF SPEC. AXS-777 WITH MIN. LUBRICATION ON FIRING PIN AND FIRING PIN WELL.
3. ON MISSIONS REQUIRING GUN HEAT, HEATERS MUST BE TURNED ON IMMEDIATELY AFTER STARTING ENGINE.

A

A Die P-51D hatte sechs Bordkanonen – je drei Stück in jeder Tragfläche. Die Kanonen waren in einstellbaren Haltevorrichtungen montiert, die in gewissen Grenzen so auf die Zielvorrichtung ausgerichtet werden konnten, daß sie auf eine bestimmte Entfernung genau trafen. Das Diagramm auf der Innenseite des Deckels zeigt die vorgeschriebenen Einstellungen für unterschiedliche Entfernungen.

B Waffentechnikerhände bei der Arbeit

C Aus den langen Munitionsbehältern gelangten die Patronengurte in die flexiblen Führungen, die sie zu den Kanonenverschlüssen transportierten. Bei den ersten Mustangs traten in diesem Bereich häufig Ladehemmungen auf; die hier gezeigte P-51D ist mit dem letzten für dieses Flugzeug entwickelten und während des Krieges eingesetzten Kanonensystem ausgestattet.

B

C

USAFM

A Im Verlauf der Flugausbildung, die in den USA durchgeführt wurde, flogen viele Piloten nach der Fortgeschrittenenschulung auf der North American AT-6 zunächst die frühe Mustang-Version P-51A. Neben der Gefechtsausbildung mußten die Piloten auch Langstrekken-Navigationsaufgaben lösen, unter anderem auch für Flüge, die zum großen Teil über Wasser führten. Dieser Pilot trägt leichte Fliegerkleidung und unter seinem Fallschirmgurtzeug eine aufblasbare Rettungsschwimmweste, die „Mae West".

B Freiwillige Pilotinnen der W.A.S.P. (Women's Airforce Service Pilots) überführten die P-51 und viele andere Flugzeugtypen vom Werksflugplatz des Herstellers zu den Flugplätzen, an denen die Maschinen den Einheiten übergeben wurden.

C Die RAF flog die P-51A als „Mustang I", während die P-51B als „Mustang II" bezeichnet wurde. In Großbritannien, wo die Mustang ursprünglich konzipiert worden war, wurde dieses Muster auch für den Merlin-Motor umgerüstet. Heraus kam der erste strategische Jagdbomber des Zweiten Weltkriegs.

B

C

Fotosammlung von Clyde East

Fotosammlung von Clyde East

NO
HAND HOLD
MILS
OFF
CAMERA & SIGHT
FLUOR. COCKPIT GUN SIGHT
EMERGENCY PULL
COOLANT
CARB AIR
BLINKER
OXYGEN FLOW INDICATOR
WARNING
MAX
GROUND OPER
TIME 10 SECONDS
CIRCUIT
PROTECTORS
PUSH TO
RESET
PUSH TO
SILENCE
HORN
BOMBS
ROCKETS
SAFE
GUNS
DROPPABLE FUEL TANKS RELEASED BY USING BOMB SALVO
MAIN
SHUT OFF
OFF

A

A Das Cockpit einer P-51D. Oben in der Mitte die K-14-Zielvorrichtung. Die gepolsterte Stütze soll den Kopf des Piloten im Fall einer Notlandung schützen. Darunter, im weiß umrandeten Bereich, befinden sich die elementaren Flugüberwachungsinstrumente: Künstlicher Horizont, Kreiselkompaß, Höhenmesser, Fahrtmesser, Wendezeiger und Variometer. Rechts daneben liegen die Triebwerksüberwachungsinstrumente: Ladedruckanzeige, Drehzahlmesser, Vergasertemperatur sowie Öldruck- und Treibstoffdruckanzeige. Unter den Flugüberwachungsinstrumenten sind die Bedienelemente für das Treibstoffmanagement angeordnet. Der Steuerknüppel ist am vorderen Anschlag; in dieser Stellung ist das Spornrad zum Rollen entriegelt. Rechts neben dem Piloten befinden sich die Schalter für die elektrischen Systeme. Der Griff und die Kurbel über dem Schalterfeld dienen zum Öffnen und Schließen der Haube.

B Skalen zum Einstellen der Reichweite und Empfindlichkeit der K-14-Zielvorrichtung. Der Kreisausschnitt rechts hat Stellungen für verschiedene feindliche Flugzeugmuster und ist auf die Maschinen der Reichsluftwaffe eingestellt. Durch Ändern dieser Einstellung vergrößert bzw. verkleinert sich der Kreis, der in die Glasscheibe in der Sichtlinie des Piloten eingespiegelt wird. Zum Zielen brachte der Pilot die Mustang in eine Position, in der die feindliche Maschine möglichst genau den ganzen Zielkreis ausfüllte. Dann führte das Zielgerät die Berechnung des richtigen Ausrichtwinkels durch, und der Pilot brauchte nur noch den Abzug zu betätigen. Die rote Leuchte in dem kreisförmigen Gehäuse links im Bild ist die Warnanzeige des Heckradars, einer Entwicklung, die erst unmittelbar vor Kriegsende einsatzbereit war. Diese Leuchte signalisierte dem Piloten, daß sich ein Flugzeug aus der Sechs-Uhr-Position näherte.

C Auf dieser Aufnahme der linken Cockpitwand ist oben in der Mitte der Gashebel zu sehen. Wird der Griff nach vorn geschoben, steigt die Motorleistung, was an der Ladedruckanzeige abzulesen ist. Am hinteren Ende befindet sich die Sprechtaste des Funkgeräts. Der runde Knopf mit der Aufschrift „P“ dient zum Einstellen der Propellerdrehzahl, die in U/min gemessen wird. Der rote Knopf mit der Bezeichnung „M“ gehört zur Gemischregulierung und ermöglicht dem Piloten, das Treibstoff-Luft-Gemisch für den Motor fetter oder magerer einzustellen. Ebenfalls zu sehen sind die Trimmeinsteller für die Höhen-, Seiten- und Querruder (Elevator, Rudder und Aileron). Der rote Griff davor ist der Fahrwerkshebel, darüber die roten Hebel zum Abwerfen der Bomben.

B

C

USAFM

Fotosammlung von Clyde East

PILOT CAPT. C.B. EAST
CREW CHIEF C.F. WARD
ASST. C. CHF. J.E. NASLUND
ARMORER E.R. PETERSON
A

RESIN
LENSES
INSIDE
B

Letztlich ist es immer der Pilot, der für den Zustand seines Flugzeugs verantwortlich ist. Manchmal kam es vor, daß die Bodenmannschaften die ganze Nacht durcharbeiteten, um eine Mustang für den nächsten Einsatz flugklar zu machen. Doch immer muß der Pilot das Flugzeug sorgfältig checken, um sich zu vergewissern, daß es zu seiner Zufriedenheit vorbereitet ist — schließlich ist er später auch der einzige, der im Luftkampf, in großen Höhen und unter Sauerstoffeinsatz, auf das Funktionieren aller Systeme angewiesen sein wird.

A Der Pilot kontrolliert den Zustand seines Fighters zusammen mit dem Chef der Bodenmannschaft, der ihn unterdessen über sämtliche Einzelheiten über den technischen Status des Motors, der Waffensysteme, den Treibstoff und — im Falle des Fotoaufklärers F-6D — auch über den Status des Filmmaterials und der Bordkameras unterrichtet. Hier inspiziert der Pilot gerade die Waffenschächte und Patronengurtführungen.

B Der Pilot überprüft die Steuerflächen auf zu großes oder zu kleines Spiel — im Luftkampf kann beides verhängnisvolle Folgen haben. Ebenfalls kontrolliert wird der ordnungsgemäße Federweg der Öldruck-Fahrwerkbeine des Hauptfahrwerks. Auch das Leitwerk und das Spornrad waren kritische Baugruppen, denen es große Aufmerksamkeit zu widmen galt.

C Fremdkörperkontrolle an den Lufteinläufen.

D Standard-Fliegerdreß für einen Einsatz über Europa: Eine Gabardine-Fliegerkombi, getragen über der Standarduniform der Klasse A, und eine A-2-Fliegerlederjacke. Diejenigen, deren Flugweg über Wasser führte, trugen außerdem die signalgelbe „Mae West". Die lederne Fliegerhaube stammt aus Beständen der RAF und wurde von vielen Piloten gegenüber dem von der USAAF verwendeten Helm bevorzugt.

C

D

PILOT CAPT. C.B. EAST
CREW CHIEF C.F. WARD
ASST. C.CHE. J.E. NASLUND
ARMORER E.R. PETERSON
A

A Die Bodenmannschaft hilft dem Piloten, ins Cockpit seiner Maschine zu klettern. Der Fallschirm diente dem Piloten zugleich als Sitzkissen. Es gab auch Versionen dieses Fallschirms, die mit einem aufblasbaren Ein-Mann-Rettungsfloß ausgerüstet waren. Zum Schutz des Piloten war die Rückenlehne des Sitzes mit einer 3/4" starken Stahlplatte verstärkt. Hinter dem Sitz, hier unter der zurückgeschobenen Haube zu sehen, befinden sich die Empfänger und Sender der Funkanlage.

B Unter den Piloten und Bodenmannschaften wurde Kameradschaft groß geschrieben, wobei es völlig ohne Belang war, daß die Piloten Offiziere, die Angehörigen des Bodenpersonals dagegen Mannschaftsdienstgrade waren. Mit anderen Worten: Es herrschte gegenseitiger Respekt zwischen denen, die flogen, und denen, die ihre Maschinen flugklar hielten. Die Rettungsweste aus britischer Fertigung, der Helm und die Fliegerbrille gehörten zur standardmäßigen Ausrüstung der RAF-Piloten. Ebenso notwendig — wegen des feuchtkalten Klimas in England — war aber auch die fellgefütterte Fliegerjacke.

C Zwischen den Einsätzen machten die Piloten oft Fotos voneinander, um sie ihren Familien oder der Zeitung an ihrem Heimatort zu schikken.

D Dieser Pilot trägt bereits den Fliegerdreß, wie er in den letzten Kriegstagen üblich war; die A-2-Jacke war bis dahin von einer wollgefütterten Stoffkombi abgelöst worden. Ins Cockpit gelangte der Pilot über das linke Hauptfahrwerksrad und die linke Tragfläche.

B

C

Fotosammlung von Clyde East

D

A

A Der Einsatzzeitplan sah unter anderem auch eine bestimmte Zeit zum Warmlaufenlassen des Merlin-Motors vor. Während dieser Phase brachten Piloten und Bodenpersonal die einzelnen Aggregate des leistungsstarken Motors auf ihre vorgeschriebenen Betriebstemperaturen. Die Mustang verlangte sorgfältigste Behandlung, wenn sie ihr volles Leistungspotential entfalten sollte – insofern unterschied sie sich wenig von einem echten Vollblut-Rennpferd.

B Das Fliegen in Formation und der ständige Funkkontakt mit den anderen Staffelkameraden änderten nichts daran, daß der Mustang-Pilot allein war, sobald er sich im Cockpit seiner Maschine angeschnallt und die Haube geschlossen hatte.

C Vor dem Aufrollen auf die Startbahn muß der Pilot einen letzten Check aller Systeme durchführen. Dabei wird kontrolliert, ob mit den Rudern Vollausschläge gegeben werden können. Dann werden die Magnete der Zündanlage bei einer bestimmten Motordrehzahl auf Funktionstüchtigkeit überprüft. Der Propeller wird kurzzeitig auf Höchstdrehzahl gebracht, die Funkgeräte werden auf die vereinbarten Frequenzen eingestellt, die Trimmung wird kontrolliert, der Tankwahlschalter wird auf den Haupttank eingestellt, und schließlich wird die Haube geschlossen und verriegelt.

Nächste Seite: Unter dem satten Dröhnen des Merlin hebt die Mustang ab.

B

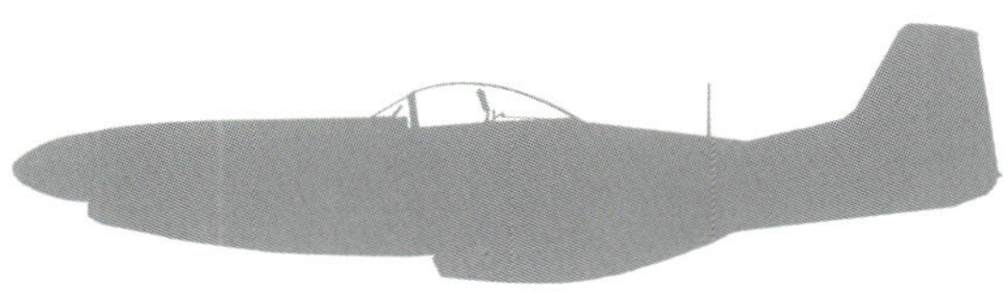

USAFM

C

Schnell und tief: In der Drei-Uhr-Position zeichnet sich der Schatten der Mustang auf dem Wald ab.

Ein anderer Fighter in ein Uhr — Freund oder Feind?

USAFM

A

A Blick nach vorn aus der P-51, Geschwindigkeit knapp 250 mph.

B Die P-51 will mit beiden Händen geflogen werden: Linke Hand am Gashebel, rechte Hand am Steuerknüppel. Der Bowdenzug über dem Gashebel diente zum Aktivieren der Motornotstufe (WAR EMERGENCY POWER). Dabei wurde dem Treibstoff ein Wasser-Methanol-Gemisch zugesetzt, wodurch die Motorhöchstleistung kurzzeitig deutlich gesteigert werden konnte. Die Motornotstufe durfte nur für höchstens fünf Minuten aktiviert werden (kaum ein Luftkampf dauerte so lange). Falls ein Motor diese Betriebsart verkraftete, wurde er meist vor dem nächsten Einsatz ausgetauscht.

C Die „Lil' Margaret" fegt über die Baumwipfel hinweg. Fotoaufklärungsflüge wurden oft in geringster Höhe geflogen, um möglichst viele taktische Details zu erfassen.

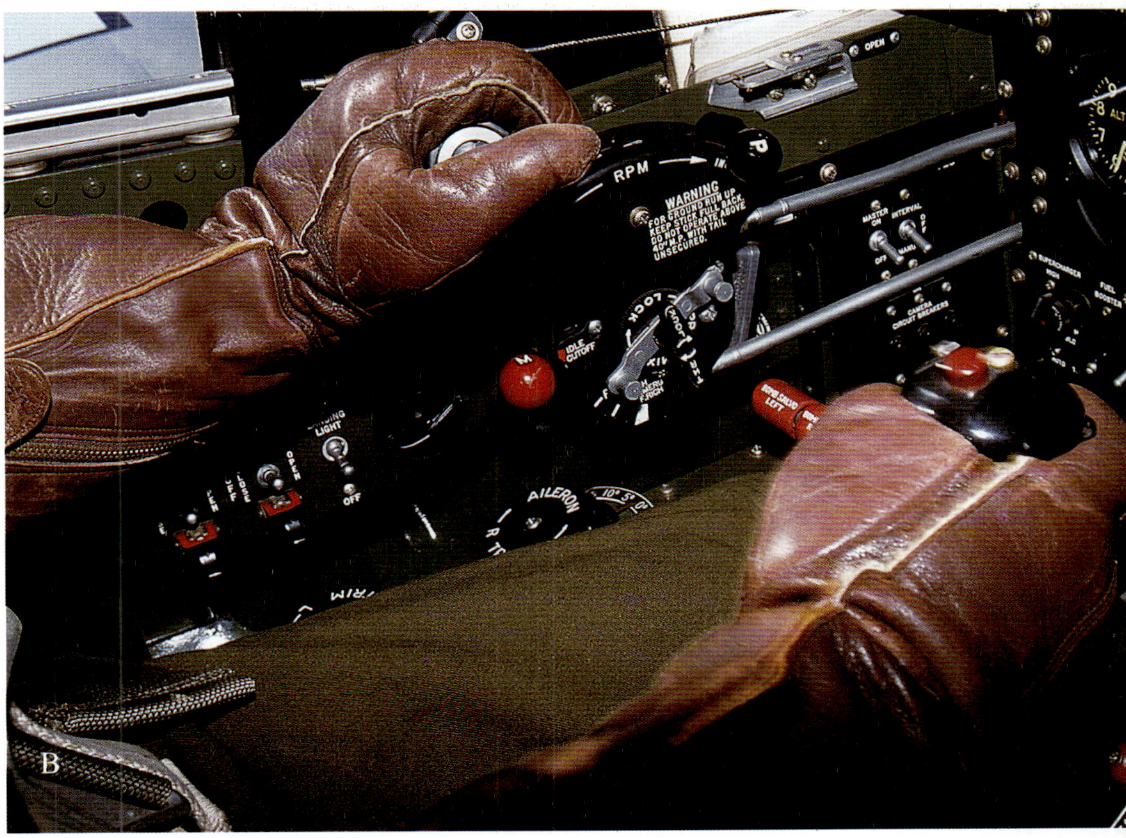

B

C

USAFM

A

A Die F-6D-Version der Mustang ist leicht an den Kameraöffnungen unmittelbar hinter dem Nationalitätsabzeichen zu erkennen. Auf der linken Tragfläche befinden sich Linien und Kreuze, die dem Piloten während eines Fotoaufklärungsfluges als Bezugspunkt dienten und auf ähnliche Markierungen in der Cockpithaube abgestimmt waren. Eine dritte, nach unten gerichtete Kamera war dicht vor den Spornradklappen montiert. Diese Kamera war aus einem Kameratyp abgeleitet, wie er bei Pferderennen für Ziellinienfotos verwendet wurde.

Entwickelt wurde diese Tiefflugkamera von Lt. George Goddard im Fotolabor des Stützpunkts Wright Field in Dayton (Ohio). Zum Fotografieren wurde der Film in Richtung Flugzeugheck transportiert, und zwar mit derselben Geschwindigkeit, mit der die Mustang das Terrain überflog, so daß eine Serie von Standfotos entstand. Im Sommer 1942 unternahm eine mit dieser Spezialkamera ausgerüstete P-51 ein Experiment, bei der ein Testgelände in 200 Fuß Höhe mit 400 mph überflogen wurde. Mit unglaublichen Ergebnissen: Auf den Fotos waren selbst Details wie z.B. die Astlöcher einer Holzbrücke oder das „A" auf dem Benzingutscheinaufkleber eines geparkten Autos zu erkennen!

B Die klassische Linienführung der P-51 Mustang. Auf der Flügelunterseite in Höhe der Abwurftanks sind die Öffnungen zu sehen, aus denen während des Luftkampfes die leeren Geschoßhülsen und die Verbindungselemente der Patronengurte ausgeworfen wurden.

C Blick aus der P-51D direkt nach hinten. Dieser Blick, der erst bei den Mustang-Versionen mit der gewölbten Haube möglich war, rettete manchem Piloten das Leben.

D On top: Die „Lil' Margaret".

B

C

D

Danksagung

Das vorliegende Buch verdankt sein Entstehen ganz wesentlich der Hilfe und Mitwirkung von seiten der nachstehend aufgeführten Personen, denen wir hiermit unseren Dank aussprechen.

P-51D/F6-D *Lil' Margaret*
„Butch" Schröder und Mike VadeBonCouer aus Danville (Illinois). Diese Mustang gewann auf der Oshkosh Convention 1993 den „Grand Champion World War II Award".

P-51A
„Moon" Spiller und David Spiller aus Versailles (Ohio). Dieses seltene P-51-Exemplar wurde 40 Jahre nach einer Bruchlandung in Alaska 1943 restauriert.

P-51D *Hurry Home Honey*
Charles Osborne, Brad Hood und Andrea Lampen aus Louisville (Kentucky). Mr. Osborne ist nicht nur Halter dieses wunderschön restaurierten Jagdflugzeuges, sondern übernimmt auch die gesamte Wartung. Zu seiner Sammlung zählt außerdem eine F-4U Corsair und eine P-47 Thunderbolt. Mr. Osborne ist Organisator der Aviation Heritage Air Show, die in der Nähe von Louisville stattfindet und für Warbird-Liebhaber sicherlich immer einen Besuch wert ist.

Dean Cutshall aus Fort Wayne (Indiana). Das Foto seiner Mustang entstand ursprünglich für die Fachzeitschrift *Air and Space/Smithsonian.*

Das United States Air Force Museum mit seinem Direktor Col. Richard Uppstrom, USAF (i. R.), sowie Joe Ventolo, David Menard und Bob Spaulding.

Meine Frau Rosann Patterson und unsere Kinder Nate, Brigitta und Joe. Ihr Verständnis und ihre Geduld scheinen keine Grenzen zu kennen, wenn Daddy seinem Hobby nachgeht.

Paul Perkins, mein Freund fürs Leben.

Ross Howell und Howell Press.

Jeff Ethell für seine ständige Unterstützung und Anleitung.

Clyde East, 414 Tactical Reconnaissance Squadron, RCAF, Fifteenth Tactical Reconnaissance Squadron, Ninth Air Force, Dick Gross, 350th Fighter Squadron, 353rd Fighter Group, Eighth Air Force und Air Vice Marshal Ron Dick, RAF (i. R.), die mir soviel Verständnis für das Fliegen der Mustang vermittelt haben.

Ralph Annala, P-51-Crewchef, 337th Fighter Training Group, für seine wertvollen Hinweise auf die Arbeit, die notwendig ist, um eine Mustang im flugfähigen Zustand zu halten.

Mein Dank gilt außerdem Rob Barnes, Tom Whalen, Dave Timmons, Rich Grumbley, David Hake, Mia Kosicki und dem leider schon verstorbenen Dutch Biel.

Die Männer und Frauen auf den Fotos dieses Bildbandes gehören Organisationen an, die es sich zum Ziel gesetzt haben, die Uniformen und Erinnerungsstücke von Veteranen aus dem Zweiten Weltkrieg zu erhalten. Diese Gruppen treten in historischer Originalkleidung auf Airshows im ganzen Land als Bodenmannschaften auf. Zwar gehören ihre Mitglieder unterschiedlichen Organisationen an, aber sie verfolgen ein gemeinsames Ziel, nämlich das Sammeln von Fakten und ihre Weitergabe an die interessierten Laien. Für ihre Hilfe und ihren Rat, deren Bedeutung nicht hoch genug eingeschätzt werden können, bedanke ich mich ganz herzlich.

Dave Berry, Dale Burrier, Hugh Daly, Ted Filer, Tom Horton, Peggy Horton, Tom Kosicki, Rob Millard, Troy Mulvaine, Shelly Mulvaine, Tim Thompson, Kurt Weidner und Bruce Zigler, die bei der Aufnahme der Fotos der P-51A mitwirkten.

Todd Guthrie, Dave Mattson und Alan Winfrey, die mich beim Fotografieren der P-51D/F-6D *Lil' Margaret* unterstützt haben.

Troy Mulvaine, Assistent beim Fototermin für die P-51D *Hurry Home Honey.*

Die Fliegerjacken, die die Männer und Frauen während des Zweiten Weltkriegs trugen, sind charakteristisch für jene Zeit. Fast alle Fliegerjacken, die auf den Farbfotos zu sehen sind, wurden von Mitgliedern der Interessengemeinschaft „The Real McCoy's" zur Verfügung gestellt, bei denen ich mich an dieser Stelle für ihre Mitwirkung bedanke.

„The Real McCoy's" ist keine Produktbezeichnung, sondern ein Symbol, das sich die Sammler dieser Fliegerjacken zu eigen gemacht haben. Wer die Sehnsucht nach Fliegerfreiheit und Abenteuer verspürt oder seine Hochachtung für die Helden von damals zum Ausdruck bringen will, gehört schon zum Kreis von „The Real McCoy's". Ihr Wahlspruch lautet: *„The Real McCoy's for the ultimate seeker".*

Weitere Auskünfte:
The Real McCoy's
66 Fitzgerald Avenue
Christchurch, Neuseeland
Telefon: 1-64 3 377 10 17
Fax: 1-64 3 366 62 75

Literaturverzeichnis

BÜCHER

AAF: *Official World War II Guide to the Army Air Forces.* Bonanza Books, New York, 1988

Angelucci, Enzo: *The American Fighter: The Definitive Guide to American Fighter Aircraft from 1917 to the present.* Orion Books, New York, 1987

Bowman, Martin W.: *Castles in the Air: The Story of the B-17 Flying Fortress Crews of the U.S. 8th Air Force.* Patrick Stephens Ltd., England, 1984

Caldwell, Donald L.: *JG 26: Top Guns of the Luftwaffe.* Ivy Books, New York, 1991

Carson, Leonard: *Pursue and Destroy.* Sentry Books, Inc., Granada Hills, CA, 1978

Duxford Diary. W. Heffer & Sons Limited, Cambridge, 1945

Ethell, Jeffrey L.: *Mustang: A Documentary History of the P-51.* Jane's Publishing Co. Ltd., New York, 1981

Ethell, Jeffrey L. et al: *The Great Book of World War II Airplanes.* Bonanza Books, New York, 1984

Freeman, Roger A.: *Mustang at War.* Doubleday & Company, Garden City, NY, 1974

Harry, G.P. (Hrsg.): *339th Figther Group.* Turner Publishing Company, Paducah, KY, 1991

Heiman, Grover: *Aerial Photography: The Story of Aerial Mapping and Reconnaissance.* Macmillian Company, New York, 1972

Higham, Robin und Siddal, Abigail T. (Hrsg.): *Flying Combat Aircraft of the USAAF-USAF.* Iowa State University Press, Ames, IA, 1975

History of the 364th Fighter Group. Walsworth Publishing Co., Marceline, MO, 1991

Infield, Glenn B.: *Unarmed and Unafraid.* The MacMillan Company, Collier-Macmillan Ltd., London, 1970

Jane's Fighting Aircraft of World War II. Military Press, New York, 1989

Lande, D. A.: *From Somewhere in England.* Motorbooks International Publishers & Wholesalers, Osceola, WI, 1991

Leary, Penn (Hrsg.): *Test Flying at Old Wright Field.* Westchester House Publishers, Omaha, NE, 1991

Pilot Training Manual of the P-51 Mustang: AAF Manual 51-127-5. Headquarters Army Air Forces, Washington, DC, 1945

Rust, Kenn C.: *Ninth Air Force Story.* Historical Aviation Album Publications, Temple City, CA, 1982

Stanley, Roy M.: *World War II Photo Intelligence.* Charles Scribner's Sons, New York, 1981

Wagner, Ray: *Mustang Designer: Edgar Schmued and the Development of the P-51.* Orion Books, New York, 1990

ZEITSCHRIFTEN

Dick, Ron: „Meet the Mustang." *Air & Space/Smithsonian, Juni/Juli 1991*

Spitfire

CANADA
36 SLIDING COCKPIT HOOD
37 PILOT
38 HEADREST
39 ARMOUR PLATING
41 VOLTAGE REGULATOR
42 AIR BOTTLES
43 PILOTS REAR WINDOW
44 AERIAL MAST
45 AERIAL LEAD-IN
17 RUDDER PEDAL
18 CARBURETTOR AIR INTAKE
19 COOLANT PIPE
20 MERLIN ENGINE
21 EXPOSED OIL TANK
22 COOLANT TANK
23 PORT NAVIGATION LAMP
SPITFIRE II
AEROPLANE

NOTES
FOR
TFIRE
XI & XVI
66, 70 or 266 ENGINE

Vorhergehende Seite: *In Mitte links ist ein Piloten-Kniebrett unter einer auf Seide gedruckten Karte und einer Signalpistole mit Leuchtrakete zu sehen. Oben links die wollene Kampfjacke eines Piloten mit Kanada-Aufnäher, ein Symbol für den vereinten Einsatz der Commonwealth-Staaten im Zweiten Weltkrieg. Ein Fliegerhelm, eine Fliegerbrille und eine Sauerstoffmaske liegen auf der vliesgefütterten Irvin-Fliegerjacke, wie sie für Flüge in großen Höhen notwendig war. Unter dem schwarzen Zigarettenetui in der Bildmitte sind die „Spitfire Pilot Notes" zu sehen, darauf liegen gestickte Fliegerabzeichen. Das kleine blaue Abzeichen mit der Raupe und zwei Wellen kündet davon, daß der Pilot über dem Ärmelkanal zweimal aussteigen mußte und aus den Gewässern zwischen England und dem Kontinent gerettet wurde.*

Oben: *Silhouette einer Spitfire Mk IX im Vordergrund, dahinter in der Sonne die Mk VB der BBMF.*

Leitwerk der Spitfire Mk IIA der BBMF, RAF Coningsby.

VORWORT

Während ich mich in Großbritannien aufhielt, um die Fotos für den vorliegenden Bildband aufzunehmen, bot sich mir die Chance, während eines einzigen Fluges sowohl die Spitfire Mk IX als auch die Messerschmitt Bf 109 aus der Luft zu fotografieren. Im selben Maße, wie sich diese Möglichkeit zu konkretisieren begann und die Logistik und die Zeitplanung für dieses Vorhaben aufgestellt wurden, wurde mir wieder einmal klar, wieviel Glück ich gehabt hatte, zum richtigen Zeitpunkt am richtigen Ort gewesen zu sein und die richtigen Leute getroffen zu haben. Wann immer ich in ein Flugzeug aus dem Zweiten Weltkrieg einsteige und zu einem Fotoflug starte, rufe ich mir ins Gedächtnis, daß alles, was ich sehe und fotografiere, für den Leser dieser Bücher, den Betrachter meiner Fotos, bestimmt ist. Am 14. September 1996, nachdem der für den vorangegangenen Tag geplante Flug wegen ungünstiger Wetterbedingungen hatte gestrichen werden müssen, sollte der Fotoflug schließlich stattfinden. Die Spitfire und die Bf 109 befanden sich gerade in Frankreich, von wo aus sie in Zweierformation Flugmanöver auf einer Airshow über den Kanalinseln durchführten. Wir sollten über dem Ärmelkanal mit ihnen zusammentreffen, nachdem sie im Anschluß an einem Tankstop in Folkestone wieder Kurs auf Frankreich nahmen. Zu diesem Zweck sollten wir – Pilot Martin Sergeant und ich – in unserer T-6 über den Küstengewässern vor den weißen Klippen, dem unübersehbaren Erkennungsmerkmal der südenglischen Küste, flache Vollkreise in 3.500 Fuß fliegen. Dann kam der Anruf aus Frankreich. Die Spitfire, im Cockpit Clive Denney, und die Bf 109 waren auf dem Weg zum vereinbarten Treffpunkt. Also starteten wir, an einem Septembernachmittag, wie er besser nicht hätte sein können: Klarer Himmel, Sicht bis zum Horizont. Durch den niedrigen Stand der Sonne wurde alles in jenes goldene Licht getaucht, das sich jeder Fotograf für Außenaufnahmen wünscht. Während wir uns der Küste näherten, spulte sich unter unseren Tragflächen die Landschaft von Kent mit ihren charakteristischen Schlössern und Dörfern ab, und einmal war in Verlängerung der linken Flügelspitze die riesige Kreideskizze eines Pferdes auf einem Abhang zu sehen – ein Überbleibsel aus einer längst vergangenen Epoche. Als schließlich im Osten die französische Küste zu erkennen war, flogen wir einige flache Wartekreise in der verabredeten Höhe. Direkt unter uns, auf den Klippen bei Folkestone, lag das Battle of Britain Memorial, ein in die Landschaft integriertes Abbild eines Dreiblattpropellers. Im Funk höre ich, daß die Spitfire und die Messerschmitt gleich bei uns sein werden. Und plötzlich sind sie da, in lockerer Formation knapp unterhalb der Wolkenbasis. Just an diesem Wochenende begeht Großbritannien übrigens den Jahrestag der Luftschlacht um England. Und dem tragen auch die beiden Fighter Rechnung, die jetzt zu einer engen Zweierformation aufschließen und im Sturzflug Kurs auf das Fliegerdenkmal nehmen. Erst wenige Meter über dem Boden – gut erkennbar an den beiden Schatten, die über die Spitze der Klippen rasen – fangen die beiden Maschinen den Sturzflug ab. Dann verliere ich sie aus den Augen, was mir ins Gedächtnis zurückruft, welche enormen Anforderungen der Luftkampf an die Piloten gestellt haben muß. Also fliegen wir weiter unsere Vollkreise, um für die beiden Fighter gut erkennbar zu bleiben. Was dann passierte, werde ich nie vergessen. Ich suchte den Luftraum nach den beiden Maschinen ab, von links nach rechts und wieder zurück, und plötzlich waren sie da, wie eine Vision aus einer anderen Zeit: An der einen Seite der T-6 die Spitfire, an der anderen die Messerschmitt. Aufgrund des Dröhnens des riesigen Sternmotors vor uns praktisch nicht wahrnehmbar, hatten sie sich unbemerkt herangetastet, um nun in geschlossener Formation mit der T-6 zu fliegen. Bevor ich mich an meine Fotoarbeit begab, gönnte ich mir einen Augenblick, um mir zu vergegenwärtigen, welches riesige Glück ich eigentlich hatte, gerade zu diesem Zeitpunkt an diesem Ort zu sein. Zwei Jagdflugzeuge – erbitterte Gegner von einst, heute aber im Formationsflug in jenem Luftraum, in dem einmal die berühmteste Luftschlacht der Geschichte stattgefunden hatte. Das ganze auch noch an genau dem Wochenende, an dem die Siegermacht dieser Luftschlacht gedachte. Und mittendrin: Ein Riesenglückspilz aus Ohio.

Doch nun hieß es: An die Arbeit!

Dan Patterson, 18. August 1997

Die Supermarine S.6B.

Wo immer es um die berühmtesten Flugzeuge aus dem ersten Jahrhundert der Luftfahrt geht, fällt früher oder später auch der Name „Spitfire“. Zu den herausragenden Merkmalen dieses berühmten Supermarine-Jagdflugzeugs gehört neben seinen technischen Daten sicherlich die klassische Eleganz seiner Linienführung. Mit ihrem schlanken Rumpf und ihren Tragflächen mit dem anmutigen elliptischen Grundriß war die Spitfire von Anfang an eine ausgesprochene Schönheit. Doch sie hatte mehr zu bieten – viel mehr. Zum attraktiven Erscheinungsbild der Spitfire gesellten sich ihre bemerkenswerten Flugleistungen und ein enormes Potential für Weiterentwicklungen. Von ihrer Indienststellung an nahm die Spitfire die Position des wichtigsten Jagdflugzeugs der Royal Air Force ein, und diese dominierende Stellung an der vordersten Front der RAF-Kampfverbände sollte sie während der gesamten Ära der kolbenmotorgetriebenen Eindecker nicht mehr abgeben. Von allen Spitfire-Versionen wurden insgesamt mehr als 20.000 Exemplare gebaut. Dieses Flugzeug galt vom ersten Tag an als Inbegriff des idealen Kampfflugzeugs, das sich durch eine unwiderstehliche Kombination aus Leistungsfähigkeit, Anmut und Effizienz im Kampfeinsatz auszeichnete. Douglas Bader, der gefeierte beinamputierte RAF-Spitzenkampfpilot, sagte einmal über die Spitfire: „Dies war das Jagdflugzeug par excellence, gewissermaßen der Traum aller Piloten.“

Die Bedeutung der Spitfire ging aber viel weiter. In den dunklen Tagen zu Beginn des Zweiten Weltkriegs wurden diese Maschine und ihr Name für die Briten fast zu einem Mythos. Obwohl die Spitfire in den RAF-Kampfverbänden rein zahlenmäßig nicht an der Spitze lag, regte sie die Phantasie der Öffentlichkeit wie kein anderes Waffensystem an. Schließlich wurde sie zu einem Symbol für die Entschlossenheit der Nation, dem Gegner zu trotzen, und verbreitete auch in Zeiten größter Bedrängnis die Zuversicht, letztlich doch siegreich zu sein.

GRUNDSTEIN FÜR EINE LEGENDE

Die Ursprünge der Spitfire gründen sich auf das Talent des begnadeten Konstrukteurs Reginald Mitchell. Dieser wurde 1919 im Alter von gerade einmal 24 Jahren zum Chefingenieur der Supermarine Aviation Works ernannt. Während der 20er Jahre befaßte er sich überwiegend mit der Konstruktion von Wasserflugzeugen unterschiedlicher Bauweise. Eine dieser Supermarine-Maschinen, ein etwas plump wirkendes, kleines Doppeldecker-Flugboot mit der Bezeichnung Sea Lion, gewann 1922 den Schneider-Pokal, eine begehrte Siegestrophäe der frühen Wasserflugzeug-Wettbewerbe, und diesem ersten Durchbruch sollten sich weitaus größere Erfolge anschließen. 1925 stellte die von Mitchell konstruierte S.4 mit ihrer außergewöhnlich sauberen Linienführung einen Wasserflugzeug-Geschwindigkeitsrekord von 226 mph auf, stürzte jedoch zu Beginn des in jenem Jahr stattfindenden Schneider-Wettbewerbs aufgrund von Flattererscheinungen an den Tragflächen in die Chesapeake Bay. Mitchell ließ sich dadurch nicht entmutigen, sondern entwickelte die Schwimmer-Wasserflugzeuge S.5, S.6 und S.6B, die dreimal in Folge (1927, 1929 und 1931) den Schneider-Wettbewerb gewannen und damit den Schneider-Pokal endgültig nach Großbritannien holten. Die S.6B flog außerdem als erstes Flugzeug der Welt überhaupt schneller als 400 mph, als sie einen Geschwindigkeits-Weltrekord von 407 mph aufstellte. Berücksichtigt man den hohen Luftwiderstand der Schwimmer und Verspannungen, war dies in der Tat eine herausragende Leistung. Aus den Erfahrungen während der Schneider-Wettbewerbe lernte Mitchell viel über die Probleme beim Hochgeschwindigkeitsflug, und dieses schwer erarbeitete Know-how sollte ihm in späteren Jahren sehr zugute kommen. Es wäre allerdings eine Übertreibung, würde man behaupten, daß die späteren Kampfflugzeuge eine kontinuierliche Weiterentwicklung der von Mitchell konstruierten Wasserflugzeuge waren.

1928 ging Supermarine in den wesentlich größeren Vickers-Flugzeugwerken auf, doch diese Übernahme hatte kaum Auswirkungen auf die Arbeit von Mitchell und seinem Konstruktionsteam. 1931 gab das Luftfahrtministerium in London die Spezifikation F7/30 für ein neu zu beschaffendes Kampfflugzeug heraus, das die bei der RAF in Dienst stehende Bristol Bulldog ablösen sollte. Die Bristol Bulldog war ein bezaubernder kleiner Doppeldecker, dessen Leistungen aber denen seiner Vorgänger aus dem Ersten Weltkrieg nur unwesentlich überlegen waren. Sieben Flugzeughersteller legten insgesamt acht verschiedene Entwürfe (fünf Doppeldecker- und drei Eindeckerkonstruktionen) für das neue Muster vor. Supermarine schlug unter der Bezeichnung „Typ2 224“ einen in der neuartigen Ganzmetallbauweise hergestellten Tiefdecker vor, der von dem damals mit 660 PS leistungsstärksten Triebwerk, dem Rolls-Royce Goshawk, angetrieben werden sollte. Hier nun trat die Verknüpfung mit der für die Schneider-Wettbewerbe geleistete Entwicklungsarbeit relativ augenfällig zutage. Die Ingenieure von Rolls-Royce hatten schon die Rennmotoren für Mitchells Wasserflugzeuge geliefert und bei den Entwicklungsarbeiten viele Erfahrungen gesammelt, die in den späteren Konstruktionen laufend vertieft wurden und schließlich ihren Höhepunkt im berühmten Merlin-Motor fanden, dem Triebwerk also, mit dem die Hurricane, die Mosquito, die Lancaster, die P-51 Mustang und die Spitfire bestückt wurden.

Nur allzu gut erinnerte sich Mitchell noch an die unerfreulichen Erfahrungen mit den Flattererscheinungen bei der S.4, so daß er sich mit relativ bescheidenen Konstruktionsvorgaben auf das Gebiet der Kampfflugzeuge wagte. Der gebogene Flügel der 224 war entschieden zu dick, das Cockpit war offen, und das feste Fahrwerk war mit schweren Fahrwerksbeinen versehen. Entsprechend enttäuschend waren auch die Flugleistungen: Nur 238 mph Höchstgeschwindigkeit, dafür aber 8 Minuten für einen Steigflug bis auf 15.000 Fuß. Zu diesen konstruktionsbedingten Unzulänglichkeiten gesellten sich überdies Probleme mit dem verdunstungsgekühlten Goshawk-Motor. Die RAF zog es deshalb vor, auf der sicheren Seite zu bleiben, und entschied sich für die Gloster Gladiator, einen mit einem Sternmotor bestückten, wendigen Doppeldecker, der es immerhin auf eine Höchstgeschwin-

Reginald Mitchell und Henry Royce.

digkeit von mehr als 240 mph brachte und schon nach 6,5 Minuten eine Höhe von 15.000 Fuß erreichte. Trotz dieser Enttäuschung gingen bei Supermarine die Entwicklungsarbeiten für ein neues Kampfflugzeug uneingeschränkt voran. Auf der Basis der 224 entstand die 300, die jedoch im Gegensatz zu ihrer Vorgängerin eine wesentlich ausgefeiltere Aerodynamik aufwies. Sie verfügte über ein geschlossenes Cockpit, begradigte Tragflächen und ein Einziehfahrwerk. Auch sie wurde jedoch von dem Goshawk-Motor angetrieben, mit dem eine Höchstgeschwindigkeit von lediglich 265 mph zu erzielen waren. Die Lage besserte sich erst im November 1934 mit dem Vorschlag, die Weiterentwicklung der Zelle auf der Basis eines neuen Rolls-Royce-Triebwerks mit der Bezeichnung PV XII zu betreiben. Dieses 27-Liter-Triebwerk mit der späteren Bezeichnung „Merlin" litt zwar noch unter gewissen Kinderkrankheiten, arbeitete jedoch so vielversprechend, daß die Ingenieure bereits in diesem frühen Entwicklungsstadium eine Leistung von 1000 PS ins Visier nahmen. Die Vickers-Unternehmensführung ließ sich von Mitchells Empfehlungen überzeugen und bewilligte die für die Detailentwicklung benötigten Mittel. Auch das Luftfahrtministerium spielte mit: Innerhalb eines Monats erhielt Vickers den Auftrag für die Produktion eines Prototypen des neuen Fighters. Bis Januar 1935 arbeitete das Luftfahrtministerium die Spezifikation F37/34 aus, die sich in weiten Teilen an den Vorschlägen von Mitchell orientierte.

Der Prototyp der Spitfire.

DIE SPITFIRE NIMMT GESTALT AN

Für den Übergang zur nächsten Phase mußte Mitchell eine Vielzahl von Aspekten berücksichtigen, so z. B. die Tatsache, daß das Merlin-Triebwerk viel schwerer als der Goshawk-Motor war. Außerdem mußte das Verhältnis zwischen Flügeldicke und Profilsehne möglichst gering gehalten werden und dennoch groß genug sein, damit in den Tragflächen genügend Platz für das Einziehfahrwerk und die Bordkanonen blieb. Die Gesamtheit dieser Faktoren führte geradezu zwangsläufig auf eine elliptische Flügelform und damit zum berühmten Spitfire-Grundriß, der nun in Mitchells Konstruktionsplänen allmählich Gestalt annahm. Bald hatten die Ingenieure einen Flügel entwickelt, der nicht nur hochstabil war, sondern auch leichter und dünner als bei allen anderen Jagdflugzeugen jener Zeit. Eine weitere Finesse war die sogenannte „Schränkung", eine Verwindung des Flügels, durch die der Anstellwinkel von der Flügelwurzel bis zur Flügelspitze um zwei Grad verringert wurde. In engen Kurven, wie sie für den Luftkampf von entscheidender Bedeutung waren, bedeutete dies, daß die Strömung zuerst an der Flügelwurzel und zuletzt an der Flügelspitze abriß. Dabei entstand, gewissermaßen als Warnsignal für den Piloten, ein Strömungs-Teilabriß, bei dem die Maschine wegen der fortbestehenden Anströmung der Querruder aber voll steuerbar blieb und vom Piloten bei entsprechender Reaktion vor dem Abkippen bewahrt werden konnte. Dieser Flugzustand kurz vor dem Strömungsabriß ermöglichte es den Spitfire-Piloten, außerordentlich eng zu kurven – ein Vorteil, der in den späteren Luftkämpfen des Zweiten Weltkriegs noch von unschätzbarem Wert sein sollte.

Parallel zu den Entwicklungsarbeiten des Supermarine-Teams arbeitete das Luftfahrtministerium alle gewonnenen Erkenntnisse in neue Spezifikationen ein. So sah F10/35 unter anderem vor, daß es wünschenswert sei, die Maschine mit acht Bordkanonen und je 300 Schuß Munition auszurüsten. Dieser Wunsch wurde von Mitchell erfüllt, ebenso der Wunsch nach Senkung des Kraftstofftankinhalts, der beim Prototypen auf nur 75 Gallonen begrenzt wurde. Die so erzielte Senkung des Abfluggewichts ging mit einer Erhöhung der Steigleistungen einher, was den Eigenschaften der Maschine als Kurzstrecken-Abfangjäger zugute kam, wenn auch auf Kosten der Reichweite. Zum Zeitpunkt dieser Entscheidung hatte jedoch die Verteidigung des britischen Luftraumes oberste Priorität, und die Militärstrategen beschäftigten sich kaum mit der Frage, wie es im weiteren Verlauf des Krieges zu bewerkstelligen sein würde, die Lufthoheit über feindlichem Gebiet zu erringen.

Bei der Entstehung des Prototypen nahm Mitchell nur sehr wenige Änderungen an seinem Grundkonzept vor, aber einige Verbesserungen wurden dennoch erzielt. Der Rumpf wurde etwas verlängert, die Spannweite leicht verringert und das Höhenleitwerk einige Zoll höher gesetzt. Zugleich erhielten die Tragflächen eine ausgeprägtere V-Form, während die Cockpithaube im Bereich hinter dem Kopf des Piloten vergrößert wurde. Das Problem, die von dem Rolls-Royce-Motor entwickelte enorme Wärmemenge abzuführen, wurde auf zweierlei Art gelöst. Zum einen wurde als Kühlmittel Ethylenglykol verwendet, das einen erheblich höheren Siedepunkt hat als Wasser, zum anderen erhielt die Maschine einen Kühllufteinlauf, der nicht nur die Kühlwirkung verstärkte, sondern aufgrund der ausgestoßenen Heißluft sogar zusätzlichen Schub lieferte.

Anfang 1936 war der Prototyp fast fertiggestellt, und das Luftfahrtministerium wartete ungeduldig auf seinen Erstflug. Wie verlautete, sollte die RAF 900 der neuen Eindecker erhalten. Rund 600 Hurricanes sollten von Hawker Aircraft geliefert werden, während die übrigen von Supermarine kommen sollten. Nach Aussage der Vickers-Geschäftsleitung sollte die firmeninterne Flugerprobung bis Ende März beendet sein, und unter der Voraussetzung, daß die RAF-Flugerprobung bis Ende April erfolgreich abgeschlossen und ein fester Auftrag erteilt worden sei, könne die Serienfertigung von fünf Maschinen pro Woche im September 1937 anlaufen. Doch wie so oft, erwiesen sich die zuversichtlichen Prognosen des Unternehmens auch in diesem Fall als zu optimistisch.

DER PROTOTYP FLIEGT

In der ersten Märzwoche 1937 wurde der nach F37/34 gebaute Supermarine-Prototyp mit der Seriennummer K5054 nach erfolgreichem Triebwerksprobelauf für flugerprobungsbereit erklärt. Zu diesem Zweck war er vom Werk Woolston bei Southampton zum Flugplatz Eastleigh transportiert worden, wo er nun zur „echten" Flugerprobung durch den zuständigen Testpiloten bereitstand. Es liegen widersprüchliche Aussagen darüber vor, an welchem Tag dieser historische Erstflug genau stattfand, aber höchstwahrscheinlich handelte es sich um den 5. März. An diesem Morgen stand die K5054 bei wolkenlosem Himmel auf der Grasbahn von Eastleigh, wo sie – unlackiert, abgesehen von den RAF-Markierungen – zunächst einmal aus allen möglichen Perspektiven fotografiert wurde. Irgendwann nachmittags kletterte dann Vickers-Cheftestpilot „Mutt" Summers ins Cockpit. Nach den üblichen Triebwerks-Checks rollte er zum anderen Ende des Flugplatzes, drehte die Maschine in den Wind und startete. Anschließend stieg er auf eine sichere Mindesthöhe, in der er die wichtigsten Flugeigenschaften wie z.B. die Überziehgeschwindigkeit und die Ruderwirkung testen konnte. 20 Minuten später landete er, rollte zum Vorfeld und stellte den Motor ab. Noch im Cockpit sitzend, ordnete er an: „Daß mir niemand etwas anfaßt!" Diese Bemerkung wurde von vielen Anwesenden als Hinweis darauf interpretiert, daß die Maschine in der

Spitfire Mark I.

vorliegenden Form perfekt flog, was sich aber bald als großer Irrtum erweisen sollte. Vielmehr stand dem Spitfire-Team noch eine Menge Arbeit in puncto Flugerprobung und Modifikationen bevor. Aber immerhin hatte sich gezeigt, daß den Konstrukteuren bei der K5054 keine groben Fehler unterlaufen waren, und diese Tatsache an sich war schon ein Grund zum Feiern.

In den folgenden Monaten schritt die Flugerprobung zufriedenstellen voran und wurde nur gelegentlich von geringfügigen Zwischenfällen beeinträchtigt. In dieser Zeit wurde die K5054 auch mit einer hellblauen Lackierung versehen, die anschließend von Spezialisten, die sonst an Rolls-Royce-Automobilen arbeiteten, poliert und auf höchste Oberflächengüte optimiert wurde. Im Horizontalflug erreichte die Spitfire jetzt eine wahre Eigengeschwindigkeit 349 mph in 16.800 Fuß, und im Sturzflug wurde eine durch physikalische Parameter vorgegebene absolute Höchstgeschwindigkeit 380 mph erzielt. Als größte Höhe wurden 34.700 Fuß erreicht. Der Prototyp wurde von etlichen Testpiloten – sowohl Werks- als auch RAF-Piloten – geflogen. Keiner hatte irgendwelche Schwierigkeiten bei der Umstellung auf das neue Muster, und alle waren von der Handhabung der Maschine sehr angetan. Auf der Grundlage ihrer Flugberichte gelangte man zu der Auffassung, daß auch durchschnittliche RAF-Piloten mit dem Flugzeug zurechtkommen müßten, so daß das Luftfahrtministerium seine Vorabbestellung von 310 Exemplaren dieses Musters in einen verbindlichen Festauftrag umwandelte.

Während Mitchell sein Werk stetig perfektionierte, schwanden seine eigenen Kräfte sichtlich dahin. Er litt unheilbar an Krebs, mittlerweile im fortgeschrittenen Stadium. Doch trotz seiner angeschlagenen Gesundheit verlor Mitchell nie die Begeisterung für seine Arbeit. Wann immer er es einrichten konnte, besichtigte er die Werkshallen oder seine Maschine und beeindruckte dabei alle Mitarbeiter durch seinen unverändert wachen Geist. Einen seiner geradeheraus geäußerten Kommentare, wie sie für Mitchell typisch waren, gab der berühmte Konstrukteur ab, als er hörte, daß das Luftfahrtministerium für den neuen Fighter die Bezeichnung „Spitfire" genehmigt hatte: „Spitfire! Wie kann man sich nur so einen dämlichen Namen ausdenken!" Am 11. Juli 1937 starb Reginald Mitchell im Alter von 43 Jahren, nachdem er dafür gesorgt hatte, daß seiner Maschine der Weg zum Erfolg geebnet war. Die Spitfire wurde zu Mitchells Vermächtnis an sein Land, das ihm, wie sich noch zeigen würde, für alle Zeiten zu Dank verpflichtet sein würde.

Während des letzten Teils ihrer fliegerischen Laufbahn hatte die K5054 noch eine Reihe von Problemen zu meistern, und bei manch einem Zwischenfall hielten die Techniker und Piloten den Atem an. So hätte beispielsweise der erste Flug eines der RAF-Testpiloten mit einer Bauchlandung geendet, wäre diesem nicht noch in letzter Sekunde eingefallen, das Fahrwerk auszufahren. Supermarine-Testpilot Jeffrey Quill mußte kurz nach dem Start zu einem Presse-Demonstrationsflug hilflos mit ansehen, wie der Öldruck auf null fiel, und schaffte es gerade noch, die Maschine nach einer Umkehrkurve mit stehendem Motor auf dem Flugplatz zu landen. Am 22. März 1937 kam es zu einem echten Motor-Totalausfall mit der Folge, daß der Pilot die Maschine mit eingezogenem Fahrwerk auf einem glücklicherweise hindernisfreiem Acker notlanden mußte, wobei Pilot und Flugzeug im wesentlichen unversehrt blieben. Daß das Pneumatiksystem der K5054 unterdimensioniert war, stellte sich heraus, als ein Pilot während der Nachtflugerprobung feststellen mußte, daß der Luftdruck für die Klappen und Bremsen nicht mehr ausreichte, nachdem im Gegenanflug mehr Druckluft als sonst üblich verbraucht worden war. Entsprechend lang und schnell fiel auch die anschließende Landung aus. Der Prototyp schoß über das Ende der Piste hinaus und bohrte sich schließlich mit der Nase in den weichen Boden, wurde aber auch diesmal nur leicht beschädigt. Schlimmer kam es am 23. März 1938, als bei einer harten Nachtlandung eines der Fahrwerksbeine abknickte, was erhebliche Schäden an der Maschine zur Folge hatte. Erst am 19. Juli, nachdem alle erforderlichen Reparaturarbeiten nebst verschiedener Modifikationen abgeschlossen waren, stand die Maschine für die weitere Flugerprobung wieder zur Verfügung.

Mit dem Erscheinen der ersten Spitfires aus der Serienproduktion, die im Mai 1938 angelaufen war, verlor die K5054 im Entwicklungsprogramm immer mehr an Bedeutung. Dennoch war der Prototyp nach wie vor von Nutzen und wurde bis September 1939 regelmäßig geflogen. Am 4. September schließlich – am Tag zuvor hatte Großbritannien Nazideutschland den Krieg erklärt – ereignete sich mit der K5054 ein folgenschwerer Unfall. Flight Lieutenant „Spinner" White setzte mit dem kleinen Kampfflugzeug allzu heftig in Farnborough auf, so daß dieses mehrmals von der Piste hochsprang, sich schließlich überschlug und auf dem Rücken liegenblieb. White erlag später seinen schweren Verletzungen, und die K5054 wurde niemals wieder repariert.

KINDERKRANKHEITEN

Der Prototyp hatte seinen Zweck als Wegbereiter für mehr als 20.000 später gebaute Spitfires voll und ganz erfüllt. Außerdem hatte er den Nachweis erbracht, daß jeder durchschnittlich begabte Pilot, wenn er sich an die festgelegten Verfahren hielt, in der Regel keine Schwierigkeiten hatte, mit den Flugeigenschaften dieses Hochleistungs-Eindeckers zurechtzukommen. In den RAF-Berichten zur Flugerprobung hieß es dazu: „Das Flugzeug ist einfach und problemlos zu fliegen und weist kein nachteiliges Flugverhalten auf." Die leichte Handhabbarkeit der Spitfire im Fluge war eine Sache, die Produktion in großen Stückzahlen jedoch eine andere. Dabei nämlich kam eine Vielzahl von neuen Flugzeugbautechniken zur Anwendung, die sich erheblich von denen unterschieden, die beim Bau der früheren Doppeldecker verwendet worden waren. Hinzu kam, daß die Supermarine-Fertigungsstätten viel zu klein waren, um die anstehenden Großaufträge in einem realistischen Zeitrahmen abwickeln zu können. Nach langen Diskussionen und wiederholten Verzögerungen sowie unter Vergabe vieler Arbeiten an Unterauftragnehmer startete die erste Spitfire aus der Serienproduktion (K9787) endlich am 5. Mai 1938 mit Jeffrey Quill im Cockpit zum Erstflug. Angetrieben wurde sie von einem Rolls-Royce Merlin II, der in 16.250 Fuß seine Höchstleistung von 1030 PS entwickelte. Die Produktion weiterer Maschinen lief nur schleppend an, und erst am 4. August erhielt die erste RAF-Einheit, die mit der Spitfire ausgerüstet werden sollte (die 19. Staffel in Duxford), ihre erste Serienmaschine (K9789). Zu diesem Zeitpunkt jedoch waren diese ersten Maschinen keineswegs einsatzbereit. Von den Problemen, die es zu lösen galt, seinen hier nur einige genannt: Die Anlasser waren nicht leistungsfähig genug, um einen sicheren Motorstart zu gewährleisten, die unbeheizten Bordkanonen wurden in größeren Höhen durch Vereisung unbrauchbar, und die Querruder erwiesen sich bei Geschwindigkeiten über 400 mph als praktisch unbeweglich. Daneben bedurfte es zahlreicher weiterer Verbesserungen. Größere Piloten wurden durch die schmale Cockpithaube in ihrer Bewegungsfreiheit eingeengt, und der starre Zweiblatt-Holzpropeller konnte die Leistung des Merlin-Motors nur am oberen Ende des Geschwindigkeitsbereichs optimal in Schub umwandeln.

Die meisten Schwierigkeiten konnten schließlich behoben werden. Es wurden leistungsstärkere Anlasser eingebaut, Heißluft wurde vom Motor zu den Bordkanonen geleitet und Querruder aus Metall verbesserten die Steuerbarkeit der Maschine bei hohen Geschwindigkeiten. Die stärker gewölbte Malcolm-Kabinenhaube verlieh größeren Piloten mehr Bewegungsfreiheit und bessere Sicht, und ein Dreiblatt-Verstellpropeller aus Metall führte zu erheblichen Verbesserungen der Spitfire-Flugleistungen im gesamten Geschwindigkeitsbereich.

Einige Unzulänglichkeiten waren sicherlich noch übriggeblieben, aber das Potential des Fighters war unübersehbar, und aus vielen Ländern kamen Anfragen nach dem neuen Flugzeug. Japan, Belgien, Holland, die Schweiz, Litauen, Estland, Jugoslawien, Griechenland, die Türkei, Portugal und Frankreich bekundeten ihr Interesse am Kauf oder Bau von Spitfires. Wegen des Kriegsausbruchs kam es jedoch nicht mehr dazu, und nur eine einzige Spitfire wurde ins Ausland geliefert. Sie wurde im Juni 1939 zur Flugerprobung nach Frankreich überführt, wo sie später in die Hände der Deutschen fiel.

ES WIRD ERNST

Erst Ende Oktober 1938 konnte die 19. Staffel sechs Maschinen gleichzeitig zum offiziellen Fotoflug starten lassen, und bis diese Einheit ihre volle Stärke von 16 Spitfires hatte, war es Dezember. Von diesem Zeitpunkt an stiegen die ausgelieferten Stückzahlen langsam, aber stetig, und bis zur Kriegserklärung am 3. September 1939 waren 306 Spitfires an die RAF-Kampfverbände übergeben worden. Das genügte zur Ausrüstung der Staffeln 19, 41, 54, 65, 66, 72, 74 602, 603 und 611, und auch die 609. Staffel hatte schon ihre ersten Maschinen erhalten. Innerhalb eines einzigen Jahres war sehr viel erreicht worden, aber nach allem, was man über die Luftwaffe wußte, würde die Stärke der Kampfverbände kaum ausreichen, um dem Gegner standzuhalten.

Lange dauerte es nicht, bis der erste Einsatz für die Spitfire kam – doch er wurde alles andere als ein glorreicher Einstand! Dieser Zwischenfall ereignete sich am 6. September und ging unter der Bezeichnung „Battle of Barking Creek“ in die Geschichte der Militärluftfahrt ein. An diesem Tag führte eine technische Störung in einer Radarstation zu Meldungen über von Osten anfliegende Feindflugzeuge, obwohl die Radarechos in Wirklichkeit von eigenen Maschinen stammten, die sich westlich der Station befanden. Daraufhin stiegen Spitfires der 74. Staffel auf und treffen die Flugzeuge an, die sie für feindliche Kampfflugzeuge hielten. Zwei dieser „Feindmaschinen“ wurden über der Themsemündung abgeschossen, eine weitere zweimotorige Maschine fiel dem Feuer der RAF-Flugabwehr zum Opfer. Erst geraume Zeit nach diesen „Luftsiegen“ stellte sich heraus, daß es sich um zwei Hurricanes der 56. Staffel und eine Blenheim der 64. Staffel gehandelt hatte. Doch selbst diesem Desaster ließ sich wenigstens ein positives Ergebnis abgewinnen, nämlich die Tatsache, daß nun der Produktion von Freund-Feind-Identifikationssystemen (IFF, Identification Friend or Foe) für die RAF oberste Priorität eingeräumt wurde.

Gegen den wahren Feind kamen Spitfires erst am 16. Oktober 1939 zum Einsatz, als neun Junkers 88 vom Kampfgeschwader 30 der Reichsluftwaffe über dem Firth of Forth bei Edinburgh auftauchten, um das dortige Seegebiet nach Kriegsschiffen der Royal Navy abzusuchen. Staffelführer Ernest Stevens von der 603. Staffel „City of Edinburgh“ führte den Angriff auf die Bomber an und wurde dabei der erste von vielen RAF-Piloten, denen im Verlauf des Zweiten Weltkriegs der Abschuß eines Feindflugzeugs über Großbritannien gelang. Ein zweiter Bomber wurde zerstört und ein dritter schwer beschädigt, bevor der feindliche Kampfverband schließlich abdrehte.

Die Konfrontationen zwischen der Spitfire und ihrem Gegenspieler in der Luftwaffe, der Messerschmitt Bf 109, begannen im Mai 1940, nachdem Hitler seinen Überfall auf die westlichen Nachbarländer Deutschlands gestartet hatte. Der Oberbefehlshaber der britischen Luftstreitkräfte, Air Chief Marshal Sir Hugh Dowding und Commander-in-Chief des Fighter Command, hätte natürlich nie-

Spitfires der 19. Staffel in Linienformation.

Spitfires im Landeanflug, Klappen und Fahrwerk ausgefahren.

Wing Commander A.C. Deere (rechts) mit einem Staffelkameraden.

mals seine Zustimmung zur Stationierung auch nur einer einzigen seiner kostbaren Spitfire-Staffeln außerhalb Großbritanniens erteilt. Daher fanden diese ersten Feindberührungen am äußersten Rand des Spitfire-Einsatzradius' über Holland, Belgien und Frankreich statt. Schließlich konzentrierten sich die Einsätze auf die Luftunterstützung während der Evakuierung der britischen Armee aus Dünkirchen. Bei diesen Zusammenstößen wurde schnell deutlich, daß die beiden rivalisierenden Fighter einander weitgehend ebenbürtig waren. Im Horizontalflug unterhalb von 15.000 Fuß war die Spitfire I geringfügig schneller als die Bf 109E, ein Geschwindigkeitsvorteil, den sie jedoch in größeren Höhen verlor. Die Bf 109E beschleunigte schneller und erzielte etwas bessere Steigraten, wohingegen die Spitfire eindeutig das wendigere Flugzeug war. Angesichts dieser relativ geringfügigen Unterschiede hing der Ausgang jedes einzelnen Luftkampfes zwischen zwei gegnerischen Maschinen in der Regel weitaus stärker von anderen Faktoren ab, so z.B. vom Geschick des Piloten, vom Stand der Sonne, vom Vorteil einer größeren Flughöhe oder von der angewendeten Kampftaktik.

LUFTSCHLACHT UM ENGLAND

Nach den ersten kleineren Scharmützeln bereiteten sich die RAF und die Reichsluftwaffe auf ihren eigentlichen Einsatz vor – die Luftschlacht um England. Die erste Runde dazu wurde im Juli 1940 eingeläutet, und diese Kampfeinsätze dauerten bis Ende Oktober. Das Ziel der deutschen Luftstreitkräfte war klar: Das Fighter Command der RAF sollte zerstört werden, so daß Großbritannien die Lufthoheit über dem eigenen Territorium verlor und der Weg für eine Invasion Südenglands durch deutsche Truppen frei war. Um dieses Ziel zu erreichen, mußte die Luftwaffe den Flugplätzen und Radarstationen der RAF möglichst große Schäden zufügen und zugleich die RAF-Jagdfliegerstaffeln in einen Zermürbungskrieg verwickeln. Nach einigen Wochen wurde offenkundig, daß die deutschen Bomberverbände, wollten sie überhaupt Aussicht auf Erfolg haben, von starken Jägereskorten geschützt werden mußten. Zwar eignete sich der kleine Jäger von Willi Messerschmitt durchaus für diese Art Einsatz, doch reichten die geringe zahlenmäßige Überlegenheit wie auch die Flugleistungen der Bf 109 nicht aus, um der Reichsluftwaffe die angestrebte Lufthoheit über dem Ärmelkanal und Südengland zu sichern.

Der unbesiegbare neuseeländische Spitfire-Pilot Al Deere, der im Verlauf der Luftschlacht um England unter anderem auch Luftsiege über drei Bf 109 verbuchen konnte, hegte keinerlei Zweifel, welche Jagdmaschine überlegen war. Er schrieb: „In einem längeren Luftkampf mit einer 109 hatte ich selbst die Möglichkeit, die Flugleistungen beider Maschinen miteinander zu vergleichen. Nach den ersten Kontakten mit der 109 waren die Geschwindigkeit und die Steigleistung dieser Maschine zur Legende erhoben worden und nach Ansicht vieler Piloten den entsprechenden Werten der Spitfire weit überlegen. Diese Behauptung konnte ich klar widerlegen. Mehr noch: Nach meiner Überzeugung war die Spitfire, außer im Sturzflug, in den meisten Kampfsituationen eindeutig das bessere Flugzeug und – ebenso wie die Hurricane – erheblich wendiger. Einige Piloten haben dieser Auffassung offen widersprochen und argumentiert, sie stünde im Gegensatz zu den veröffentlichten Leistungsdaten. In späteren Einsätzen sollte sich jedoch herausstellen, daß ich mit meiner Einschätzung richtig gelegen hatte."

Soweit die Meinung von Al Deere. Tatsache ist, daß die Bf 109 von ihrer Konstruktion her in zweierlei Hinsicht deutlich besser war als die Spitfire, nämlich in puncto Bewaffnung und Treibstoffkapazität. Die weit auseinanderliegenden, kleinkalibrigen Maschinengewehre der ersten Spitfire-Versionen konnten es mit der Durchschlagskraft der 20-mm-Bordkanone und den zentral montierten Ma-

Eine Spitfire Mark IIA von der 65. Staffel.

schinengewehren der Bf 109 nicht aufnehmen. Außerdem stellte sich in verschiedenen Kampfeinsätzen heraus, daß der mit einem Einspritzsystem versehenen Daimler-Benz-Motor der Bf 109 einem Messerschmitt-Piloten unter bestimmten Voraussetzungen die Möglichkeit bot, einer Spitfire durch ein geschicktes Ausweichmanöver zu entkommen. Der herkömmliche Vergaser des Merlin-Motors vertrug nämlich keine negativen G-Beschleunigungen, was zur Folge hatte, daß der Motor beim Auftreten solcher Beschleunigungen einfach stehenblieb. Geriet ein Messerschmitt-Pilot in allzu große Bedrängnis, so konnte er dank des Einspritzsystems seine Maschine bei voller Motorleistung hart andrücken. Die Spitfire dagegen mußte stets mit positiven G-Beschleunigungen geflogen werden, so daß ihr Pilot, um der Bf 109 bei diesem Manöver noch folgen zu können, seine Maschine auf den Rücken drehen und dann ziehen mußte. Dieses Manöver ging zwar wegen der großen Rollwendigkeit der Spitfire sehr schnell, dauerte aber immerhin lange genug, um der Bf 109 die entscheidende Sekunde Vorsprung zu verschaffen. Und diese Sekunde, verbunden mit den besseren Leistungen im Sturzflug, genügte der Bf 109 manchmal, um den Gegner abzuschütteln.

Zu Beginn der Luftschlacht um England war die Zahl der Spitfire-Staffeln auf 19 gestiegen – inzwischen hatten sich auch die Staffeln 64, 92, 152, 222, 234, 266, 610 und 616 den zunächst elf Spitfire-Einheiten hinzugesellt. Zu diesem Zeitpunkt wurden Spitfire-Versionen ausgeliefert, die sich deutlich von denen unterschieden, mit denen die RAF in den Krieg eingetreten war. Abgesehen von den schon erwähnten Verbesserungen, waren sie mit mehr Panzerplatten zum Schutz des Piloten und der vorderen Treibstoff- und Glykoltanks ausgerüstet. Zudem flogen diese Spitfires mit Benzin höherer Oktanzahl, was sich insbesondere auf ihre Flugleistungen in geringen Höhen vorteilhaft auswirkte und der Maschine in Meereshöhe ein Plus bei der Höchstgeschwindigkeit von sage und schreibe 25 mph verlieh. Das war auch nötig, denn zum einen hatte das Flugzeug um mehr als 300 lbs Gesamtabfluggewicht zugenommen, und zum anderen war es mit einer Reihe von widerstandserhöhenden Systemen (z.B. den IFF-Antennen) und mit einer Frontscheibe aus Panzerglas ausgerüstet worden. Unter Berücksichtigung aller vorteilhaften und nachteiligen Faktoren brachte es eine Spitfire I Mitte 1940 auf rund 350 mph in 18.500 Fuß, etwas weniger also als die erste Serienmaschine, die in der Flugerprobung eine Höchstgeschwindigkeit von 362 mph erreicht hatte.

Während sich die Luftschlacht um England ihrem Höhepunkt näherte, ging die Spitfire Mk II in Serie. Die Staffeln 611, 19, 74 und 266 wurden im August und September mit dieser Folgeversion ausgerüstet, die sich äußerlich nur sehr wenig von der Mk I unterschied, jedoch von dem etwas stärkeren Merlin XII angetrieben wurde, der in 14.750 Fuß eine Leistung von 1140 PS entwickelte und mit einer Sprengkartusche gestartet wurde. In den Tragflächen einiger Mk II (und Mk I) wurden versuchsweise zwei 20-mm-Kanonen untergebracht, doch dieses Experiment erwies sich nicht als Erfolg. (Die mit Bordkanonen bewaffneten Spitfire-Versionen erhielten die Bezeichnungen IB und IIB, während die nur mit Browning-Maschinengewehren ausgestatteten Maschinen „IA“ und IIA“ hießen.) In die Hispano-Kanone, die anfangs mit hartnäckigen Ladehemmungsproblemen zu kämpfen hatte, mußte noch viel Entwicklungsarbeit investiert werden, bis sie endlich als zuverlässig betrachtet werden konnte. So beklagte sich der Kommandant der 19. Staffel bitter darüber, daß er seine kanonenbewaffneten Spitfires in die Schlacht schicken mußte, und fügte seinem Bericht die Bemerkung hinzu: „Es wird äußerst nachdrücklich darum gebeten, diese Staffel bis zur Behebung der gegenwärtig auftretenden Ladehemmungen mit Spitfires auszurüsten, die mit Browning-Maschinengewehren bestückt sind.“

Spitfire-Mittelsektionen, fertig zur Montage.

Die Spitfire Mk II wurde in einer neu errichteten, großen Fabrik in Castle Bromwich bei Birmingham gebaut. Diese Fertigungsstätte, in der die modernsten Werkzeugmaschinen zum Einsatz kamen, wurde von dem Automobilhersteller Morris Motors Ltd. verwaltet und produzierte insgesamt mehr Spitfires als alle anderen Produktionsstandorte zusammen.

Bis September 1940 erreichte das Werk Castle Bromwich seine volle Produktionskapazität, wobei viele Spitfire-Baugruppen von Unterauftragnehmern hergestellt wurden. Am 26. September zerstörte die Luftwaffe die Supermarine-Werke Woolston und Itchen bei Southampton. Nach diesem Angriff sollten drastischere Maßnahmen gewährleisten, daß sich die Spitfire-Produktion möglichst weitläufig verteilte. In vielen Regionen Englands wurden Fertigungsstätten requiriert, und in großen Garagen, kommerziellen Wäschereien, Busdepots und sogar in einer Fabrik für Dampfwalzen wurden Werkzeugmaschinen aufgestellt.

Als der Oktober kam, wurde klar, daß der Tiefpunkt in der Luftschlacht um England überwunden war. Im Verlauf des Monats kam es zwar noch zu sporadischen Feindaktivitäten, aber die Heftigkeit der Kampfhandlungen nahm stetig ab. Bis Ende Oktober hatte sich die Luftwaffe zurückgezogen, um ihre Kräfte zu sammeln und die noch verfügbaren Kampfverbände an die Fronten im Osten zu verlegen. Zwischen dem 10. Juli und dem 31. Oktober hatte die RAF 1023 Jagdflugzeuge verloren, die Reichsluftwaffe dagegen 1887 Flugzeuge, 873 davon Jagdmaschinen. Fast 30 Prozent aller RAF-Luftsiege gingen auf das Konto von Spitfire-Staffeln, ein Anteil, der ungefähr auch dem Prozentsatz der an der Front operierenden Spitfires, bezogen auf die Gesamtzahl aller RAF-Flugzeuge, entsprach. (Von allen 67 an der Luftschlacht um England beteiligten RAF-Jägerstaffeln waren 19 reine Spitfire-Verbände.)

DIE SPITFIRE ALS HOCHGESCHWINDIGKEITS-AUFKLÄRER

Schon 1939 hatte man erkannt, daß die Lösung für das Problem, zu Zwecken der Luftaufklärung in den feindlichen Luftraum zu gelangen, nur ein kleines, schnelles und hoch fliegendes Flugzeug sein konnte, das unbemerkt durch (oder über) die feindlichen Abwehrlinien ans Ziel gelangen, die gewünschten Fotos machen und bei minimalem Risiko, von einem Abfangjäger erwischt zu werden, wieder entkommen konnte. Jetzt lautete die Antwort: Die Spitfire ist ein solches Flugzeug! Bewaffnung und Panzerung wurden zugunsten von Bordkameras ausgebaut, die mit so viel Filmmaterial wie möglich bestückt wurden.

Auf diese Weise wurden zwei Spitfire Mk I zu PR-IA-Versionen umgerüstet, die man zugleich sorgfältig von allen reflektierenden Oberflächen befreite und mit einem blaßgrünen Endanstrich versah. Die ersten Einsätze mit diesen Aufklärern wurden in Höhen von mehr als 30.000 Fuß geflogen

Spitfires der Version Mk V mit verkürzter Spannweite.

und führten die Maschinen bis nach Köln, also weit in den deutschen Luftraum hinein. Die Erkenntnisse aus diesen Flügen führten zu verschiedenen Modifikationen, unter anderem zu wesentlich höher auflösenden Kameras und einem 29-Gallonen-Zusatztank hinter dem Pilotensitz. Eine weitere Neuerung war die mattblaue Lackierung, die für den Rest des Krieges zu einem Markenzeichen der meisten Aufklärer werden sollte. Mit diesen Änderungen wurde aus den Aufklärern die Version PR IB, einer Mittelstreckenversion mit einem Einsatzradius von 325 Meilen. Die PR IC war darüber hinaus mit zwei Unterflügel-Außenlastbehältern ausgerüstet, der eine mit zusätzlichen 30 Gallonen Treibstoff, der andere vollgepackt mit weiteren Kameras. Später entstand auch eine PR ID (offizielle Bezeichnung: PR IV) mit Flächentanks für zunächst 114, dann 133 Gallonen sowie mit zusätzlichem 14-Gallonen-Öltank für die erheblich längeren Flugstrecken. Letzterer machte eine wesentlich weiter gewölbte Cowling erforderlich, die zum unverwechselbaren Markenzeichen dieser Spitfire-Version wurde. Mit diesem Flugzeug wurde Stettin am 29. Oktober 1940 im Verlauf eines 5 Stunden und 20 Minuten langen Aufklärungseinsatzes fotografiert.

Weitere Varianten waren die nur in einem einzigen Exemplar gebaute PR IE, die PR IF (eine Langstreckenversion, die jedoch nur vorübergehend eingesetzt wurde, bis die PR IV zur Verfügung stand) und die PR IG. Die IG, mit der Tiefflug-Aufklärungseinsätze geflogen wurden, besaß nicht nur seitwärts gerichtete Bordkameras, sondern war auch wie die Fighterversionen mit acht Maschinengewehren zur Selbstverteidigung ausgerüstet. Die IGs wurden blaßrosa lackiert – einer Farbe, die man für besonders gut geeignet für Tiefflugeinsätze hielt. Die Verluste der Tiefflug-Aufklärerstaffeln waren manchmal allerdings erheblich. So berichtete Gordon Green, einer der an der Erkundung deutscher Marineaktivitäten beteiligten Piloten: „Während der ersten Einsätze in der Region Brest verloren wir ziemlich schnell fünf Piloten. Zwei neue Piloten starteten noch am Abend ihrer Ankunft mit Ziel Brest und kehrten nicht zurück – eine sehr ernüchternde Erfahrung für uns."

EINE SPITFIRE ALS „ÜBERGANGSLÖSUNG"

Die beharrlichen Forderungen nach immer neuen Leistungsverbesserungen führten zur Spitfire Mk III. Verschiedene Ereignisse im Verlauf ihrer Entwicklung führten jedoch dazu, daß diese Version nur in einem einzigen Exemplar gebaut wurde. Für die ersten Spitfires, die mit Motoren vom Typ Rolls-Royce Griffon ausgerüstet wurden, wurde zunächst die Bezeichnung Mk IV vergeben, die später in PR IV abgeändert wurde. Nach der Luftschlacht um England legte man den Schwerpunkt der Anforderungen auf verbesserte Flugleistungen in großer Höhe, um die Spitfire auch oberhalb von 30.000 Fuß als effizienten Jäger einsetzen zu können. Unter diesen Vorgaben entstand bald auch eine speziell konstruierte und mit Druckkabine ausgestattete Höhenversion, die Spitfire PR VI – zunächst allerdings nur auf dem Reißbrett. Bis zur Serienproduktion dieser Maschine verging einige Zeit, und die ersten Mk VI trafen erst im April 1942 an der Front ein, zu einem Zeitpunkt, als sie aufgrund der technischen Entwicklung bereits überflüssig geworden war. Die dringende Notwendigkeit, den zu erwartenden Anforderungen in den Luftkämpfen des Jahres 1941 zu begegnen, veranlaßte die RAF, eine Übergangslösung anzustreben, und diese Rolle fiel der Mk V zu. Bei den ersten Exemplaren dieser Version handelte es sich um umgebaute Maschinen vom Typ Mk I und Mk II, deren Struktur verstärkt worden war, um den leistungsstärkeren, aber auch schwereren Merlin 45 aufzunehmen, einen 1440-PS-Motor mit Einstufen-Supercharger.

Anfangs wurde die Mk V in zwei Ausführungen produziert, nämlich als VA mit der aus acht Maschinengewehren bestehenden Standardbewaffnung und als VB mit zwei Kanonen und vier Maschinengewehren. Später entstand auch noch die VC mit einem verstärkten „Universalflügel", der wahlweise mit einer dieser beiden Bewaffnungen, aber auch mit vier Bordkanonen ausgerüstet werden konnte. Zu diesem Zeitpunkt waren die Probleme mit den Ladehemmungen bei der 20-mm-Kanone behoben.

Die ersten Spitfire V aus der Serienproduktion wurden im Februar 1941 an die 92. Staffel in Biggin Hill übergeben. Bald lief die Produktion auf vollen Touren, und bis Ende 1941 waren alle am Tage operierenden Jagdstaffeln des Fighter Command auf die Mk V umgerüstet. Jetzt wandte sich Hitler den Kriegsschauplätzen im Osten zu, so daß es nicht zum erwarteten Wiederaufflammen der Luftschlacht um England kam. Statt dessen übernahmen die RAF-Jägerstaffeln eine offensivere Rolle, indem sie wiederholt Angriffe auf den von Deutschland besetzten Teil Europas flogen. Für diese Art von Einsätzen erwies sich die Mk V als bestens geeignet, was dazu führte, daß sie zur meistgebauten Spitfire-Version wurde und eine Vielzahl von Varianten hervorbrachte. Von der ursprünglich als „Überbrückungslösung" vorgesehenen Mk V wurden bis zur Einstellung der Produktion insgesamt fast 6500 Stück gebaut, die in nicht weniger als 117 RAF-Staffeln zum Einsatz kamen.

Anfänglich verlieh die Mk V den RAF-Piloten gegenüber ihren Gegnern der Reichsluftwaffe eine deutliche Überlegenheit, doch dieser Vorteil hielt nicht lange an. Noch im selben Jahr kam die Messerschmitt Bf 109F zum Einsatz, die in ihren Leistungen der Mk V ebenbürtig war und kurz darauf Verstärkung von der Focke-Wulf 190 erhielt. In Vergleichsflügen, die von der RAF im Juli 1942 zwischen der Spitfire VB und einer erbeuteten FW 190 durchgeführt wurden, stellte sich heraus, daß die deutsche Maschine mit Ausnahme ihres größeren Kurvenradius' das bessere Jagdflugzeug war: In puncto Beschleunigung, Steigrate, Höchstgeschwindigkeit (im Horizontal- und Sturzflug) sowie Rollwendigkeit war die FW 190 der Spitfire in allen Höhen deutlich überlegen. Insofern konnte die RAF wohl von Glück sagen, daß die Luftwaffe 1942 verstärkt in den Rußlandfeldzug einbezogen wurde, während sie im Westen weitestgehend eine Defensivrolle übernahm.

Der erste Auslandseinsatz von Spitfires fand im März 1942 statt, als 15 für Tropeneinsatz umgerüstete Mk VB vom Deck der vor Algier liegenden HMS *Eagle* in Richtung Malta starteten, das fast pausenlos von feindlichen Bombern angegriffen wurde. Zur Erzielung der notwendigen Reichweite – immerhin rund 1000 km – besaßen diese Maschinen zusätzliche 90-Gallonen-Abwurftanks, die unter dem Rumpf zwischen den Fahrwerksbeinen angeordnet waren. Die „Tropenausrüstung" bestand aus einer unter der Flugzeugnase montierten, langgestreckten Verkleidung, unter der sich Filter zur

Reinigung der in den Vergaserlufteinlauf strömenden und im Mittelmeerraum oft stark staubbelasteten Luft befanden. Es folgten weitere Malta-Einsätze von Flugzeugträgern aus, einige davon auch von der amerikanischen USS *Wasp* aus, einem wesentlich größeren Schiff, das im Laufe einer einzigen Operation mühelos rund 50 Spitfires in die Luft bringen konnte.

Obwohl die klobigen Luftfilter der „Tropen-"Spitfires Mk V die Leistungen der Maschine beeinträchtigten, stellten diese Jäger eine nicht zu unterschätzende Verstärkung der alliierten Streitkräfte in Mittelmeerraum dar. Spitfires dieser Version wurden auch von den USAAF-Jagdfliegergruppen 31 und 52 während der Nordafrika-Invasion der Alliierten im November 1942 geflogen.

Die amerikanischen Piloten, die ihre Spitfires sehr schätzten, flogen dieses Muster während der Gefechte in Nordafrika und Sizilien. Allerdings stiegen sie im Frühjahr 1944 in Italien – keineswegs immer freiwillig – auf die North American P-51 Mustang um. Bill Skinner von der 31. Fighter Group formulierte einmal, wie viele seiner Kameraden über die Spitfire dachten: „Die Spitfire war ein absolut problemloses Flugzeug, das zu fliegen einfach Spaß machte! Es sah prima aus, war seinem Piloten sofort vertraut und hatte ein angenehmes Flugverhalten – in diesem Flugzeug fühlte man sich nach kürzester Zeit rundum wohl."

Einer von Skinners Kameraden von der 31. FG war Jerry Collinsworth, mit sechs abgeschossenen FW 190 ein echtes Spitfire-Fliegeras. Er erinnerte sich an seine erste Begegnung mit der Spitfire nach seiner Ankunft in England: „Noch nie zuvor hatte ich eine Spitfire aus der Nähe gesehen. Sie sah klein und empfindlich aus, und als ich die Tragfläche versuchsweise in Schwingungen versetzte, hatte ich den Eindruck, daß dieses Flugzeug viel zu zerbrechlich für einen Fighter sein mußte. Doch in der Luft sah die Sache anders aus: War das Fahrwerk erst einmal eingefahren, war die Spitfire in ihrem Element – ein hervorragendes Kampfflugzeug!"

Außer den Spitfire Mk VB, die von der USAAF geflogen wurden, wurden noch 143 dieser Versionen an die sowjetische Luftwaffe geliefert, wobei der Iran 1943 als Transitland diente. Auch andere ausländische Luftstreitkräfte erhielten Maschinen dieses Typs, so z.B. die Türkei, Portugal, Italien, Jugoslawien und Ägypten. Spitfires der Serie Mk V operierten auf allen Schauplätzen des Zweiten Weltkrieges und tauchten auch im Fernen Osten erstmals im Jahr 1943 auf, als die 54. Staffel, die zur Verteidigung Australiens nach Darwin abkommandiert worden war, gegen japanische Bomberangriffe eingesetzt wurden.

Die Mk V wurde während ihrer gesamten Laufbahn mit den unterschiedlichsten Modifikationen versehen, die oft bestimmte Leistungsdaten bei speziellen Missionen verbessern sollten. Die hauptsächlich für Tiefflugeinsätze vorgesehenen Maschinen (mit der späteren Bezeichnung LF V) hatten beispielsweise eine geringere Spannweite, was nicht nur die Rollwendigkeit erhöhte, sondern auch die Beschleunigung steigerte und eine höhere Geschwindigkeit im Sturzflug unterhalb von 10.000 Fuß ermöglichte. Der Merlin 50M mit seinem etwas kleiner dimensionierten Supercharger

Spitfire Mk V mit Tropenluftfilter und einer 250-lb-Bombe.

SCRAMBLE! Piloten der 31. USAAF-Staffel eilen zu ihren Spitfires.

Spitfire Mark VII.

Spitfires Mark IX über der italienischen Küste.

leistete 1585 PS in 3800 Fuß. Einige Spitfires VC waren auch mit Bombenschächten ausgestattet. Eine allgemeinere, aber sehr willkommene Entwicklung war die Ausstattung des Merlin-Motors mit einem Vergaser, der auch negative G-Belastungen vertrug. Dieser, so hieß es im RAF-Versuchsbericht, ...“macht die Spitfire zu einem weitaus besseren Waffensystem.“

NOCH EINE HASTIGE ÄNDERUNG

Das Erscheinen der Focke-Wulf 190 vor Ablauf des Jahres 1941 führte zu einer Serie von Verlusten bei den Spitfire-Staffeln, die über dem Kontinent operierten, und dieser Umstand brachte die Planungen für die Weiterentwicklung des britischen Jagdflugzeugs bald durcheinander. Ursprünglich hatten die nächsten an die Staffeln übergebenen Spitfires Maschinen der Versionen Mk VII und Mk VIII sein sollen. Die Mk VII war als Höhenkampfflugzeug ausgelegt und besaß eine verstärkte Zelle, ein einziehbares Spornrad, ein druckbelüftetes Cockpit und spitz zulaufende Tragflächen, die die Spannweite von 11,27 m auf 12,24 m vergrößerten. Angetrieben wurde sie von einem Merlin 61 mit Zweistufen-Supercharger. Als die Mk VII Ende 1942 an der Front eintraf, stellte sich jedoch heraus, daß sie gegenüber anderen Spitfires nur unwesentliche Vorteile bot, so daß von dieser Version nur 140 Stück gebaut wurden.

Zur Hauptversion der Serienproduktion sollte die Mk VIII werden, die mit der verstärkten Zelle der Mk VII ausgerüstet war und ebenfalls ein Triebwerk vom Typ Merlin 61 besaß, aber nicht über eine Druckkabine verfügte und die herkömmliche Spitfire-Spannweite aufwies. Leider hatte die für die Produktion erforderliche Umrüstung auf neue Werkzeuge zur Folge, daß die Mk VIII nicht vor Ende 1942 ausgeliefert werden konnte. Die mit der Bedrohung durch die FW 190 konfrontierte RAF benötigte leistungsstärkere Spitfires jedoch deutlich früher. Die Lösung war die Spitfire IX.

Zwei Spitfire VC wurden eilig so modifiziert, daß sie mit dem 1560 PS starken Merlin 61 ausgerüstet werden konnten, und wurden auf diese Weise zu den ersten Spitfire Mk IX. Die Flugerprobung mit diesem neuen Fighter wurde zu einer wahren Offenbarung. Der Bericht schloß mit der Feststellung: „Die Leistungen der Spitfire IX sind bedeutend besser als die der Spitfire V, vor allem in Höhen über 20.000 Fuß. Im Horizontalflug ist die Spitfire IX erheblich schneller, und auch die Steigrate ist hervorragend... Ihre Wendigkeit ist in Höhen bis 30.000 Fuß ebenso gut wie die der Spitfire V und in größeren Höhen wesentlich besser. In 38.000 Fuß erreicht sie eine wahre Eigengeschwindigkeit von 368 mph und ist dabei noch so gut beherrschbar, daß sie voll kampftauglich ist.“ (In 28.000 Fuß wurde übrigens eine wahre Eigengeschwindigkeit von 409 mph gemessen.) Noch erfreulichere Berichte folgten im Juli 1942, als eine voll einsatzfähige Spitfire IX zu einem Vergleichsfliegen gegen eine erbeutete FW 190 antrat. Obwohl die FW 190 den Vorteil ihrer höheren Rollwendigkeit aufrechterhalten konnte und auch geringfügig besser beschleunigte, war die Mk IX in allen Höhen schneller als das deutsche Kampfflugzeug. Bis 22.000 Fuß erreichte die Spitfire die gleiche Steigrate wie die FW 190; darüber ließ sie die gegnerische Maschine klar hinter sich. Viele FW-190-Piloten mußten nun erkennen, daß die Tage ihrer unbestrittenen Luftüberlegenheit gezählt waren. Die ersten Spitfires der Version IX trafen im Juni 1942 auf dem RAF-Stützpunkt Hornchurch bei London ein, wo die 64. Staffel stationiert war, und in den folgenden Monaten wurden weitere Staffeln in rascher Folge auf die Mk IX umgerüstet. Die 133. „Eagle“-Staffel erhielt ihre IX-Spitfires im August und September, und einer ihrer amerikanischen Piloten notierte: „Am 26. August absolvierte ich meinen Erstflug in einer Mk IX – einer wahren Schönheit! Im Vergleich zur alten Mk V, die über 20.000 Fuß deutlich an Steigleistung verlor, ging es mit der Mk IX dank des stärkeren Merlin-Motors und des Zweistufenladers einfach nur aufwärts.“

Zu den bevorzugten Zielen der Spitfire IX gehörten die extrem hoch fliegenden Bomber. 1942 begann die Luftwaffe, Großbritannien mit einzelnen Junkers 86 anzugreifen, die höher als 40.000 Fuß flogen und damit für jeden Abfangjäger unerreichbar waren. Daher wurde eine Spezialeinheit aufgestellt, die dieses Problem mit Spitfires der Version Mk IX lösen sollte. Aus diesen Maschinen wurden die Panzerung und alle Waffen mit Ausnahme zweier 20-mm-Bordkanonen ausgebaut. Am 12. September 1942 nahm Pilot Officer Prince Emanuel Galitzine in einer dieser Spitfires über Southampton die Verfolgung einer Ju 86 auf. Tatsächlich gelang es ihm, den Bomber in 43.000 Fuß anzugreifen, doch die linke Bordkanone der Spitfire versagte bereits beim ersten Feuerstoß. Weitere Angriffsversuche unter Verwendung der rechten Kanone folgten, doch bei jedem Feuerstoß fiel die Spitfire zurück, so daß der Ju 86, die nur einen einzigen Treffer abbekommen hatte, die Flucht gelang. Doch diese Warnung genügte: Nachdem nun klar war, daß die Bomber nicht mehr immun waren, stellte die Luftwaffe ihre aus großer Höhe geflogenen Bombenangriffe ein. Dieses Abfangmanöver wurde übrigens in größerer Höhe geflogen als jeder andere Luftkampf des Zweiten Weltkriegs.

Für ihre konventionelleren Operationen war die Mk IX für die Spitfire-Staffeln ein Geschenk des Himmels. „Johnnie“ Johnson, der erfolgreichste überlebende Jagdflieger der RAF, schrieb über seine Reaktion auf den ersten Flug mit der Mk IX: „Wegen der Überlegenheit der FW 190 flogen wir [mit der Mk V] kaum über die französische Küste hinaus. Zwar konnte die Spitfire enger kurven, aber irgendwann muß man ja auch geradeaus fliegen... [Die Spitfire IX] war ein enormer technischer Fortschritt. Nachdem ich ein Jahr lang in der Spitfire V gegen die Focke-Wulf gekämpft hatte, startete ich erstmals mit einer Mk IX von Kenley aus, und irgend jemand fragte mich, was ich von diesem Flugzeug hielt. Ich sagte ihm: *Ich werde überleben, verdammt nochmal! Jetzt haben wir eine Maschine, mit der wir es ihnen zeigen werden!*

Wie schon die als „Provisorium“ vorgesehene Spitfire Mk V, so wurde auch die Mk IX in großen Stückzahlen und in den unterschiedlichsten Varianten gebaut. Die LF IX mit verkürzter Spannweite besaß einen Merlin 66 mit 1720 PS, der 150-Oktan-Benzin benötigte. Dieser Motor entwickelte seine

Group Captain „Johnnie“ Johnson.

Höchstleistung bei der niedrigeren Superchargerstufe (MS-Betrieb) in 2800 und bei der höheren Superchargerstufe (FS-Betrieb) in 13.800 Fuß. In letzterer Höhe erreichte die LF IX eine wahre Eigengeschwindigkeit von 389 mph. Die Version HF IX wurde von einem 1710 PS starken Merlin 70 angetrieben, dessen Höchstleistung in 14.600 Fuß (MS-Betrieb) bzw. 25.400 Fuß (FS-Betrieb) zur Verfügung stand, wobei die wahre Eigengeschwindigkeit in 25.400 Fuß bei 405 mph lag. Diese Zahlen ließen kaum vermuten, daß die IX-Versionen nennenswert leistungsfähiger waren als eine Standard-Spitfire Mk IX, aber die HF IX stieg mehr als fünf Minuten schneller auf 36.000 Fuß, und ihre Dienstgipfelhöhe lag ohne irgendeine Modifikation bei mehr als 43.000 Fuß. Sowohl die LF- als auch die HF-Ausführung der IX hatten ein Höchstabfluggewicht von rund 7400 lbs, waren also mehr als eine Tonne schwerer als der Prototyp K5054.

Während ihrer Entwicklung flossen in die Spitfire IX zahlreiche Änderungen und Verbesserungen ein. So wurden zusätzliche Tanks in den hinteren Teil des Rumpfes eingebaut, und gegen Ende der Serie wurde die herkömmliche Haube von einer geblasenen Ausführung abgelöst. Die vielleicht augenfälligste Änderung wurde in der Mitte der Serienproduktionsphase vorgenommen und betraf die Form des Leitwerks. Dabei wurde die vertraute Seitenflosse mit der abgerundeten Spitze von einer spitzer zulaufenden Flosse mit größerer Profiltiefe abgelöst. Auch der Standardflügel der Mk IX unterschied sich von der bisherigen Bauform; er konnte entweder mit vier 20-mm-Kanonen oder mit zwei Kanonen und vier Maschinengewehren vom Kaliber 0,5 Zoll bestückt werden.

1944 schließlich konnte der inzwischen verfügbare Merlin 266 an das Werk Castle Bromwich ausgeliefert werden. Bei diesem Motor handelte es sich um einen für geringe Höhen optimierten Merlin 66, der von Packard Motor Company in den USA in Lizenz gefertigt wurde. Obwohl sich der Packard-Motor nur geringfügig von dem entsprechenden Rolls-Royce-Modell unterschied, erhielten die damit ausgerüsteten Spitfires die eigene Bezeichnung Mk XVI. Die Versionen IX und XVI wurden insgesamt in 5656 bzw. 1054 Exemplaren gebaut. Rechnet man die 280 zur Mk IX umgerüsteten Maschinen vom Typ V hinzu, wurde diese Serie mit fast 7000 Exemplaren zur meistgebauten Version der Spitfire-Familie. Sie wurde keineswegs nur von der RAF und der USAAF geflogen: 1188 Maschinen wurden auch an die Sowjetunion geliefert, und viele setzten ihre militärische Laufbahn nach dem Krieg in den Luftstreitkräften zahlreicher anderer Staaten fort, so z.B. denen von Norwegen, Dänemark, Holland, Griechenland, der Tschechoslowakei und Israel. Die kanadischen, australischen und neuseeländischen Staffeln nahmen ihre Flugzeuge nach Kriegsende in der Regel mit nach Hause, wo sie den Kernbestand ihrer jeweiligen Luftstreitkräfte bildeten.

SCHNELLERE FOTOAUFKLÄRER

Die wesentlich verbesserten Leistungen der Spitfire IX führten fast unmittelbar zum Einsatz dieses Flugzeugs in der Luftaufklärung. Einige wenige Maschinen wurden zu Aufklärern umgerüstet, die teils in großen Höhen (PR IX), teils aber auch im Tiefflug (FR IX) operierten. Mit einer PR IX der 542. Staffel wurden beispielsweise die Fotos von der geborstenen Möhnesee-Staumauer gemacht, die durch den berühmten Springbomben-Tiefflugangriffs der 617. Staffel zerstört worden war. Später wurden weitere hochspezialisierte Aufklärungs-Spitfires – PR-Maschinen der Versionen Mk X, Mk XI und Mk XII – gebaut. Die Mk XI erreichte in der Flugerprobung eine wahre Höchstgeschwindigkeit von 417 mph in 24.000 Fuß. Die Zelle der Spitfire war inzwischen berühmt für ihre hohen Geschwindigkeiten geworden, und viele der bemerkenswertesten Geschwindigkeitswerte wurden im Sturzflug erreicht, wobei sich die Maschine der Schallgeschwindigkeit stärker näherte als je zuvor. Im Frühjahr 1944 wurde eine Spitfire PR XI ausgewählt, mit der Steuerungsprobleme bei hohen Machzahlen erforscht werden sollten. Am 27. April 1944 hatte „Marty“ Martindale eine Geschwindigkeit von Mach 0,89 (entsprechend einer wahren Eigengeschwindigkeit von 606 mph) erreicht, als „...sich eine furchtbare Explosion ereignete und das Flugzeug von weißem Rauch eingehüllt und zugleich heftig durchgeschüttelt wurde.“ Nachdem Martindale festgestellt hatte, daß die Maschine immer noch flugfähig war und sich einige Lücken in dem anfangs geschlossenen Ölfilm auf der Haube zeigten, kurvte er zur Landung in den Queranflug. Eine Bruchlandung schien unvermeidlich, denn „...der Motor stand, und der Propeller war nicht zu sehen. Bruchstücke des Motors ragten aus der Cowling, und der Motor selbst schien sich seitlich verscho-

Fotoaufklärer Spitfire PR XI.

Von links: Group Captain A.G. Malan (Südafrika), Squadron Leader Jack Charles (Kanada) und Wing Commander A.C. Deere (Neuseeland).

ben zu haben." Martindale gelang es tatsächlich, mit ausgefahrenem Fahrwerk in Farnborough zu landen, und stellte anschließend fest, daß der gesamte Propeller und das Untersetzungsgetriebe weggebrochen waren. Außerdem ragte eine Verbindungsstange aus dem Kurbelgehäuse, und eine der Motoraufhängungen war verbogen. Und als ob das alles nicht schon gereicht hätte, passierte Martindale schon im nächsten Monat etwas ganz Ähnliches, als ein Supercharger bei 600 mph zu Bruch ging und der Motor Feuer fing. Diesmal hatte er nicht so viel Glück: Die Spitfire stürzte in einen Wald, wobei sich Martindale mehrere Rückgratverletzungen zuzog. Für seinen Einsatz wurde Martindale später mit dem Air Force Cross ausgezeichnet.

Mehrere PR XI wurden an die USAAF geliefert, wo sie zur Fotoauswertung von Angriffen der 8th Air Force eingesetzt wurden. Der Supermarine-Fighter war für seine geringe Reichweite berüchtigt, aber in der Rolle des Aufklärers konnte er überraschend große Entfernungen zurücklegen. Im März 1944 beispielsweise flog eine PR XI der 7th Reconnaissance Group von England nach Berlin, um die Auswirkungen der am vorangegangenen Tag auf die deutsche Hauptstadt geflogenen Bombenangriffe zu fotografieren, eine Mission, die nicht weniger als 4 Stunden und 18 Minuten reine Flugzeit in Anspruch nahm. Während dieses Einsatzes wurde die hoch fliegende Spitfire von drei speziell umgerüsteten Bf 109 angegriffen. Als der Spitfire-Pilot Walt Weitner sie von hinten anfliegen sah, widerstand er der Versuchung, den Zusatztank abzuwerfen. Statt dessen"...schob ich den Gashebel so weit wie möglich nach vorn, ohne jedoch die Motor-Notstufe zu aktivieren, nahm die Nase hoch und begann zu steigen. In 41.500 Fuß ging ich in den Horizontalflug, und meine angezeigte Geschwindigkeit stieg auf 178 mph, was einer wahren Eigengeschwindigkeit von etwa 360 mph entsprach. Nach einer Weile, die mir wie eine Ewigkeit vorkam, in Wirklichkeit aber nur zwei oder drei Minuten dauerte, fielen die deutschen Jäger allmählich ab und verschwanden schließlich aus meinem Blickfeld. Wären sie näher gekommen, hätte ich noch die Motor-Notstufe gehabt, um sie abzuschütteln. So weit kam es aber nicht."

PERFEKTES ZUSAMMENSPIEL: MERLIN UND SPITFIRE

Im Laufe der Zeit waren die nötigen Vorbereitungen zur Produktion der Spitfire VIII abgeschlossen, und dieses Muster löste die Mk IX als die von den Supermarine-Werken produzierte Version ab. Das Werk Castle Bromwich baute weiterhin die Mk IX. Eigentlich unterschieden sich die Flugleistungen beider Versionen kaum, aber dennoch bevorzugten einige erfahrene Piloten die VIII. Supermarine-Cheftestpilot Jeffrey Quill sah es so: „Wenn ich gefragt werde, welche Spitfire-Version ich unter rein fliegerischen Gesichtspunkten für die beste halte, nenne ich normalerweise die Mk VIII mit den Standard-Flächenspitzen." Von dieser Version wurden 1658 Exemplare gebaut, die bei rund 30 Staffeln im Mittelmeerraum und in Fernost ausgiebig zum Einsatz kamen.

DER GRIFFON KOMMT

So unbestritten erfolgreich, anpassungsfähig und langlebig der Merlin-Motor auch war, so klar war den Ingenieuren von Rolls-Royce aber auch, daß über kurz oder lang mehr Motorleistung benötigt werden würde als aus diesem 27-Liter-Triebwerk herauszuholen war. Daher hatte man schon in einer frühen Phase des Zweiten Weltkriegs mit der Entwicklung eines neuen 12-Zylinder-Motors mit der Bezeichnung Griffon begonnen, der auf dem Merlin basierte, jedoch einen Hubraum von 36,7 Litern hatte. Durch geschickte konstruktive Maßnahmen gelang es, die Griffon-Querschnittsfläche trotz des viel größeren Hubraumes nur um ganze sechs Prozent – bezogen auf den Merlin – zu vergrößern. Die Länge nahm ebenfalls nur um den vernachlässigbar geringen Betrag von drei Zoll zu, und auch das Gewicht lag um lediglich 600 lbs über dem des Merlin.

Spitfire Mark XIV.

Was beim Werdegang der Griffon-Spitfire am meisten verwirrt, ist das Jonglieren mit den vielen Seriennummern, die den ersten Exemplaren zugeordnet wurden. Die Zelle für die erste Griffon-Version stammte von einer Mk III, aus der anschließend eine Mk IV wurde, nachdem sie mit einem Griffon IIB ausgerüstet worden war. Diese Bezeichnung wurde wiederum in Mk XX abgeändert, um eine Verwechslung mit der PR IV zu vermeiden, und aus irgendeinem unerfindlichen Grund wurde auch diese später noch einmal in Mk XII geändert. Im Rahmen der Bemühungen des Jahres 1942, der FW 190 etwas Vergleichbares entgegenzusetzen – insbesondere den Kampfbombern vom Typ FW 190A, die den Briten an der englischen Südküste durch unablässige Angriffe zu schaffen machten –, veranlaßte die RAF-Führung die Serienproduktion der Spitfire XII, von denen die ersten Exemplare im Februar 1943 bei der Truppe eintrafen. In Testflügen hatte die Mk XII überzeugend nachgewiesen, daß sie in geringen Höhen schneller war als die FW 190 und die Hawker Typhoon, und 1944 erwies sie sich als erfolgreich beim Abfangen und Abschießen von „doodle bugs", den auf London abgeschossenen deutschen V1-Flugbomben. Doch so schnell die Spitfire XII auch im Tiefflug war – in größeren Höhen konnte sie es mit den Merlin-Spitfires nicht aufnehmen. Dies war darauf zurückzuführen, daß sie in aller Eile in die Serienproduktion gegangen war und dabei mit frühen Versionen des Griffon-Motors ausgestattet wurde, der noch über einen einstufigen Supercharger verfügten. 1943 standen auch zweistufige Supercharger zur Verfügung, und der Griffon 61 trat auf den Plan. Sechs Mk VIII wurden für den Einbau dieses Motors umgerüstet und dienten als Prototypen für die Spitfire XIV. Die auffallendsten äußeren Merkmale der Griffon-Spitfires waren die längere Nase und die Hutzen in der zuvor glatten Cowling – Änderungen, die unvermeidlich waren, um Platz für den größeren Motor, die tieferen Kühllufteinläufe unter beiden Tragflächen und das wesentlich weiter vorstehende Spinnergehäuse, aus dem ursprünglich die Blätter eines Fünfblattpropellers ragten, zu schaffen. Ein weiterer absonderlicher Unterschied zwischen den Griffon- und den Merlin-Spitfires bestand darin, daß Rolls-Royce für den Griffon eine andere Drehrichtung als für den Merlin gewählt hatte. Unvorsichtige Spitfire-Piloten, die an den Merlin gewöhnt waren, konnten leicht davon überrascht werden, daß die Griffon-Version die Tendenz hatte, beim Start nicht nach links, sondern nach rechts auszubrechen.

Die ersten Spitfire XIV aus der Serienproduktion wurden gegen Ende 1943 ausgeliefert und waren Anfang 1944 in den Kampfverbänden einsatzbereit. Sie waren mit dem 1050 PS starken Griffon 65 motorisiert und hatten im Vergleich zur Spitfire IX Flugleistungen, die einen ebenso großen Fortschritt darstellten wie gegenüber der Mk V. Die wahren Höchstgeschwindigkeiten lagen in 5000 Fuß bei 391 und in 26.000 Fuß bei 448 mph; die Dienstgipfelhöhe betrug 44.500 Fuß. Nach Ver-

Spitfire Mark 22.

gleichstests mit Flugzeugen der Muster Spitfire IX, Tempest V, Mustang, FW 190 und Bf 109G kam man zu der Überzeugung: „[Die Spitfire] hat von allen heutigen Kampfflugzeugen die besten Gesamtflugleistungen, wenn man von der Reichweite absieht."

Die Spitfire XIV stellte als eine der schnellsten Jagdmaschinen des Zweiten Weltkriegs ihre Qualitäten bei Einsätzen gegen die V1-Flugbomben wiederholt unter Beweis. Zugleich war sie das erste Flugzeug der RAF, mit dem der Abschuß eines Kampfjets vom Typ Messerschmitt 262 gelang. Die Mk XIV wurde in 957 Exemplaren gebaut, von denen viele an Staffeln gingen, die gegen Kriegsende in Fernost stationiert waren. Bei der Neuformierung der Royal Auxiliary Air Force im Jahr 1946 wurde die Spitfire XIV vorübergehend zum Standard-Kampfflugzeug, und die 612. Staffel „County of Aberdeen" behielt ihre Spitfires noch bis Juli 1951. Andere Mk XIV gelangten nach dem Zweiten Weltkrieg nach Belgien, Indien und Thailand.

Sowohl die XIV als auch ihr fast identisches Schwestermodell Mk XVIII wurden in Versionen als reine Jäger und als Jagdaufklärer (FR) gebaut, wobei die FR-Version im hinteren Teil des Rumpfes mit Kameras bestückt war. Bis die Spitfire XVIII – mehr oder weniger nichts anderes als eine verstärkte und besser ausgerüstete Spitfire XIV – einsatzfähig war, war der Zweite Weltkrieg vorüber; in gewissem Umfang aber wurde diese Version 1950 im Malaysia-Aufstand eingesetzt. Die Mk XVIII war die letzte Spitfire, die noch mit dem unverkennbaren rein elliptischen Flügel flog, der einst von Reginald Mitchell entwickelt worden war.

Die Spitfire PR XIX war mehr als ein Jahr vor der Mk 18 aufgetaucht. (Übrigens wurde die römische Numerierung der Spitfire-Versionen von der Mk 21 an und für die Mk 18 nach 1945 zugunsten der arabischen Numerierung aufgegeben.) Die Mk 18 war ein Aufklärer mit außerordentlichen Fähigkeiten und verfügte zum einen über die Treibstofftanks und Kameras der Mk XI und zum anderen über den Griffon-Motor der Mk XIV sowie die Druckkabine der Mk X. Sie konnte bei 370 mph mühelos eine Reiseflughöhe von 40.000 Fuß halten und erreichte in Übungen nach dem Krieg bei Zielanflügen nicht selten Höhen von 49.000 Fuß. Erst mit der MiG-15 und der F-86 erschienen Kampfflugzeuge, die mit realistischen Erfolgsaussichten Abfangmanöver auf die PR XIX fliegen konnten.

ALLES GUTE HAT EINMAL EIN ENDE

Als der Rolls-Royce Griffon erstmals für den praktischen Einsatz vorgeschlagen wurde, war dem Supermarine-Konstrukteurteam unter der Leitung von Joseph Smith schnell klar, daß zur Ausnutzung des vollen Potentials dieses Motors eine umfangreiche Überarbeitung der Spitfire-Zelle unumgänglich sein würde. Dieser Flugzeugentwurf erhielt die Bezeichnung Mk 21. Er entwickelte sich zu einer wesentlich stärkeren Maschine als seine Vorgänger, denn er besaß starrere Flügel, ein Fahrwerk mit vergrößerter Spurweite und längere Fahrwerksbeine, die für die durch den Fünfblattpropeller von 3,35 m Durchmesser erforderliche größere Bodenfreiheit sorgten. Die bemerkenswerteste Neuerung waren die Querruder, die im Vergleich mit den größten bisher verwendeten Querrudern um 5 Prozent größer waren. Die besondere Bedeutung dieser Querruder bestand darin, daß damit die erste größere Änderung an der grundsätzlichen Formgebung seit dem Spitfire-Prototypen vorgenommen worden war.

Welche hohen Erwartungen an die Mk 21 geknüpft waren, ließ sich daran ablesen, daß bald Aufträge über die Lieferung von rund 3000 Stück dieses Musters vorlagen. Die erste Reaktion auf die neuen Fighter allerdings war nicht gerade ermutigend. So wurde aufgrund von Erprobungsflügen Ende 1944 ein Bericht verfaßt, in dem es hieß, daß das Flugzeug unter bestimmten Bedingungen „...fast gefährlich zu fliegen" sei, und in dem des weiteren die unerwartete Empfehlung ausgesprochen wurde, daß „...die Spitfire 21 bis zur Beseitigung der Gierschwingungsneigung aus dem Flugbetrieb zurückgezogen werden sollte". Der Bericht gipfelte schließlich in der schockierenden Schlußfolgerung, daß die Spitfire Mk 21"...in ihrem gegenwärtigen Zustand wahrscheinlich kein zufriedenstellendes Flugzeug ist. Es sollten keine weiteren Versuche unternommen werden, die Entwicklung der Spitfire-Familie fortzusetzen." Die im Versuchsbericht geäußerten Warnungen waren sicherlich voreilig, veranlaßten Supermarine aber, viel Entwicklungsaufwand zur Behebung der Probleme zu treiben. So wurde eine Reihe von Modifikationen erarbeitet, und bis März 1945 war ein

Malaysia-Aufstand 1950: Ein Pilot klettert in seine Spitfire Mark 18.

Stand erreicht, in dem die Mk 21 keine Besorgnisse mehr hervorrief, wenngleich sie auch von allen Spitfires die am schwierigsten und unangenehmsten zu fliegende Version blieb. Mit Ende des Krieges wurde die Produktion schließlich eingestellt, nachdem nur 120 Spitfire 21 gebaut worden waren. Während ihrer kurzen Laufbahn im Kriegseinsatz konnte die Mk 21 einen ungewöhnlichen Erfolg verbuchen: Am 26. April 1945 griffen zwei Mk-21-Piloten ein Mini-U-Boot auf Überwasserfahrt von Hoek van Holland an und versenkten es nach eigenen Angaben durch Bordkanonenbeschuß.

Die Spitfire 22 unterschied sich von der Mk 21 dadurch, daß sie einen Rumpf mit verkürztem Heck besaß und serienmäßig mit einer geblasenen Haube bestückt war. In der Serienversion hatte sie außerdem ein größeres Leitwerk, was ihre Steuerbarkeit wesentlich verbesserte. Von der Mk 22 wurden nur 278 Stück gebaut, und nur eine einzige reguläre RAF-Einheit, die im Nahen Osten stationierte 73. Staffel, flog dieses Muster. Die meisten Exemplare gingen an die Royal Auxiliary Air Force, andere an die Luftstreitkräfte von Südrhodesien, Ägypten und Syrien.

Die letzte Spitfire, die Mk 24, war eine geringfügig modifizierte Mk 22. Sie konnte mehr Treibstoff mitführen und war mit einer Kurzrohrversion der 20-mm-Kanone sowie Raketenwerfern bewaffnet. Lediglich 54 Stück wurden gebaut; weitere 27 entstanden durch Umrüstung von Maschinen der Vorgängerversion Mk 22. Als einzige RAF-Einheit flog die 80. Staffel die Mk 24, zuerst von Gütersloh, später von Hong Kong aus. Spitfires vom Typ Mk 24 blieben bei der Hong Kong Auxiliary Air Force bis 1955 im Einsatz.

Reginald Mitchells geniale Konstruktion hatte sich über Jahre hinweg bewährt und alle anfänglichen Wachstumserwartungen erfüllt. Schon als die Spitfire 1935 zum Erstflug startete, konnte sie mit Recht für sich in Anspruch nehmen, das beste Kampfflugzeug der Welt zu sein, und noch 1948, als die letzte Mk 24 ausgeliefert wurde, gehörte sie unter allen kolbenmotorgetriebenen Fightern zur ersten Wahl. Es ist interessant, sich einmal die Kenndaten der ersten und der letzten eingesetzten Spitfire im Vergleich anzusehen:

	Spitfire I **Spitfire 24**
Abflugmasse	5935 lbs **10.100 lbs**
Treibstofftanks	84 Gallonen **86 Gallonen**
Triebwerk	RR Merlin II, 1030 PS **RR Griffon 85, 2050 PS**
Höchstgeschwindigkeit	355 mph in 19.000 Fuß **454 mph in 26.000 Fuß**
Steigrate	30.000 Fuß in 16 Minuten **30.000 Fuß in 9 Minuten**
Dienstgipfelhöhe	34.000 Fuß **43.000 Fuß**
Reichweite	500 Meilen **580 Meilen**
Bewaffnung	Acht Maschinengewehre Kaliber 0,303 **Vier 20-mm-Bordkanonen, Raketen**

SPITFIRE: EIN THEMA MIT VARIATIONEN

Während ihrer gesamten Laufbahn erwies sich die Spitfire als sehr flexibel einsetzbar. So verwundert es nicht, daß neben den zentralen Entwicklungsprojekten auch immer wieder Vorschläge vorgebracht wurden, die den Einsatz der Spitfire für eher ungewöhnliche Missionen befürworteten. Einer der ersten Vorschläge betraf den Bau einer „Speed Spitfire", einer abgespeckten Mk I mit blau-silberner Rennlackierung und aerodynamisch optimiertem Cockpitbereich. Damit sollte 1939 der Versuch gemacht werden, einen Wettbewerb zu gewinnen, bei dem es darum ging, den bestehenden Geschwindigkeitsweltrekord für Landflugzeuge zu schlagen. Als Motor sollte eine Sprintversion des Merlin verwendet werden, der kurzzeitig über 2000 PS entwickelte. Es wurden auch tatsächlich Flugversuche unternommen, in denen das Flugzeug in 3000 Fuß eine Geschwindigkeit von 408 mph erreichte. Das Projekt wurde jedoch begraben, als es den Deutschen gelang, mit einer Heinkel 100 einen neuen Rekord von 463 mph aufzustellen, der bald darauf auch noch von einer Messerschmitt 209 auf 469 mph hochgeschraubt wurde. Mit dem Ausbruch des Krieges wurde die Speed Spitfire zu einem „Hochgeschwindigkeits-Wrack", und als solches wurde sie schließlich 1946 verschrottet.

Mehrere Spitfires wurden mit gegenläufigen Propellern ausgestattet – ein Versuch, die verfügbare Motorleistung möglichst wirkungsvoll umzusetzen und zugleich die Probleme in den Griff zu bekommen, die mit dem Motordrehmoment und den Kreiseleffekten des Propellers einhergingen. Mindestens fünf Mk IX mit einem Merlin 77 und mehrere mit einem Griffon bestückte Spitfire-Versionen flogen zu unterschiedlichen Zeitpunkten mit gegenläufigen Propellern der Firma Rotol. Die Berichte klangen fast ausnahmslos enthusiastisch und hoben besonders hervor, wie einfach es mit diesen Propellern war, saubere Kurven ohne Schieben und Schmieren zu fliegen. Trotzdem fanden die gegenläufigen Propeller nie den Weg in die Serienproduktion, da sie zum Zeitpunkt der Flugversuche als nicht zuverlässig genug für den allgemeinen Einsatz in der Truppe eingestuft wurden und unbestreitbar ziemlich schwer waren.

Andere Flugversuche wurden mit Spitfires unternommen, die mit Schwimmern und Skis versehen waren, und man testete verschiedene Alternativverfahren zur Steigerung der Reichweite bei Überführungsflügen. Neben konventionellen Zusatztanks untersuchte man das Konzept des sogenannten „Malinowski-Trailers", bei dem es sich um einen mit Auftriebsflächen ausgestatteten Tank handelte, der von einer Spitfire geschleppt wurde und über Ausleger mit dem Schleppflugzeug verbunden war, die jeweils mittig an deren Tragflächen gekoppelt waren. Diese interessante Idee kam jedoch nie über das Entwurfsstadium hinaus. Vielleicht noch absonderlicher war ein Konzept, nach dem die Spitfire mit stillgelegtem Triebwerk von einem größeren Flugzeug geschleppt werden sollte. Auch dieses Verfahren wurde in der Praxis mit einer Mk IX getestet, die von einem Wellington-Bomber geschleppt wurde, aber die Belastung für den Spitfire-Piloten, der unentwegt zu kämpfen hatte, um seine Maschine stabil hinter der Wellington zu halten, erwies sich als so groß, daß dieses Verfahren als praktisch nicht durchführbar aufgegeben wurde.

Während des größten Teils ihrer Karriere hielt man es nicht für notwendig, eine zweisitzige Trainerversion der Spitfire zu bauen, denn die jungen RAF-Piloten hatten im allgemeinen wenig Schwierigkeiten, direkt von der Harvard auf die Spitfire umzusteigen. Allerdings wurde während des Zweiten Weltkriegs von der im Nahen Osten stationierten 261. Staffel – gewissermaßen „vor Ort" – eine solche Modifikation vorgenommen,

Start einer Spitfire Mark IX zu einem Probeflug als Wasserflugzeug.

Spitfire Mark VIII in der Trainerversion.

ebenso in der Sowjetunion, wo mehrere Mk IX zu Trainern umgebaut wurden. Nach dem Krieg nahmen die Supermarine-Ingenieure an einer Mk VIII eine ehrgeizigere Umrüstung vor, zu der die Verlagerung des normalen Cockpits um 13 Zoll nach vorn und der Einbau eines erhöht angeordneten zweiten Cockpits unmittelbar dahinter gehörten. Die RAF hatte kein Interesse an diesem Spitfire-Trainer; Bestellungen kamen jedoch von den Luftstreitkräften anderer Länder wie z.B. Indien, Holland und Ägypten.

SPITFIRE-SEEVERSIONEN

Die Geschichte der Spitfire wäre unvollständig, würde man nicht wenigstens kurz die schiffsgestützte Version dieses Flugzeugs erwähnen – die Seafire. Grundsätzlich hatte die Seafire, das Jagdflugzeug des Fleet Air Arm, große Ähnlichkeit mit ihrem RAF-Pendant, natürlich unter Berücksichtigung der für den Einsatz an Bord von Schiffen offensichtlich notwendigen Modifikationen. Kurz nach Beginn des Zweiten Weltkriegs war die Luftverteidigung der Royal Navy wenig beeindruckend und bestand aus so veralteten Flugzeugen wie der Sea Gladiator, der Skua und der Fulmar, von denen keine schneller als 250 mph flog. Um dieses Manko auszugleichen, wurden zunächst von der U.S. Navy einige Flugzeuge des Typs Wildcat (oder „Martlet") beschafft, doch langfristig konnte die Lösung nur ein eigenes Jagdflugzeug auf der Basis der Spitfire sein.

Die ersten Spitfires, die Anfang 1942 bei der Navy eintrafen, waren umgerüstete Mk VB. Um die Maschinen „seetüchtig" zu machen, erhielten sie Marinefunkgeräte, Fanghaken und Kupplungen für Katapultstarts. Die „echten" Marine-Spitfires – Seafires des in 166 Exemplaren gebauten Typs IB – wurden überwiegend von Küstenstationen aus zu Übungszwecken eingesetzt. Ihnen folgten 372 Seafire IIC (umgebaute Mk VC). Diese Maschinen gehörten zu neu aufgestellten Staffeln, die im September 1942 zur Marine verlegt wurden. Eine von ihnen war die 885. Staffel, die ab Oktober an Bord der HMS *Formidable* stationiert war und im November Luftunterstützung für die Landung der Alliierten in Nordafrika flog.

Bei der Seafire III, ausgerüstet mit dem leistungsstärkeren 1585-PS-Motor Merlin 55, wurde die Umrüstung auf Marineflugbetrieb noch einen Schritt weiter geführt, indem die Maschine Klappflügel erhielt. Zu diesem Zeitpunkt wurde das Beiklappen der dreiteiligen Flügel noch von Hand durchgeführt und erforderte ein Team von fünf Mann, aber es trug dazu bei, wertvollen Platz an Bord der Schiffe zu sparen. Die ersten Seafire III waren im November 1943 bei der 894. Staffel einsatzbereit. Im Mai darauf flogen diese Maschinen zusammen mit denen der 887. Staffel von der HMS *Indefatigable* Luftunterstützung für Bomberangriffe auf das deutsche Schlachtschiff *Tirpitz*, das in den norwegischen Fjords operierte.

Die erste Seafire, die von einem Griffon-Motor angetrieben wurde, war die Mk XV. Diese Version besaß außerdem einen geraden Fanghaken, der nur noch an einem einzigen Punkt befestigt war und den bei früheren Seafires verwendeten Fanghaken ablöste, der als A-förmiger Rahmen aufgebaut war. Allerdings traf die Mk XV erst 1947 bei der Truppe ein und kam daher nicht mehr zum Kriegseinsatz. Parallel zur Mk XV wurde die Seafire Mk XVII produziert, die über ein wesentlich verbessertes 24-Volt-Bordnetz verfügte und ein für die zahlreichen Decklandungen ausgelegtes und viel stabileres Fahrwerk besaß. Die letzten drei Seafires waren die Mk 45, die Mk 46 und die Mk 47, die im wesentlichen den Spitfire-Versionen Mk 21, Mk 22 und Mk 24 entsprachen. Die meisten Seafire Mk 47 hatten gegenläufige Propeller und wiesen beeindruckende Leistungen auf: Höchstgeschwindigkeit 452 mph in 20.500 Fuß, Steigflug auf 20.000 Fuß in 4 Minuten und 50 Sekunden, Dienstgipfelhöhe 43.000 Fuß. Die letzte Seafire-47-Staffel (Nr. 800) nahm noch an den ersten Kämpfen im Koreakrieg teil, bevor sie im November 1950 aufgelöst wurde.

RUHESTAND

Die Spitfire war ein viel zu gelungenes Flugzeug, um einfach zu sterben oder in Vergessenheit zu geraten. Aussehen und Sound der ebenso formvollendeten wie leistungsstarken Mitchell-Konstruktion vermögen auch heute noch das Blut eines jeden Flugzeugenthusiasten in Wallung zu bringen und den Glanz vergangener Tage wieder aufleben zu lassen. So überrascht es kaum, daß die Royal Air Force mehr als 60 Jahre nach dem Erstflug des Prototypen, mehrere Spitfires – sowohl mit Merlin – als auch mit Griffon-Motoren – flugfähig hält. Die Flugzeuge gehören zur Battle of Britain Memorial Flight und haben die Aufgabe, die Erinnerung an die größte Ruhmestat der RAF und die wichtige Rolle der Luftstreitkräfte bei der Verteidigung Großbritanniens wachzuhalten.

Ebensowenig verwundert es, daß sich so viele Privatleute und Museen darum bemüht haben, in den Besitz einer Spitfire zu gelangen, und daß die noch intakten Exemplare von ihren Eigentümern mit so viel Liebe instand gehalten werden. Schon eine Spitfire, die bei Airshows nur als Exponat zu sehen ist, zieht die Besucher magisch an. Aber erst in der Luft kommt der Zauber dieses Flugzeugs richtig zur Entfaltung. Die schlanke, elegante Linienführung und das kultivierte Surren dieses Flugzeugs sind unverwechselbar, und denjenigen, die das große Glück hatten, es einmal zu fliegen, fehlen mit schöner Regelmäßigkeit die geeigneten Superlative, um ihr Flugerlebnis angemessen zu beschreiben. Auch Ervin Miller flog Spitfires bei der 133. „Eagle"-Staffel und bei der 336th Fighter Squadron der 4th Fighter Group der USAAF. Seine Erinnerungen stehen für diejenigen aller Spitfire-Piloten: „Selbst heute, so viele Jahre, nachdem ich die Spitfire im Kriegseinsatz flog, vermittelt mir schon der Sound oder Anblick dieses Flugzeugs tiefgreifende Nostalgiegefühle und ruft viele angenehme Erinnerungen wach. Sie war ein so sanftmütiges, fast zierliches Flugzeug, ohne die geringste Spur irgendeiner Unart, und in der Luft einfach traumhaft zu handhaben. Mir tun wirklich die Piloten der modernen Kampfjets leid, die nie die Chance hatten, einmal eine Spitfire zu fliegen. Diese Piloten werden nie erfahren, was Fliegen tatsächlich bedeutet."

ENNISKILLEN
BELFAST TELEGRAPH SPITFIRE FUND
WALKWAY INBOARD

Vorhergehende Seite: *Die Spitfire Mk IIA, Kennzeichen P7350, der RAF Battle of Britain Memorial Flight ist die älteste noch flugfähige Spitfire der Welt. Sie flog in der Luftschlacht um England, überlebte den Krieg als Trainermaschine in der Schießausbildung und diente anschließend als Ausstellungsstück, bis sie 1967 für den Film „Luftschlacht um England" restauriert und wieder flugtauglich gemacht wurde. Die ersten Spitfires besaßen noch einen starren Zweiblatt-Holzpropeller; erst die zweite Generation wurde mit dem hier gezeigten Dreiblatt-Verstellpropeller ausgerüstet.*

Schon die Spitfire Mk IIA ließ die charakteristischen Merkmale erkennen, die allen Folgeversionen zu eigen sein sollten. Die seitliche Tür war an der Unterkante aufgehängt, was das Einsteigen in das ziemlich enge Cockpit erleichterte. Außerdem konnte sie herabgelassen werden, um dem Piloten den Notausstieg zu ermöglichen, falls das Flugzeug im Kampf so stark beschädigt wurde, daß es nicht mehr zu fliegen war. Die „Malcolm"-Haube, eine geblasene Perspex-Haube, verlieh dem Piloten eine wesentlich bessere Rundumsicht als die mit Stegen versehenen Haube, die bei anderen Jagdflugzeugen wie etwa der Hurricane üblich waren. Bei Kriegseintritt der USA wurden zahlreiche amerikanische Spitfires auf diese Haube umgerüstet.

S

Die Mk IIA aus der Perspektive von links vorn. Der Dreiblattpropeller war zwar ein Fortschritt gegenüber seinem Vorgänger, bestand aber immer noch aus Holz. Im Fall einer Notlandung oder einer Landung mit eingezogenem Fahrwerk hatte das den Vorteil, daß nur der Propeller zersplitterte, der Motor aber weiterdrehen konnte und ernstere Schäden vermieden wurden, die bei einem abrupten Abbremsen des Motors unausweichlich sind.

Nächste Seite: *Die Spitfire Mk IX steht für die Weiterentwicklung zu einem Fighter, mit denen die RAF den stetig wechselnden Bedrohungen durch die Reichsluftwaffe begegnete. Diese Version ist mit einem sehr viel stärkeren Motor und schwererer Panzerung für den Luftkampf bestückt. Das Markenzeichen der Spitfire, der elliptische Flügel, ist auf diesem Foto ebenso gut zu erkennen wie der Vierblattpropeller, der notwendig wurde, um die höhere Motorleistung in nutzbaren Schub umzusetzen.*

TE566

JACK
HERE

Obwohl das Fahrwerk der Spitfire mit seiner geringen Spurweite mit dem der Messerschmitt Bf 109 vergleichbar war, kam es im Flugbetrieb seltener zu Rollunfällen als bei der deutschen Maschine. Die Spitfire wurde gleichermaßen von holprigen Feldflugplätzen wie auch von befestigten Pisten aus eingesetzt. Während der Luftschlacht um England operierten die Jägerstaffeln sogar von fast unvorbereiteten Feldern aus, die so nah an der Küste lagen, daß man möglichst schnell auf Attacken der Luftwaffe reagieren konnte. Die Cowlingbleche sind oben rechts zu sehen. Sie sind mit DZUS-Schnellverschlüssen befestigt, die auch bei Geschwindigkeiten halten, wie sie im Luftkampf auftreten, aber mit einer Vierteldrehung zu lösen sind.

● *Leitwerk der Mk IIA. Zu den Unzulänglichkeiten der frühen Spitfires gehörte das zu klein bemessene Seitenruder. In bestimmten Flugphasen wurde es sogar unwirksam, so z.B. im Landeanflug, wenn die Geschwindigkeit einen bestimmten Grenzwert unterschritt. Dies hatte zur Folge, daß jede Seitenwindlandung zu einem Abenteuer wurde. Ein Vorteil des Flugbetriebs von Grasplätzen war deshalb, daß immer genau gegen den Wind gelandet werden konnte, was auf Flugplätzen mit befestigten Bahnen nicht immer möglich war. Die abgebildete Maschine trägt die Markierung der 72. Staffel, den unverkennbaren RAF-Blitz auf der Seitenflosse.*

● *Mit der Trimmfläche am Höhenruder kann der Pilot die Maschine auf eine Geschwindigkeit trimmen, die für die jeweilige Flugphase optimal ist, also beispielsweise auf den Horizontalflug bei Langstreckenflügen oder leicht schwanz- bzw. kopflastig, je nach gewünschtem Ansprechverhalten. Die Trimmlage verändert sich auch dadurch, daß im Verlauf des Fluges Treibstoff verbraucht wird, was die Schwerpunktlage des Flugzeugs beeinflußt. Während des Zweiten Weltkrieges stellten die Kampfpiloten fest, daß die Trimmflächen bei Sturzflügen mit hoher Geschwindigkeit die einzigen Steuerelemente waren, die sich zum Abfangen noch bewegen ließen, während die eigentliche Höhenruderfläche wegen des extremen Ruderdrucks nicht mehr bedienbar waren. Erst über die Trimmung konnte der Pilot die Nase weit genug hochnehmen, damit die Maschine wieder steuerbar wurde.*

P7350

AB910

● *Das Leitwerk der Mk IIA trägt den Tarnanstrich und den RAF-Blitz, das Symbol aus der Luftschlacht um England. Die dunkle braun-grüne Lackierung ist typisch für die Spitfires, die über der Feldlandschaft Englands operierten.*

● *Auch die Mk VB hat noch das frühe, zu klein geratene Seitenruder. Es trägt die grau-grüne Tarnlackierung, wie sie im späteren Kriegsverlauf eingeführt wurde; der Weißanteil im RAF-Blitz ist weitaus geringer, um nicht allzu auffällig zu wirken.*

● *Am größeren Seitenruder der Mk IX läßt sich ablesen, daß die Spitfire ständig weiterentwickelt wurde. Es wurde nicht nur wegen der inzwischen größeren Motorleistung eingeführt, sondern auch, um dem Piloten sowohl im Luftkampf als auch in den kritischen Start- und Landephasen mehr Seitenruderwirkung zu verschaffen.*

● *Auch das Leitwerk einer Spitfire Mk XIX mit noch größerem Seitenruder dokumentiert die kontinuierlichen technischen Verbesserungen des Fighters. Dieses Exemplar ist in einer von der RAF als „PR blue" bezeichneten Spezialfarbe lackiert, die für die als Fotoaufklärer in Höhen über 40.000 Fuß eingesetzten und unbewaffneten Spitfires entwickelt wurde.*

ROLLS-ROY

RS
A15234 2H.
A15234 1H
A15234 1H.

Vorhergehende Seite: *Der Merlin-Motor von Rolls-Royce, das Herz der Spitfire, wurde ebenfalls ständig weiterentwickelt, um den technologischen Anforderungen für den Luftkampf gerecht zu werden. Die Mk IX auf dem Foto gehört der Old Flying Machine Company in Duxford (England). Angetrieben wurde die Mk IX von einem Merlin mit 1710 PS, der auf einen Rotol-Vierblattpropeller arbeitete. Die Aufnahme zeigt den Motor mit abgenommener Cowling und abmontiertem Spinner.*

● *Die Mk V beim Motor-Standlauf. Unter den Tragflächen und hinter den Fahrwerksschächten ist der Lufteinlauf für den Ölkühler zu sehen. Mittig unter dem Rumpf befindet sich der Motor-Kühllufteinlauf.*

● *Bei der Mk IX wurden die Ölkühler deutlich größer dimensioniert, da der Motor größer und leistungsfähiger geworden war und infolgedessen für eine wirkungsvollere Abführung der entstehenden Wärme gesorgt werden mußte. Wie alle Jagdflugzeuge mit flüssigkeitsgekühlten Motoren reagierte auch die Spitfire sehr empfindlich auf jede Beschädigung des Kühlsystems. Mit einem Leck im Kühlsystem lief ein Merlin-Motor nur noch kurze Zeit, so daß der Pilot in diesem Fall möglichst schnell landen oder notfalls einen geeigneten Platz zum Aussteigen ausfindig machen mußte.*

● *Auslaßkanäle des Zwölfzylinder-Merlin*

● *Bei abgenommenen Cowlingblechen werden die komplexen Leitungssysteme sichtbar, die für den Betrieb des Motors unentbehrlich sind.*

● *Der exakt dimensionierte Öltank für den Motor paßt gerade eben noch unter das Triebwerk – einer der Gründe für das stromlinienförmige Erscheinungsbild der Spitfire.*

● *Auch die Größe und das Gewicht der Spitfire-Bewaffnung unterlagen einem stetigen technologischen Wandel. Die hier gezeigte Mk IIA war mit acht Maschinengewehren vom Kaliber 0,303 bestückt. Diese erwiesen sich jedoch als unwirksam gegenüber den feindlichen Flugzeugen und eigneten sich nicht einmal, um einen Flugmotor außer Betrieb zu setzen. Der Mündungsbereich ist hier mit rotem Klebeband gekennzeichnet, mit dem die Wartungsmannschaft dem Piloten signalisierte, daß seine MGs gewartet und aufmunitioniert waren. So genügte dem Piloten bei einem Alarmstart ein kurzer Blick, um zu sehen, daß seine Bordwaffen einsatzbereit waren.*

● *Die Mk VB war mit zusätzlichen 20-mm-Bordkanonen in den Tragflächen ausgerüstet. Die langen Rohre der Hispano-Suiza-Kanone liegen zwischen den Kaliber-0,303-MGs und der Flügelwurzel unter dem roten Klebeband. Im Gegensatz zur MG-Munition hatten die 20-mm-Geschosse zerstörerische Wirkung auf jede Feindmaschine: Sie waren tödlich für den gegnerischen Piloten und legten einen getroffenen Flugmotor zuverlässig lahm.*

● *Mündung der 20-mm-Kanone der Spitfire Mk VB.*

Bei der Mk IX waren die langen Rohre der Bordkanone von einer stromlinienförmigen Verkleidung umgeben. Bei der Vorflugkontrolle mußte der Pilot auch stets überprüfen, ob die Kanonen geladen waren – davon hing schließlich sein Überleben ab.

Vergleich mehrerer von den Alliierten verwendeten Geschosse. Von oben nach unten: Britische MG-Munition, Kaliber 0,303, US-Standard-Maschinengewehrmunition Kaliber 0,50 und ein 20-mm-Kanonenprojektil.

ENNISKILLEN
BELFAST TELEGRAPH SPITFIRE FUND
VHF COMM
ON
FUEL
OFF

● *Das Cockpit der Spitfire Mk IIA mit den Flugüberwachungsinstrumenten direkt vor dem Piloten. In dem Rechteck befinden sich in der obersten Reihe (von links) der Fahrtmesser, der künstliche Horizont und das Variometer. Untere Reihe (von links): Höhenmesser, Kreiselkompaß und Wendezeiger. Rechts vom Instrumentenbrett liegen die Motorüberwachungsinstrumente, und direkt unter dem Instrumentenbrett ist der Kompaß zu sehen. Zwischen Kompaß und Sitz befindet sich der Steuerknüppel.*

● *Blick von der Tragfläche ins Cockpit. Der Pilotensitz ist mit der Zelle über Schienen verbunden. Hinter dem Sitz befinden sich Stahlplatten zum Schutz des Piloten gegen Angriffe von hinten. Die ziemlich abgenutzte Kopfstütze ist mit Leder bezogen.*

● *Der unverkennbare „Spaten"-Griff am Steuerknüppel. Der Auslöseknopf für die MGs ist oben links angeordnet. Anders als bei den meisten amerikanischen Jagdflugzeugen, wo der Pilot den ganzen Knüppel nach vorn und hinten bewegen mußte, um die Nase hochzunehmen oder anzudrücken, und nach links und rechts, um die Querneigung zu verändern, bewegte der Spitfire-Pilot für Querneigungsänderungen nur den Griff zu Seite, während er zum Ändern der Längsneigung ebenfalls den ganzen Steuerknüppel vorwärts und rückwärts bewegte.*

● *Links vom Piloten: Die Bedienelemente für den Motor*

● *Alle RAF-Flugzeuge sind mit einem ölgelagerten Kompaß ausgerüstet, der direkt aus einem Schlachtschiff zu stammen scheint*

● *Schon die ersten Spitfires erhielten bald einen Rückspiegel. Die Spitfire, von den allerletzten Versionen einmal abgesehen, bot dem Piloten nur eine schlechte Sicht nach hinten (in Richtung sechs Uhr), was leicht tödliche Folgen haben konnte. Rechts neben dem Spiegel ist am Haubensteg das dicke Panzerglas der Frontscheibe zu erkennen.*

● *Der Pilot eines einsitzigen Jagdflugzeugs mußte stets beidhändig fliegen: Die linke Hand blieb an den Motor-Bedienelementen, die rechte am Steuerknüppel. Spitfire-Piloten mußten außerdem die Aufgaben des Navigators und des Bordingenieurs übernehmen. Wenn die Maschine Bomben mitführte, fiel ihm auch noch die Rolle des Bombenschützen zu.*

● *Innenseite der Spitfire-Einstiegstür mit dem angeklemmten roten Brecheisen. Wenn der Pilot eingeschlossen war, weil die Haube klemmte oder sich die Tür nicht öffnen ließ, konnte er sich mit Hilfe dieses Brecheisens aus seiner Maschine befreien.*

OIL
100

Vor jedem Einsatz macht der Kampfpilot einen Kontrollrundgang um seine Maschine. Zwar genießen die RAF-Bodenmannschaften einen geradezu legendären Ruf für ihre Effizienz und ihre Aufmerksamkeit für Details, aber letztlich muß der Pilot selbst davon überzeugt sein, daß sein Flugzeug voll flug- und kampfbereit ist.

● *Die Sichtkontrolle des Propellers und des Spinners ist von großer Wichtigkeit. Jeder noch so kleine Fehler am Propeller kann bei den hohen Geschwindigkeiten im Luftkampf katastrophale Folgen haben.*

● *Schon das simple Entlangstreichen mit der Hand über die Oberflächen eines Jagdflugzeugs kann ein mögliches Problem aufdecken, beispielsweise eine Undichtigkeit oder eine lose Abdeckung.*

● *Beim Rundgang um die Maschine wird auch von Hand kontrolliert, ob alle beweglichen Steuerflächen frei gängig sind und nicht blockieren können.*

TE566

● *Bevor der Pilot den Fallschirm anlegt und seinen Helm aufsetzt, kontrolliert er das Höhenruder auf korrekte Ausschläge. Er trägt die für Flüge über Wasser vorgeschriebene gelbe Rettungsweste.*

● *Vor dem Besteigen der Maschine werden als letztes der Fallschirm und die Fliegerutensilien angelegt.*

● *Unter Mitwirkung der Bodenmannschaft steigt der Pilot ein. Selbst bei geöffneter Einstiegstür ist es für ihn eine mühselige Prozedur, ins Cockpit zu gelangen.*

● *Wie stabil der Rückspiegel ist, läßt sich daran ablesen, daß ihn der Pilot dazu benutzt, um sich daran festzuhalten, während er sich in den Sitz herabläßt.*

● *Angeschnallt und startbereit. Von diesem Zeitpunkt ist der Pilot allein mit sich, der Spitfire und seiner Fähigkeit, den Einsatz zu fliegen.*

● Die Mk VB beim Rollen über die Grasbahn.

● Langsam erwacht der Rolls-Royce-Motor der Mk IX.

● *Dem Merlin-Motor darf erst nach einer genau festgelegten Warmlaufphase seine volle Startleistung abverlangt werden. Wenn die kritischen Temperaturen erreicht sind, muß der Start allerdings auch ziemlich zügig erfolgen, da der Motor wegen der engen Cowling am Boden nicht genügend gekühlt wird und schnell zu heiß werden kann.*

● *Mit Vollgas hebt die Spitfire Mk IX von der Grasbahn des Flugplatzes Audley End ab.*

● *Nach Erreichen einer bestimmten Sicherheitshöhe fährt der Pilot das Fahrwerk ein. Dabei klappen die Fahrwerksbeine nach außen weg und verschwinden in den Fahrwerksschächten.*

● *Beim tiefen Überflug kommt die klassische Linienführung des berühmten britischen Fighters gut zur Geltung. Die schwarzen und weißen Streifen auf den Tragflächen und dem Rumpf wurden auf die Flugzeuge der Alliierten in der Nacht vor der Invasion in der Normandie am 6. Juni 1944 aufgebracht, um ihre Identifizierung vom Boden aus zu erleichtern. Für diese Art der Kennzeichnung ist bis heute die Bezeichnung „Invasionsstreifen" üblich.*

Nächste Seite: *Die Mk IX beim Flug über den Ärmelkanal vor der Küste von Kent*

● *Auf diesem Foto ist die schnittige Form der Spitfire besonders gut zu erkennen, die hier den Ärmelkanal überfliegt. Die rot-weiß-blauen Kreise unter dem Cockpit sind die Markierung der 312. Staffel, in der tschechische Piloten flogen.*

● *Beim Abdrehen von der Sonne weg muß sich ein Jagdflieger stets über seine Position im klaren sein, denn ein Angreifer, der aus der Sonne kommt, ist immer im Vorteil.*

Nächste Seite: *Die Spitfire Mk IX fliegt über das ländliche Kent – zu Beginn der 40er Jahre sicherlich ein hochwillkommener Anblick.*

DU
A
TE56

TE566
DU
A

Vor dem tiefblauen Ärmelkanal zieht die Spitfire hoch und dreht ab.

DANKSAGUNGEN

Die im vorliegenden Band enthaltenen Fotos wären ohne die tatkräftige Unterstützung der nachstehend genannten Personen und Organisationen nicht möglich gewesen:

Clive Denney von der Firma Historic Flying Limited. Der ansteckende Enthusiasmus von Clive hat die Luft-Luft-Aufnahmen der Spitfire Mk IX für dieses Buch ermöglicht. Historic Flying Ltd. ist ein erstklassiger Restaurationsbetrieb für die Spitfire und andere Flugzeuge aus dem Zweiten Weltkrieg. Clive und all die anderen Handwerker und Handwerkerinnen, die in ihren Hallen entlang der Graspiste von Audley End arbeiten, beschäftigen sich im wesentlichen damit, aus angelieferten Wracks neue Flugzeuge zu bauen. Linda Denney und ihre Söhne Glenn und Andrew haben mir bei meinem Aufenthalt das Gefühl vermittelt, zu Hause zu sein.

Martin Sergeant, Goudhurst, Kent (England). Martin fliegt von seinem eigenen Grasplatz aus eine tadellos restaurierte North American Harvard mit dem Kennzeichen G-BGOR. Er hat viele Talente, aber seine Spezialität ist die Restaurierung und Instandhaltung von Bentley- und Rolls-Royce-Automobilen. Martin und ich haben gemeinsam das einzigartige Erlebnis genossen, das Battle of Britain Memorial in Folkestone in Formation mit zwei berühmten Jagdflugzeugen zu überfliegen, noch dazu genau an dem Wochenende, an dem der Luftschlacht um England gedacht wurde.

Major Paul Day, Officer Commanding, RAF, Battle of Britain Memorial Flight, RAF Coningsby. Major Day öffnete die Türen zur BBMF und ihrer Sammlung lebendig gehaltener Flugzeuge aus dem Zweiten Weltkrieg. Zur BBMF-Kollektion gehört auch die älteste noch fliegende Spitfire. Während meines Besuchs bei der BBMF wurde ich als VIP behandelt – ein einzigartiges Erlebnis für einen Fotografen aus Ohio.

Mark Hanna und sein talentiertes Mechanikerteam, dem Chefingenieur Roger Shepherd, Martin Thompson, Tim Fane und Ray Caller von der Old Flying Machine Company in Duxford angehören. Mark hat mir außerdem während meines Aufenthalts in Großbritannien sein Büro für meine Arbeiten zur Verfügung gestellt, ein Zeichen besonderer Gastfreundschaft, für die ich mich an dieser Stelle herzlich bedanke.

David Henchie, Flugplatzleiter in Duxford.

Paul French, London. Paul und seine Frau Lydia haben ihre persönliche Planung geändert und sind an einem Sonntag nach Audley End gefahren, damit Paul dort als Pilot für die Fotos in diesem Buch tätig sein konnte. Ein besonderes Opfer brachte Paul, indem er sich eigens für dieses Projekt von seinem Bart trennte.

Glenn Denney und A. Bayfield leisteten einen weiteren wertvollen Beitrag als Bodenmannschaft für die vorliegenden Fotos.

Meine Kinder Nate, Brigitta und Joe, ferner meine Eltern Bill und Jane Patterson, in deren Obhut ich meine Kinder geben kann, während ich mit der Kamera auf der Pirsch nach Flugzeugmotiven bin, und die mich auch sonst nach Kräften unterstützt haben.

Ross und Elinor Howell, Howell Press. Ross unterstützt mich nach wie vor bei meinen Projekten und vertraut auf die Art und Weise, wie ich diese Projekte angehe.

Ron Dick, mein Landsmann, Freund und Partner. Zusammen werden wir auch in Zukunft Themen finden, über die zu schreiben sich lohnt.

Cheryl Terrill, eine verständnisvolle Freundin.

Überdies möchte ich folgenden Personen danken, die das vorliegende Buch möglich gemacht haben: Kurt Weidner, David Farnsworth, Jeffrey Ethell, David Hake, Tom Whalen und Paul Perkins.

TECHNISCHE ANMERKUNGEN

Alle Originalfotos für diesen Bildband wurden mit der Ziel gemacht, die Hinweise auf die Gegenwart nach Möglichkeit auszublenden und statt dessen einen möglichst originalgetreuen Blick durch ein Fenster zu werfen, das die Eigentümer und Betreiber dieser Flugzeuge geöffnet haben – ein Fenster in die 40er Jahre, als diese Flugzeuge während des Zweiten Weltkriegs den europäischen Kontinent in Formationen überflogen.

Für dieses Projekt habe ich eine Vielzahl von Kameras und anderen Geräten verwendet. Dazu gehörten: Eine Kamera vom Typ Wista 4x5 Field View mit einem Caltar-II- und einem 90-mm-Nikkor-Objektiv; eine Mamiya RB67 mit 50-, 90- und 180-mm-Objektiven; eine Nikon F3 mit Motorantrieb und eine Nikon 8008 mit einer Auswahl von Nikkor-Objektiven.

Alle Fotos entstanden als Dias, um eine bestmögliche Farbseparation zu erzielen.

Die Fotos in den Formaten 4x5 und 6x7 wurden durchweg unter Verwendung von Kodak-Ektachrome-Daylight-Film aufgenommen. Für die 35-mm-Fotos wurde Ektachrome Lumiere verwendet.

Konzept, Design und Fotos: Dan Patterson, 6825 Peters Pike, Dayton, Ohio 45414.

Dan Patterson lebt als selbständiger Fotograf, Grafik-Designer und Privatpilot in Dayton, Ohio, und hat bereits folgende Bücher veröffentlicht: *Shoo Shoo Baby, A Lucky Lady of the Sky, The Lady: Boeing B-17 Flying Fortress, The Soldier: Consolidated B-24 Liberator, Mustang: North American P-51, Lancaster: RAF Heavy Bomber, Messerschmitt Bf109: Luftwaffe Fighter* und *American Eagles: A History of the United States Air Force.*

Ron Dick diente 38 Jahre lang in der Royal Air Force und sammelte dabei über 5000 Stunden Flugerfahrung auf mehr als 60 Flugzeugtypen. 1988 trat er als Air Vice-Marshal nach Ablauf seiner Amtszeit als britischer Verteidigungsattaché in Washington, D.C., in den Ruhestand. Er lebt heute in Virginia als Autor und Dozent für Militär- und Luftfahrtgeschichte. Zu seinen bisher veröffentlichten Büchern gehören die Titel *Lancaster: RAF Heavy Bomber, Messerschmitt Bf109: Luftwaffe Fighter* und *American Eagles: A History of the United States Air Force.*

J2
A